Konstruktionsbücher

Herausgeber Professor Dr.-Ing. K. Kollmann, Karlsruhe

22

Triebwerke schnellaufender Verbrennungsmotoren

Grundlagen zur Berechnung und Konstruktion

Von

Dipl.-Ing. O. R. Lang

Daimler-Benz AG, Stuttgart-Untertürkheim

Mit 171 Abbildungen

Springer-Verlag Berlin Heidelberg GmbH

1966

ISBN 978-3-540-03587-9 ISBN 978-3-642-94969-2 (eBook)
DOI 10.1007/978-3-642-94969-2

Library of Congress Catalog Card Number: 66-23126

Titel-Nr. 6161

Vorwort

Auf kaum einem anderen Gebiet des Maschinenbaus zeichnet sich eine so konsequente Weiterentwicklung ab, wie bei den schnellaufenden Kolbenkraftmaschinen, wie sie vor allem zum Antrieb der verschiedenartigsten Verkehrsmittel auf der Straße, auf dem Wasser und in der Luft Anwendung finden. Die Möglichkeit, elektronische Rechenanlagen auszunutzen, setzt den Konstrukteur in die Lage, sich auf breiter Basis ein genaues Bild über die in den Triebwerksteilen herrschenden Kraftwirkungen zu machen.

Der Verfasser hat sich nun die Aufgabe gestellt, dem Konstrukteur in der Praxis sowie dem Studierenden Grundlagen für die Berechnung und Konstruktion von Verbrennungskraftmaschinen zu übermitteln, die dem heutigen Stand der Technik angeglichen sind. Umfangreiche Literaturhinweise sollen die eingehende Beschäftigung mit den angeschnittenen Problemen erleichtern. Bei dem für das vorliegende Konstruktionsbuch vorgesehenen Umfang mußte sich der Verfasser darauf beschränken, die wesentlichen Berechnungsverfahren und Gesichtspunkte für die Konstruktion der Einzelteile des Triebwerks von Verbrennungskraftmaschinen herauszustellen. Das Buch ist geschrieben aus dem Erfahrungsbereich eines Mitarbeiters der Firma Daimler-Benz Aktiengesellschaft in Stuttgart-Untertürkheim. Der Verfasser dankt deshalb dem Vorstandsmitglied der Gesellschaft, Herrn Direktor Dr.-Ing. Hans Scherenberg für die großzügige und freimütige Genehmigung, es in dieser Form veröffentlichen zu dürfen. Besonderer Dank gilt dem Leiter der Berechnungsabteilung, Herrn Dipl.-Ing. A. Eberhard, der dem Verfasser mit seinen großen Erfahrungen mit Rat und Tat beim Entstehen der Arbeit half. Den Herren Dipl.-Ing. H. Fischer und W. Höschele ist ferner aufrichtiger Dank für die bereitwillige Mitarbeit zu sagen, insbesondere für die Bearbeitung der schwierigen Kapitel 8 und 12. Der Verfasser dankt ferner allen Firmen, die ihn mit modernem Material unterstützt haben und vor allem Konstruktionsunterlagen zur Verfügung stellten. Dem Springer-Verlag sei für die mustergültige Ausstattung gedankt. Der Verfasser hofft, daß das neue Konstruktionsbuch Eingang in die Konstruktionsbüros findet und ist für jede Anregung dankbar, die sich aus der Benutzung des kleinen Werkes ergibt.

Stuttgart-Untertürkheim,
im Mai 1966

O. R. Lang

Inhaltsverzeichnis

Die inneren Massen- und Gaskraftwirkungen

Verzeichnis der verwendeten Formelzeichen

(soweit sie im Text nicht besonders erklärt sind)

a	Ausschlagsweg
b	Beschleunigung, Kolbenbeschleunigung
c	Drehfederkonstante
d	Durchmesser
e	Exzentrizität
g	Erdfallbeschleunigung
i	Trägheitsradius Ordnungszahl
l	Länge, Pleuelstangenlänge
m	Masse
n	Drehzahl Polytropenexponent
n_{kr}	Kritische Drehzahl
n_e	Eigenfrequenz
p	Druck, Gasdruck Flächenpressung
q	Desachsierung
r	Radius, Kurbelradius, Polabstand
s	Weg, Kolbenweg
t	spezifische Drehkraft, bezogen auf F_K
$ü$	Übersetzungsverhältnis
v	Geschwindigkeit, Kolbengeschwindigkeit Volumen
x, y	Koordinaten
y, y_s	Schwerpunktabstand
A_S	Arbeitsüberschuß
B	Läuferbreite Tragende Lagerbreite
C'_k	Resultierende Erregerdrehkraft bezogen auf F_k
D	Durchmesser, Zylinderdurchmesser Lagerdurchmesser
E	Elastizitätsmodul
F	Fläche
F_K	Kolbenfläche
G^*	Gewichtskraft
G_S	Gleit-, Schubmodul
J	Flächenträgheitsmoment
J_{aeq}	Äquatoriales Flächenträgheitsmoment
J_p	Polares Flächenträgheitsmoment
L	Zylinder-, Lager-, Kröpfungsabstand Kinetische Energie
M	Moment
M_D	Drehmoment
N	Normalkraft
P	Kraft
P_E	Erregerkraft
P_F	Fundamentbelastung
R	Radialkraft
R_L	Läuferradius
T	Tangential-, Drehkraft Schwingungsdauer
V	Volumen
W	Widerstandsmoment
W_{aeq}	Äquatoriales Widerstandsmoment
W_p	Polares Widerstandsmoment
X, Y	Kräfte-Komponenten
α	Winkel, Anlenk-, Taumelwinkel
α_B	Formzahl – Biegung
α_T	Formzahl – Torsion
β	Zylinder-V-Winkel Verlagerungswinkel des engsten Schmierspaltes gegenüber der Last
β^*	Zündabstand-im-V
γ	Polarwinkel, Phasenwinkel der Kraft
γ^*	Spezifisches Gewicht
Δ	Versatz der Pleuelstangen bzw. der Doppelkröpfungen
δ	Doppelkröpfungs-Winkel Ungleichförmigkeitsgrad
ε	Winkelbeschleunigung Verdichtungsverhältnis Dehnung Relative Exzentrizität
η	Dynamische Zähigkeit
Θ	Massenträgheitsmoment
Θ_{aeq}	Äquatoriales Massenträgheitsmoment
Θ_p	Polares Massenträgheitsmoment
$\varkappa$	Desachsierungsverhältnis Phasenwinkel der rotierenden Belastung
λ	Stangenverhältnis
μ	Schwenkverhältnis Querzahl
ν	Präzessions-Winkelgeschwindigkeit
ϱ^*	Spezifische Masse
σ	Normalspannung
σ_b	Biegespannung
σ_m, τ_m	Mittelspannung
σ_o, τ_o	Oberspannung
σ_u, τ_u	Unterspannung
σ_v	Vergleichsspannung
σ_Z	Zugspannung
σ_B	Zugfestigkeit
σ_N, τ_N	Nennspannung
τ	Schubspannung
φ	Drehwinkel, Kurbelwinkel Winkelausschlag
ψ	Pleuelschwenkwinkel Relatives Lagerspiel
ω	Winkelgeschwindigkeit

Vorbemerkung zu den Maßsystemen

Die Diskussion über die Umstellung auf das internationale Einheitensystem ist noch in vollem Gange. Der einzige Erfolg dieser Bestrebungen bestand in der Praxis darin, daß lediglich anstelle der bislang geläufigen Einheit [kg] für eine Kraft die Einheit [kp] verwendet wurde. Zur radikalen Umstellung auf das wirklich konsequent aufgebaute internationale Einheitensystem (MKS-System) konnte man sich in weiten Kreisen der Technik noch nicht entschließen. Nicht zuletzt sind dabei auch die Folgen auf unser ganzes Maßsystem und die technischen Hilfsmittel zu beachten. Das MKS-System führt als Massen-Einheit das [kg] ein. Daraus ergibt sich die Kraft als Trägheitswirkung in einem Beschleunigungsfeld nach dem 1. NEWTONschen Grundgesetz $= m \cdot b$ in der Einheit $[\text{kg} \cdot \text{m} \cdot \text{s}^{-2} = \text{N}]$. Die Krafteinheit „Newton" ist aber nicht sehr populär, so daß man heute noch im allgemeinen als zweite Krafteinheit das [kp] verwendet, welches nicht in das MKS-System paßt und daher nur durch die Einführung eines dimensionslosen Faktor mit diesem zu koppeln ist ($1\ \text{N} = 1/9{,}81\ \text{kp}$). Bei konsequenter Anwendung des MKS-Systems müßten auch die in den Bereichen außerhalb der Technik geläufigen Einheiten der Energie, der Drücke und Stoffeigenschaften umgestellt werden. Bei der Anwendung alter Tabellenbücher kann es zu schwerwiegenden Mißverständnissen kommen. So entspricht die Einheit $[\text{kg} \cdot \text{m}^{-3}]$ des bislang üblichen spezifischen Gewichtes γ^* im internationalen Einheitensystem der dort zu verwendeten Dichte $\varrho =$ Einheit der Masse [kg]: Einheit des Volumens $[\text{m}^3]$. Auch die Zahlenwerte der beiden genannten Größen sind gleich. Dagegen darf der Begriff „Dichte" aus dem alten Maßsystem mit der Einheit $[\text{kg} \cdot \text{s}^2 \cdot \text{m}^{-4}]$ nicht mehr verwendet werden. Da man sich aber zu einer radikalen Umstellung auf das MKS-System bis heute noch nicht entschließen konnte, steht der Verfasser einer technischen Schrift vor einem Dilemma. Mit Rücksicht auf die praktische Anwendbarkeit hat er sich deshalb entschlossen, die geläufigen Erfahrungswerte des Maschinenbaus in der Krafteinheit [kp] anzugeben. Die allgemeinen Formeln ohne Angabe der Dimensionen sind für beide Einheitensysteme gültig, solange man sich beim Einsetzen von Zahlenwerten streng an das gewählte System hält. Die Umrechnung zwischen den beiden Maßsystemen soll durch die nachstehende Tabelle erleichtert werden.

Kraft	$1\ [\text{kp}] = 9{,}81\ [\text{N}]$
Druck, Spannung	$1\ [\text{kp} \cdot \text{cm}^{-2}] = 9{,}81 \cdot 10^{-4}\ [\text{N} \cdot \text{m}^{-2}]$
	$1\ [\text{kp} \cdot \text{mm}^{-2}] = 9{,}81 \cdot 10^{-6}\ [\text{N} \cdot \text{m}^{-2}]$
Masse	$1\ [\text{kp} \cdot \text{s}^2 \cdot \text{cm}^{-1}] = 9{,}81\ [\text{kg}]$
Arbeit, Energie, Moment	$1\ [\text{cm} \cdot \text{kp}] = 9{,}81 \cdot 10^{-2}\ [\text{N} \cdot \text{m}] = 9{,}81 \cdot 10^2\ [\text{J}]$
Leistung	$1\ [\text{PS}] = 75\ [\text{m} \cdot \text{kp} \cdot \text{s}^{-1}] = 9{,}81 \cdot 75\ [\text{J} \cdot \text{s}^{-1}] = 9{,}81 \cdot 75 \cdot 10^{-3}\ [\text{kW}]$

In einigen Fällen wurden auch noch Einheiten verwendet, die im MKS-System nicht mehr zu finden sind. In diesen Fällen wurde durch ein Sternchen * besonders darauf aufmerksam gemacht und die Dimensionen sind im einzelnen angegeben. Dies erschien notwendig soweit Stoffeigenschaften und praxisübliche Begriffe verwendet wurden, die ausschließlich im bisherigen Einheitensystem bekannt sind.

1. Entwicklungstendenzen beim Bau von Verbrennungsmotoren

Die technische Entwicklung beim Bau von Verbrennungsmotoren ist gekennzeichnet durch das Streben, höhere Leistungen bei möglichst geringem Aufwand an Gewicht und Bauvolumen zu erzielen. Dadurch ist die wirtschaftliche Anwendung des Motors in einem möglichst großen Anwendungsbereich gegeben. Die Wirtschaftlichkeit in der Fertigung zwingt gerade im Zeitalter der Automatisierung den Konstrukteur, bei der Entwicklung und Auslegung von Motoren das Althergebrachte und Bewährte zu verlassen und neue Bauformen aufzugreifen.

Tabelle 1.1 *Entwicklungstendenz schnellaufender Verbrennungsmotoren*

Baujahr	Mittlere Kolbengeschwindigkeit [$m\ s^{-1}$]	Effektiver Mitteldruck [$kp \cdot cm^{-2}$]	Literleistung [PS/l]	Leistungsgewicht [kg/PS]	Leistung je Raumeinheit [PS/m^3]	Bemerkung
			Fahrzeug-Otto-Motoren			
1946	12,6	5,6	23,0	3,82	153	4-Zyl.-Reihe Vergaser
1951	12,1	7,4	36,4	2,14	190	6-Zyl.-Reihe Vergaser
1963	13,3	10,95	65	1,14	325	6-Zyl.-Reihe Einspritzer
1964	12,7	10,2	39,5	1,36	475	8-Zyl.-V Einspritzer
			Hochleistungs-Diesel-Motoren			
1936	10,3	5,8	9,0	5,55	90	12-Zyl.-V
1938	10,3	8,4	13,0	4,32	110	12-Zyl.V m. Abgasaufldg.
1953	10,3	13,7	22,8	2,31	200	12-Zyl.V m. Abgasaufldg. und Ladeluftkühlung
1958	11,5	13,8	24,0	2,20	214	16-Zyl.-V m. Abgasaufldg. und Ladeluftkühlung
1960	11,6	8,1	17,9	2,53	366	8-Zyl.-V m. mech. Aufladg.
1964	11,6	10,0	22,8	2,08	506	8-Zyl.-V m. Abgasaufldg.

In der Tab. 1.1 sind die Steigerungen der Mitteldrücke und der spezifischen Leistungen für Fahrzeugmotoren und schnellaufende Hochleistungsdieselmotoren in den letzten Jahren zu entnehmen. Bei Otto-Motoren wurde dies durch die Erhöhung der Drehzahlen und durch die Verbesserung der Verbrennung, z. B. durch Benzineinspritzung erreicht. Die Erschließung höherer Drehzahlen führte zwangsweise zu einer Steigerung der mittleren Kolbengeschwindigkeit. So erreichen nach Abb. 1.1 heute auch normale Gebrauchsmotoren Werte um 12 [$m \cdot s^{-1}$]. Bei Sportmotoren sind Kolbengeschwindigkeiten um und über 15 [$m \cdot s^{-1}$] üblich. Teilweise wurde diese Entwicklung kompensiert durch den Übergang zum unterquadratischen oder kurzhubigen Motor. Diese Abwendung vom Langhuber ist, wie Abb. 1.2 zeigt, ganz deutlich. Dieselbe Entwicklung gilt, wenn auch nicht ganz in diesem Maße, auch für Dieselmotoren. Dort wurde die Leistungssteigerung durch die Anwendung der Aufladung, in speziellen Fällen mit Ladeluftrückkühlung erreicht. Alle diese Leistungssteigerungen haben als Folge eine Erhöhung der Beanspruchungen des Triebwerkes. Um große Leistungen bei günstigem Raumbedarf zu verwirklichen, geht die Tendenz weg vom Reihenmotor hin zum V-Motor, der auch in der Form von Baureihen für eine weitgehende Automatisierung der Fertigung sehr geeignet ist.

Seit 1960 ist mit der Kreiskolbenmaschine eine völlig neue Bauform in rascher Entwicklung begriffen, die neben vielen offensichtlichen Vorteilen doch auch eine

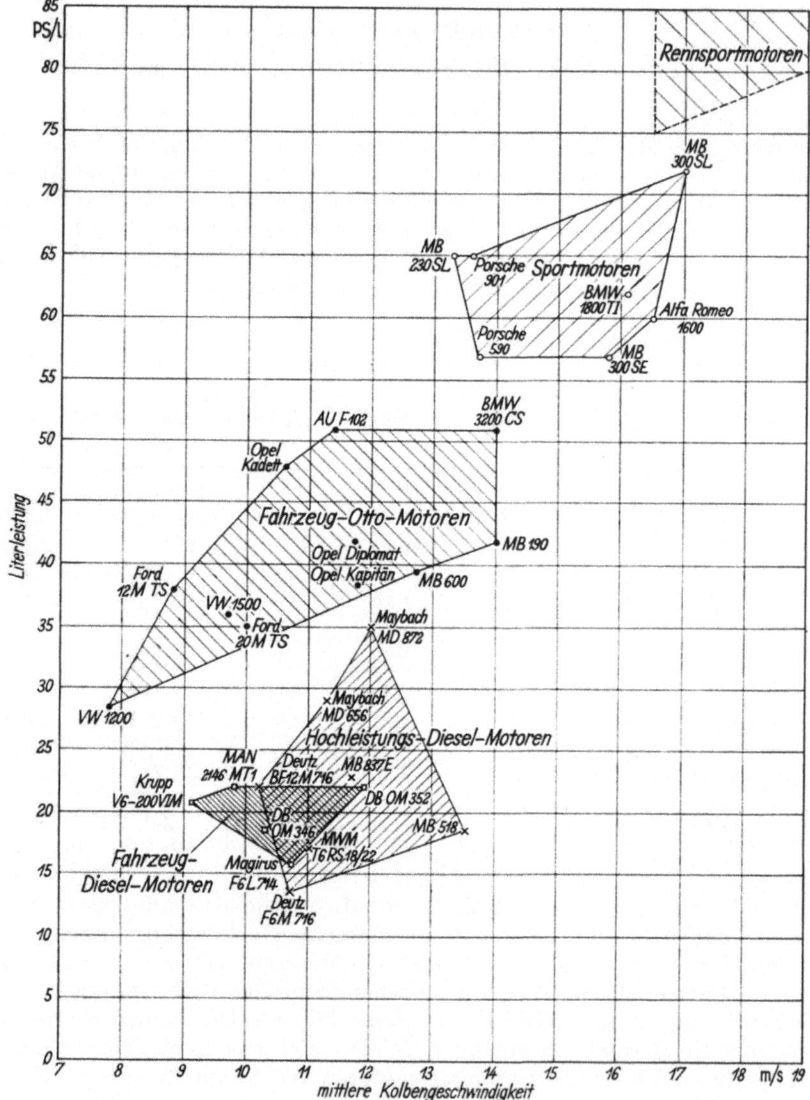

Abb. 1.1 Literleistung und mittlere Kolbengeschwindigkeit von Verbrennungsmotoren des Jahres 1964.

Reihe von alten und neuen Problemen bringt, die beim Bau solcher Maschinen beachtet und zufriedenstellend gelöst werden müssen.

Man kann die Entwicklungstendenzen im modernen Motorenbau zusammenfassend kennzeichnen durch die stetige Steigerung der mittleren Kolbengeschwindigkeiten und der Aufladung sowie durch die Einführung neuer Bauformen. Der

Konstrukteur hat die Aufgabe den Motor und besonders das Triebwerk mit wirtschaftlich vertretbarem Fertigungsaufwand so anzulegen, daß die Maschine diesen erhöhten Anforderungen gerecht wird. Die dabei in erhöhtem Maße auftretenden dynamischen und schwingungstechnischen Probleme machen es erforderlich, daß sich auch der Konstrukteur mit diesen Zusammenhängen befaßt. Schnellaufende Motoren müssen durch die weitgehende Ausnutzung der Tragfähigkeit aller Triebwerksteile leicht sein. Die optimale Werkstoffausnutzung wird dann erreicht, wenn bereits beim Entwurf die Erkenntnisse der Gestaltsfestigkeit berücksichtigt werden. Die dabei angewandten Berechnungsmethoden werden entsprechend dem Fortschritt der Technik die tatsächlichen Vorgänge immer exakter erfassen. Sie werden dadurch aber auch immer differenzierter und somit aufwendiger, so daß häufig der Einsatz von elektronischen Rechenanlagen schon aus wirtschaftlichen Überlegungen heraus erforderlich ist. Der Ingenieur am Reißbrett muß diese sich ihm neu erschließenden Möglichkeiten erkennen und sie auch für seine Probleme einsetzen. Die elektronische Rechnung entlastet ihn so. Sie fordert von ihm andererseits aber, daß er sein theoretisches Wissen um die Zusammenhänge dem neuesten Stand der Erkenntnisse anpaßt. Er muß die ihm gelieferten Ergebnisse mit den sonstigen Anforderungen an das Bauteil vergleichen und gegeneinander abwägen, um die optimale Lösung zu finden.

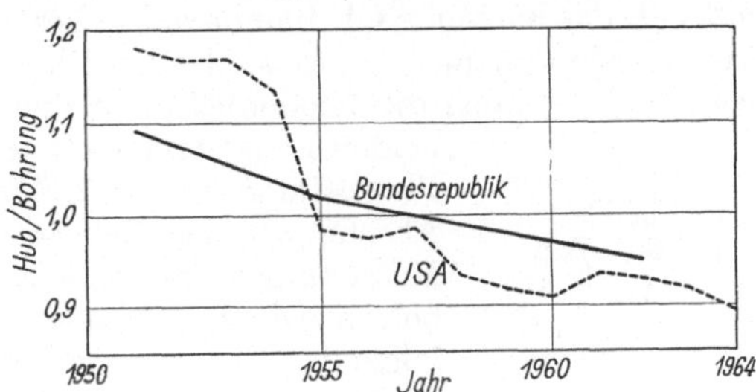

Abb. 1.2 Mittleres Verhältnis Hub/Bohrung bei Fahrzeug-Otto-Motoren.

Im Entwurfstadium wird man auch in Zukunft häufig die Beanspruchungsverhältnisse mittels Vergleichskennwerte erfassen und sie bewährten und ähnlichen Konstruktionen gegenüberstellen. Die dazu erforderliche Vergleichsbasis ergibt sich aus den Betriebserfahrungen von in größeren Stückzahlen gebauten Maschinen, wobei die Betriebsbedingungen und die konstruktive Ausführung der Bauteile weitgehend ähnlich sein müssen. Mit solchen empirisch gewonnenen Erkenntnissen versucht man die optimale Lösung zu erreichen, die ausreichend betriebssicher, billig in der Herstellung und leicht im Gewicht ist. Aber auch unter der Voraussetzung weitgehender Ähnlichkeit erzielt man nur dann eine verläßliche Vergleichsbasis, wenn der rechnerische Ansatz mindestens qualitativ richtig ist. Durch die Entwicklung zu neuartigen Bauformen sind die Ähnlichkeitsbedingungen bezüglich Form und Belastungsart doch oft so unterschiedlich, daß auch die vergleichende Rechenmethode solche Unterschiede im Detail quantitativ berücksichtigen muß.

2. Bewegungsverhältnisse im Kurbeltrieb

[*A 1*] bis [*A 3*], [*A 7*] bis [*A 9*], [*K 1*], [*K 2*], [*L 1*]

a) Normaler Kurbeltrieb

Der Kurbeltrieb eines Hubkolbenmotors besteht aus der rotierenden Kurbel oder Kröpfung, der schwingenden Schub- oder Pleuelstange und dem Kolben als Geradführungselement. Während die Kurbel eine rein-rotierende und der Kolben eine rein-oszillierende Bewegung ausführen, beschreiben Punkte auf der Pleuelstange ovale Bahnkurven zwischen den beiden vorgenannten Extremen. Die Bewegung ruft in den Gliedern des Getriebes Massenträgheitswirkungen hervor, welche für den Motor von Bedeutung sind. Die im Abstand r mit der Winkelgeschwindigkeit ω rotierende Masse m_r erfährt eine Zentrifugal- oder Fliehkraft $P_r = m_r \cdot r \cdot \omega^2$. Eine geradlinig aber ungleichförmig bewegte Masse m erfährt durch die Beschleunigung b eine Kraft $P = -m \cdot b$. Diese Kräfte greifen im Massenschwerpunkt an. Die Bewegung eines Körpers kann im allgemeinen Falle immer auf eine der beiden obengenannten Bewegungen und auf eine Drehbewegung um seinen Schwerpunkt zurückgeführt werden. Durch eine ungleichförmige Drehbewegung, gekennzeichnet durch die Winkelbeschleunigung ε, erfährt der Körper ein Drehmoment $M_D = -\Theta_S \cdot \varepsilon$, wobei Θ_S das Massenträgheitsmoment in bezug auf den Schwerpunkt ist. Ein solches Massendrehmoment erfährt auch die Pleuelstange bei ihrer schwingenden Bewegung. Da jedoch die Massenbelegung der Pleuelstange sich vorwiegend auf die beiden Lagerstellen konzentriert, ist es in der Praxis üblich, die Pleuelstange durch 2 Massen an ihren Enden zu ersetzen (vgl. Abschn. 3b). Die Bewegung der im großen Pleuelkopf gedachten Masse m_r ist eine reine Rotation. Die Bewegung der im Kolbenbolzen gedachten Masse m_0 ist eine rein oszillierende. Sie soll im folgenden abgeleitet werden.

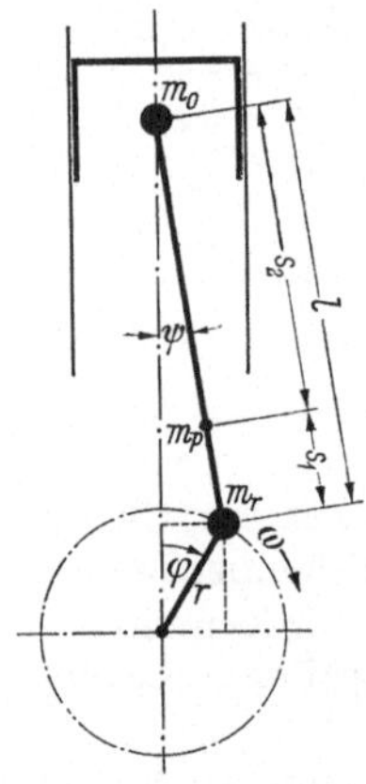

Abb. 2.1 Kurbeltrieb.

Mit den Bezeichnungen nach Abb. 2.1 ergibt sich der Kolbenweg, gerechnet von der oberen Totlage $s = r + l - s_0$ mit

$$s_0 = r \cdot \cos\varphi + l \cdot \cos\psi$$

Um den Pleuelschwenkwinkel ψ zu eliminieren, bedient man sich der ebenfalls aus Abb. 2.1 abzulesenden Gleichung

$$r \cdot \sin\varphi = l \cdot \sin\psi$$

und nach Einführung des Stangenverhältnisses $\lambda = \frac{r}{l}$

$$\sin\psi = \lambda \cdot \sin\varphi$$

Damit erhält man den Kolbenweg

$$s_0 = r \cdot \left[\cos\varphi + \frac{1}{\lambda} \cdot \sqrt{1 - \lambda^2 \cdot \sin^2\varphi}\right]$$

Die Reihenentwicklung für die Wurzel lautet

$$\frac{1}{\lambda} \cdot \sqrt{1 - \lambda^2 \cdot \sin^2\varphi} = \frac{1}{\lambda} - \frac{\lambda}{2} \cdot \sin^2\varphi - \frac{\lambda^3}{8} \cdot \sin^4\varphi - \frac{\lambda^5}{16} \cdot \sin^6\varphi - \cdots$$

Nach den Regeln der Trigonometrie lassen sich die Potenzen von $\sin\varphi$ darstellen in der Form

$$\sin^2\varphi = \frac{1}{2} \cdot (1 - \cos 2\varphi)$$

$$\sin^4\varphi = \frac{1}{8} \cdot (3 - 4 \cdot \cos 2\varphi + \cos 4\varphi)$$

$$\sin^6\varphi = \frac{1}{32} \cdot (10 - 15 \cdot \cos 2\varphi + 6 \cdot \cos 4\varphi - \cos 6\varphi)$$

Durch Einsetzen dieser Ausdrücke in die Reihenentwicklung erhält man nach dem Ordnen:

$$s_0 = r \cdot \left(A_0 + \cos\varphi + \frac{1}{4} \cdot A_2 \cdot \cos 2\varphi + \frac{1}{16} \cdot A_4 \cdot \cos 4\varphi + \frac{1}{36} \cdot A_6 \cdot \cos 6\varphi + + \cdots\right)$$

Dabei sind die Koeffizienten A_i folgende Potenzreihen von λ

$$A_0 = \frac{1}{\lambda} - \frac{1}{4} \cdot \lambda - \frac{3}{64} \cdot \lambda^3 - \frac{5}{256} \cdot \lambda^5 - - \cdots \qquad \approx \frac{1}{\lambda}$$

$$A_2 = \lambda + \frac{1}{4} \cdot \lambda^3 + \frac{15}{128} \cdot \lambda^5 + + \cdots \qquad \approx \lambda$$

$$A_4 = -\frac{1}{4} \cdot \lambda^3 - \frac{3}{16} \cdot \lambda^5 - - \cdots \qquad \approx -\frac{\lambda^3}{4}$$

$$A_6 = \frac{9}{128} \cdot \lambda^5 + + \cdots \qquad \approx \frac{\lambda^5}{14}$$

oder allgemein mit Ausnahme von A_0

$$A_{2i} = 4 \cdot i^2 \cdot \sum_{n=i}^{\infty} (-1)^{n-i} \cdot \binom{\frac{1}{2}}{n} \cdot \binom{2n}{n-i} \cdot \left(\frac{\lambda}{2}\right)^{2n-1} \qquad i = 1, 2, 3 \ldots$$

Durch einmalige Differentation nach der Zeit bzw. nach $\varphi = \omega t$ erhält man die Kolbengeschwindigkeit

$$v = -r \cdot \omega \cdot \left(\sin\varphi + \frac{1}{2} \cdot A_2 \cdot \sin 2\varphi + \frac{1}{4} \cdot A_4 \cdot \sin 4\varphi + \frac{1}{6} \cdot A_6 \cdot \sin 6\varphi + + \cdots\right)$$

Die nochmalige Ableitung ergibt die Kolbenbeschleunigung

$$b = -r \cdot \omega^2 \cdot (\cos\varphi + A_2 \cdot \cos 2\varphi + A_4 \cdot \cos 4\varphi + A_6 \cdot \cos 6\varphi + + \cdots)$$

Näherungsweise erhält man daraus unter Vernachlässigung der höheren Potenzen von $\lambda (\approx 0{,}25)$ die Massenträgheitskraft der oszillierenden Masse m_0 zu

$$P_0 = -m_0 \cdot b = m_0 \cdot r \cdot \omega^2 \cdot \left(\cos\varphi + \lambda \cdot \cos 2\varphi - \frac{1}{4} \cdot \lambda^3 \cdot \cos 4\varphi + \frac{1}{14} \cdot \lambda^5 \cdot \cos 6\varphi - + \cdots\right)$$

Die Pleuelschwenkbewegung ist durch die Gleichung $\sin\psi = \lambda \cdot \sin\varphi$ gegeben. Die Winkelgeschwindigkeit dieser Bewegung erhält man indem man nach der Zeit differenziert

$$\psi' \cdot \cos\psi = \omega \cdot \lambda \cdot \cos\varphi$$

oder

$$\psi' = \omega \cdot \lambda \cdot \frac{\cos\varphi}{\cos\psi} = \omega \cdot \lambda \cdot \frac{\cos\varphi}{\sqrt{1 - \lambda^2 \cdot \sin^2\varphi}}$$

und bei Verwendung der Reihenentwicklung entsprechend der Ableitung des Kolbenweges ergibt sich

$$\psi' = \omega \cdot \lambda \cdot \left(C_1 \cdot \cos\varphi + \frac{1}{3} C_3 \cdot \cos 3\varphi + \frac{1}{5} \cdot C_5 \cdot \cos 5\varphi + + \cdots\right)$$

mit den Koeffizienten

$$C_1 = 1 + \frac{1}{8} \cdot \lambda^2 + \frac{3}{64} \cdot \lambda^4 + \frac{25}{1024} \cdot \lambda^6 + + \cdots \qquad \approx 1$$

$$C_3 = -\frac{3}{8} \cdot \lambda^2 - \frac{27}{128} \cdot \lambda^4 - \frac{135}{1024} \cdot \lambda^6 - - \cdots \qquad \approx -\frac{3}{8} \cdot \lambda^2$$

$$C_5 = \frac{15}{128} \cdot \lambda^4 + \frac{125}{1024} \cdot \lambda^6 + + \cdots \qquad \approx \frac{1}{8} \cdot \lambda^4$$

$$C_7 = -\frac{35}{1024} \cdot \lambda^6 - - \cdots \qquad \approx -\frac{1}{29} \cdot \lambda^6$$

oder allgemein

$$C_{2i-1} = (-1)^{n-i} \cdot \sum_{n=i-1}^{\infty} \frac{(2n-1)\cdot(2i-1)}{n-i} \cdot \binom{\frac{1}{2}}{n} \cdot \binom{2n}{n-i+1} \cdot \left(\frac{\lambda}{2}\right)^{2n}$$

Die Winkelbeschleunigung der Pleuelstange ist

$$\varepsilon = \psi'' = -\lambda \cdot \omega^2 \cdot (C_1 \cdot \sin\varphi + C_3 \cdot \sin 3\varphi + C_5 \cdot \sin 5\varphi + + \cdots)$$

In der Praxis kann für die Ermittlung der freien Massenwirkungen die Massenträgheitswirkung durch die ungleichförmige Schwenkbewegung der Pleuelstange vernachlässigt werden (vgl. Abschn. 4b).

Die Ermittlung der Kolbenbewegung kann auch graphisch erfolgen. Die Verfahren dazu sind so zahlreich und ausführlich in der Literatur (z. B. [A 9]) angegeben, so daß hier darauf verzichtet werden kann.

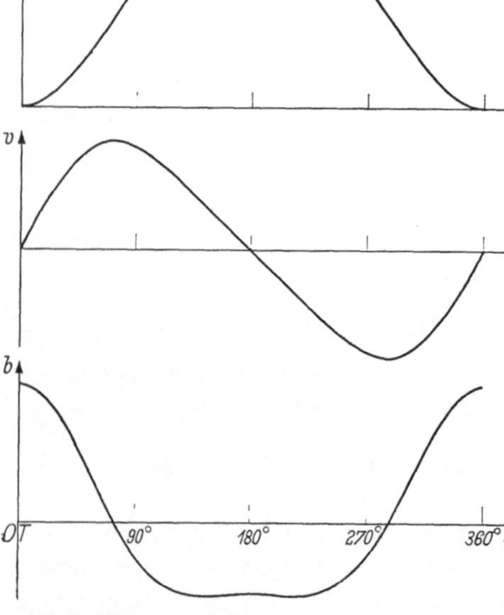

Abb. 2.2 Weg s, Geschwindigkeit v und Beschleunigung b des Kolbens in Abhängigkeit vom Kurbelwinkel.

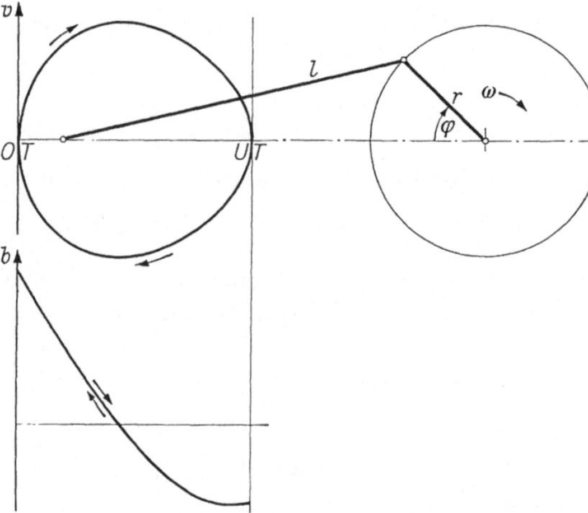

Abb. 2.3 Kolbengeschwindigkeit v und Beschleunigung b über dem Hub.

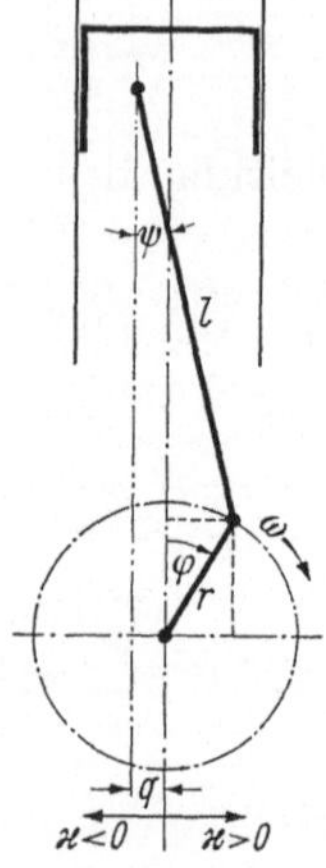

Abb. 2.4 Geschränkter Kurbeltrieb.

Abb. 2.2 zeigt den Verlauf des Weges s, der Geschwindigkeit v und der Beschleunigung b des Kolbens im normalen Kurbeltrieb über den Kurbelwinkel. Abb. 2.3 stellt das gleiche über dem Kolbenhub dar.

b) Geschränkter Kurbeltrieb

Zur Vermeidung von Kolbengeräuschen [E 1], zur Beeinflussung der Steuerzeiten bei Zweitaktmotoren oder auch um den Gleitbahndruck zu vermindern, wendet man die Desachsierung an. Dabei ist der Kolbenbolzen aus der Kolbenmittelachse herausverlegt oder die Zylinderachse um ein gewisses Maß aus der Drehachse verschoben. Man spricht dann von einem geschränkten Kurbeltrieb. Nach Abb. 2.4 erhält man in entsprechender Weise wie beim normalen Kurbeltrieb die Kolbenbewegung

$$s_0 = r \cdot \cos\varphi + l \cdot \cos\psi$$

und

$$r \cdot \sin\varphi = q + l \cdot \sin\psi$$

Mit dem Stangenverhältnis λ und dem Desachsierungsverhältnis $\varkappa = \frac{q}{l}$ ergibt sich

$$s_0 = r \cdot \left(\cos\varphi + \frac{1}{\lambda} \cdot \sqrt{1 - (\lambda \cdot \sin\varphi - \varkappa)^2}\right)$$

Wenn man den Wurzelausdruck wieder in eine Potenzreihe in λ und $\varkappa$ entwickelt und die Potenzen von $\sin\varphi$ in den Funktionen der Winkel-Vielfachen ausdrückt, so findet man

$$s_0 = r \cdot \left(B_0 + \cos\varphi + B_1 \cdot \sin\varphi + \frac{1}{4} \cdot B_2 \cdot \cos 2\varphi + \frac{1}{9} \cdot B_3 \cdot \sin 3\varphi + \frac{1}{16} \cdot B_4 \cdot \cos 4\varphi + + \cdots\right)$$

Die Koeffizienten sind

$$B_0 = A_0 - \frac{1}{2} \varkappa^2 \cdot \left(\frac{1}{\lambda} + \frac{3}{4} \cdot \lambda + \frac{45}{64} \cdot \lambda^3\right) - \frac{1}{8} \cdot \varkappa^4 \cdot \left(\frac{1}{\lambda} + \frac{15}{4} \cdot \lambda\right) - \frac{1}{16} \cdot \frac{\varkappa^6}{\lambda}$$

$$B_1 = \varkappa \cdot \left(1 + \frac{3}{8} \cdot \lambda^2 + \frac{15}{64} \cdot \lambda^4\right) + \frac{1}{2} \cdot \varkappa^3 \cdot \left(1 + \frac{15}{8} \cdot \lambda^2\right) + \frac{3}{8} \cdot \varkappa^5$$

$$B_2 = A_2 + \frac{3}{2} \cdot \varkappa^2 \cdot \lambda \cdot \left(1 + \frac{5}{4} \cdot \lambda^2\right) + \frac{15}{8} \cdot \varkappa^4 \cdot \lambda$$

$$B_3 = -\frac{9}{8} \cdot \varkappa \cdot \lambda^2 \cdot \left(1 + \frac{15}{16} \cdot \lambda^2\right) - \frac{45}{16} \cdot \varkappa^3 \cdot \lambda^2$$

$$B_4 = A_4 - \frac{15}{8} \cdot \varkappa^2 \cdot \lambda^3$$

$$B_5 = \frac{75}{128} \cdot \varkappa \cdot \lambda^4$$

Die Glieder A_0, A_2, A_4 sind identisch mit den Koeffizienten A_{2i} beim normalen Kurbeltrieb.

Die Kolbenbeschleunigung wird nach zweimaligem Differenzieren

$$b = -r \cdot \omega^2 \cdot (\cos\varphi + B_1 \cdot \sin\varphi + B_2 \cdot \cos 2\varphi + B_3 \cdot \sin 3\varphi + B_4 \cdot \cos 4\varphi + + \cdots)$$

Die Koeffizienten B_i sind für den Wert $\varkappa = 0$ identisch mit den Koeffizienten A_{2i} beim normalen Kurbeltrieb. Durch die Desachsierung treten neben den cos-Gliedern der 1., 2., 4. usw. Ordnung auch sin-Glieder der 1., 3., 5. usw. Ordnung auf. Da das Desachsierungsverhältnis in der Praxis noch wesentlich kleiner ist als das Stangenverhältnis, sind die Glieder mit höheren Potenzen schon sehr klein. Unter Vernachlässigung dieser kleinen Anteile ergibt sich die Massenkraft der oszillierenden Masse zu

$$P_0 = m_0 \cdot r \cdot \omega^2 \cdot (\cos\varphi + \varkappa \cdot \sin\varphi + \lambda \cdot \cos 2\varphi)$$

In den Abb. 2.5 und 2.6 sind die Verläufe der Bewegungsgrößen in Abhängigkeit vom Kurbelwinkel bzw. vom Hub dargestellt. Durch die Desachsierung tritt also eine Unsymmetrie für den Hin- und Rücklauf auf.

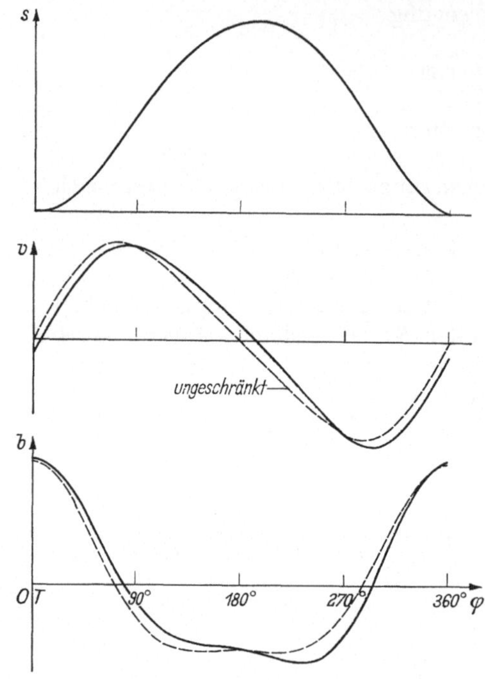

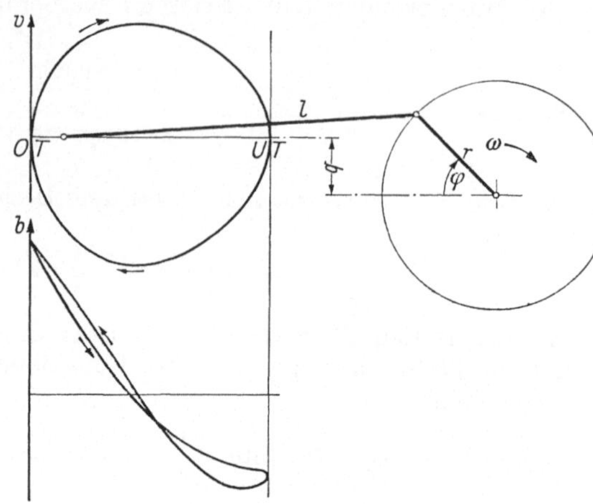

Abb. 2.6 Weg s, Geschwindigkeit v und Beschleunigung b des Kolbens beim geschränkten Kurbeltrieb in Abhängigkeit vom Kurbelwinkel.

Abb. 2.5 Kolbengeschwindigkeit v und Beschleunigung b über dem Hub beim geschränkten Kurbeltrieb.

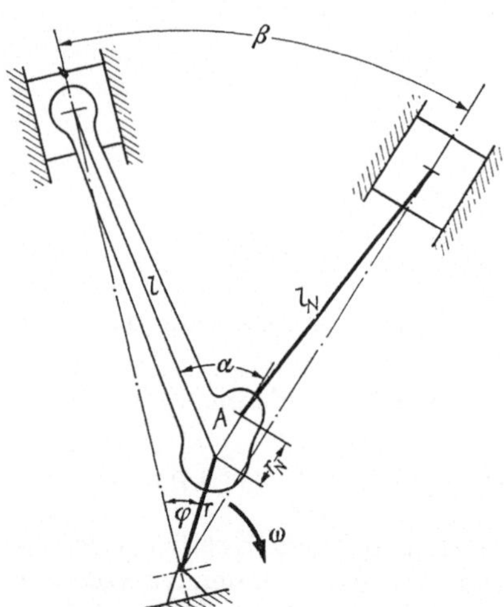

Abb. 2.7 Kurbeltrieb mit Anlenkpleuel.

c) Anlenkpleuel

Bei mehrreihigen Motoren und Sternmotoren können nicht alle Pleuelstangen zentrisch auf dem Kurbelzapfen angebracht werden. Diese Bauarten sind aber auch kaum mehr üblich, so daß bezüglich der ausführlichen Ableitung der Bewegungsverhältnisse auf die Literatur hingewiesen werden kann ([*A 7*] bis [*A 9*] sowie [*B 4*] bis [*B 6*]). Auch bei V-Motoren hat sich als Standard-Bauart schnellaufender Motoren die Anordnung mit nebeneinanderliegenden Pleuelstangen weitgehend durchgesetzt.

Die Anlenkung der Nebenpleuel erfolgt außerhalb des Kurbelzapfens (Abb. 2.7). Dieser Anlenkpunkt A beschreibt eine ovale Bahnkurve, die Totlagen des Nebenkolbens treten nicht bei den Kurbelstellungen $\varphi = \beta$ und $\varphi = 180° + \beta$ auf. Die Bewegungsgleichungen für den Nebenkolben lauten mit den Bezeichnungen nach Abb. 2.7 und bei Vernachlässigung der kleinen Werte der höheren Potenzen:

$$s = D_0 + D_1 \cdot \cos(\beta - \varphi) + E_1 \cdot \sin(\beta - \varphi) + D_2 \cdot \cos 2 \cdot (\beta - \varphi) + E_2 \cdot \sin 2 \cdot (\beta - \varphi)$$

$$v = \omega \cdot [D_1 \cdot \sin(\beta - \varphi) - E_1 \cdot \cos(\beta - \varphi) - 2 D_2 \cdot \sin 2 \cdot (\beta - \varphi) - 2 E_2 \cdot \cos 2 \cdot (\beta - \varphi)]$$

$$b = -\omega^2 \cdot [D_1 \cdot \cos(\beta - \varphi) + E_1 \cdot \sin(\beta - \varphi) + 4 D_2 \cdot \cos 2 \cdot (\beta - \varphi) + 4 E_2 \cdot \sin 2 \cdot (\beta - \varphi)]$$

Dabei ist:

$$D_0 = l_N \cdot \left[1 - \frac{1}{4} \cdot \lambda_1^2\right] + r_N \cdot \left[-\frac{1}{4} \cdot \lambda_2 + \left(1 - \frac{1}{4} \cdot \lambda^2 + \frac{\lambda \cdot \lambda_1}{2} \cdot \cos\beta\right) \cdot \cos(\alpha - \beta) + \right.$$
$$\left. + \frac{1}{4} \cdot \lambda_2 \cdot (1 - \lambda^2) \cdot \cos 2 \cdot (\alpha - \beta)\right]$$

$$D_1 = r + r_N \cdot \lambda \cdot \sin\beta \cdot \left[\sin(\alpha - \beta) + \frac{1}{2} \cdot \lambda_2 \sin 2 \cdot (\alpha - \beta)\right]$$

$$E_1 = r_N \cdot \left[\lambda_1 \cdot \sin(\alpha - \beta) - \lambda \cdot \cos\beta \cdot \left(\sin(\alpha - \beta) + \frac{1}{2} \cdot \lambda_2 \cdot \sin 2 \cdot (\alpha - \beta)\right)\right]$$

$$D_2 = l_N \cdot \frac{1}{4} \cdot \lambda_1^2 + r_N \cdot \lambda \cdot \left[\left(-\frac{1}{2} \cdot \lambda_1 \cdot \cos\beta + \frac{1}{4} \cdot \lambda \cdot \cos 2\beta\right) \cdot \cos(\alpha - \beta) + \right.$$
$$\left. + \frac{1}{4} \cdot \lambda \cdot \lambda_2 \cdot \cos 2\beta \cdot \cos 2 \cdot (\alpha - \beta)\right]$$

$$E_2 = r_N \cdot \lambda \cdot \left[\left(-\frac{1}{2} \cdot \lambda_1 \cdot \sin\beta + \frac{1}{4} \cdot \lambda \cdot \sin 2\beta\right) \cdot \cos(\alpha - \beta) + \frac{1}{4} \cdot \lambda \cdot \lambda_2 \cdot \sin 2\beta \cdot \sin 2(\alpha - \beta)\right]$$

$$\lambda = \frac{r}{l} \qquad \lambda_1 = \frac{r}{l_N} \qquad \lambda_2 = \frac{r_N}{l_N}$$

d) Rechnerische Erfassung der Bewegungsverhältnisse in speziellen Fällen am Beispiel des Taumelscheibenmotors

Seit Bestehen des Hubkolbenmotors sind immer wieder Versuche unternommen worden, Kolbenmaschinen zu entwickeln, deren Zylinder achsparallel angeordnet sind, um eine gedrängte Bauart zu erhalten. Auch die Kreiskolbenmaschinen (Abschn. 2e) kann man in diese Klasse einreihen. Während es dieser Bauart gelang im Motorenbau auf breiter Front Fuß zu fassen, war dies dem Taumelscheibenmotor bislang verwehrt. Er taucht in Literatur [L 1] und Patentschriften immer wieder auf. Der Eintritt in ein ernsthaftes Entwicklungsstadium war ihm bisher noch nicht möglich wegen der nicht zu unterschätzenden Schwierigkeiten bei der betriebssicheren Gestaltung der Übertragungselemente. Der Taumelscheibenmotor wurde hier lediglich wegen seiner interessanten Bewegungsverhältnisse aufgegriffen als Beispiel für die rechnerische Behandlung solcher Probleme.

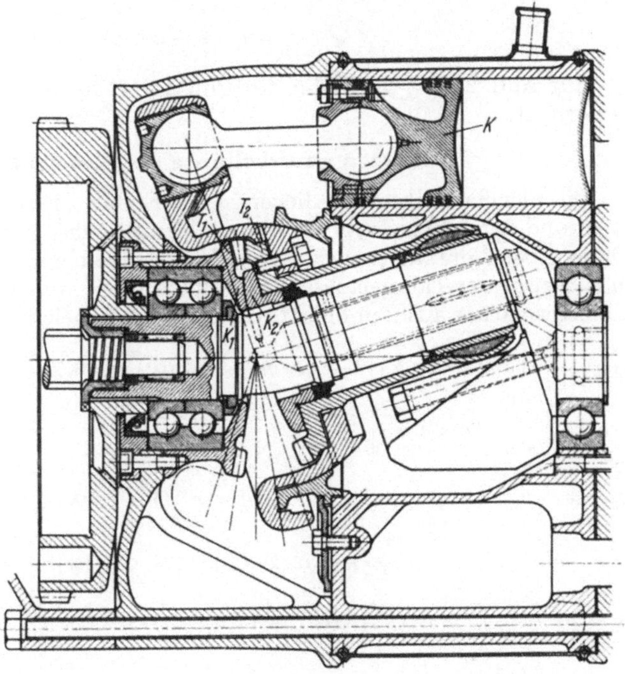

Abb. 2.8 Längsschnitt durch einen Taumelscheibenmotor.

Das Arbeitsprinzip eines Taumelscheibenmotors nach neueren Vorschlägen geht aus dem Längsschnitt Abb. 2.8 hervor. Die achsparallel angeordneten Kolben K wirken über Pleuelstangen mit Kugelköpfen auf die Taumelscheibe T, welche die Achsialkräfte durch Abrollen ihrer Kegelfläche K_2 auf dem gehäusefesten Kegel K_1 in Drehkräfte umwandelt. Das reine Abrollen der beiden Kegelflächen wird durch die Anwendung von 2 Tellerrädern T_1 und T_2 erreicht, in denen sich ein Teil der Kräfte abstützt, welche das Gehäuse-Reaktionsmoment ergeben. Das Taumelscheiben-Triebwerk besteht also im wesentlichen aus zwei aufeinander abrollenden Kegeln, wie sie in Abb. 2.9 dargestellt sind.

I. Bewegungsverhältnisse eines Punktes auf der Grundfläche des Kegels *K2*, der auf einem zweiten Kegel *K1* abrollt (s. Abb. 2.9)

Die Bewegungsverhältnisse werden zunächst ermittelt für einen Punkt P auf der Grundfläche eines Kegels $K\,2$ (Wälzkegel der Taumelscheibe), der auf einem zweiten, aber ortsfesten Kegel $K\,1$ (gehäusefester Wälzkegel) abrollt. Die Bewegung des Punktes P wurde in 3 Richtungen zerlegt: in die Hubrichtung z, in die radiale x und in die tangentiale Richtung y. In Abb. 2.9 sind die beiden Kegel in Grund-, Auf- und Seitenriß dargestellt. Aus den geometrischen Verhältnissen ergeben sich die folgenden Bewegungsgleichungen:

$$z = r \cdot \sin\alpha \cdot (1 - \cos\varphi) \qquad \varphi = \omega t$$

$$x = a \cdot \cos\varphi = r \cdot (1 - \cos\alpha) \cdot (1 - \cos\varphi) \cdot \cos\varphi$$

$$= r \cdot (\cos\alpha - 1) \cdot \left[\frac{1}{2} - \cos\varphi + \frac{1}{2} \cdot \cos 2\varphi\right]$$

$$y = a \cdot \sin\varphi = r \cdot (1 - \cos\alpha) \cdot (1 - \cos\varphi) \cdot \sin\varphi$$

$$= r \cdot (1 - \cos\alpha) \cdot \left[\sin\varphi - \frac{1}{2} \cdot \sin 2\varphi\right]$$

Auf Abb. 2.9 ist die Bahn des Punktes P in den verschiedenen Ansichten eingezeichnet.

II. Bewegungsverhältnisse des Pleuelanlenkpunktes P_0

Die Pleuelanlenkpunkte liegen in der Ebene, die senkrecht auf der Taumelachse steht und durch den Schnittpunkt der Taumelachse mit der Motor-Längsachse geht. Diese Ebene entsteht auch durch Verschieben der Grundfläche des Kegels $K\,2$ in Richtung der Taumelachse. So kann die Bewegung des Punktes P_0 durch einfache Transformation aus den obigen Gleichungen abgeleitet werden. Man erhält:

$$z_0 = z - \Delta z = r \cdot \sin\alpha \cdot [1 - \cos\varphi] - r \cdot \tan\frac{\alpha}{2} \cdot \cos\alpha$$

$$= r \cdot \sin\alpha \cdot \left[1 - \cos\varphi - \frac{\cos\alpha}{1 + \cos\alpha}\right]$$

$$x_0 = x - \Delta a \cdot \cos\varphi = (a - \Delta a) \cdot \cos\varphi = r \cdot \left[(1 - \cos\alpha) \cdot (1 - \cos\varphi - \tan\frac{\alpha}{2} - \sin\alpha\right] \cdot \cos\varphi$$

$$= \frac{1}{2} \cdot r \cdot (\cos\alpha - 1) \cdot [1 + \cos 2\varphi]$$

$$y_0 = y \cdot \frac{a - \Delta a}{a} = r \cdot (1 - \cos\alpha) \cdot \left[\sin\varphi - \frac{1}{2} \cdot \sin 2\varphi\right] \cdot \left[1 - \frac{r \cdot (1 - \cos\alpha)}{r \cdot (1 - \cos\alpha) \cdot (1 - \cos\varphi)}\right]$$

$$= \frac{1}{2} \cdot r \cdot (\cos\alpha - 1) \cdot \sin 2\varphi$$

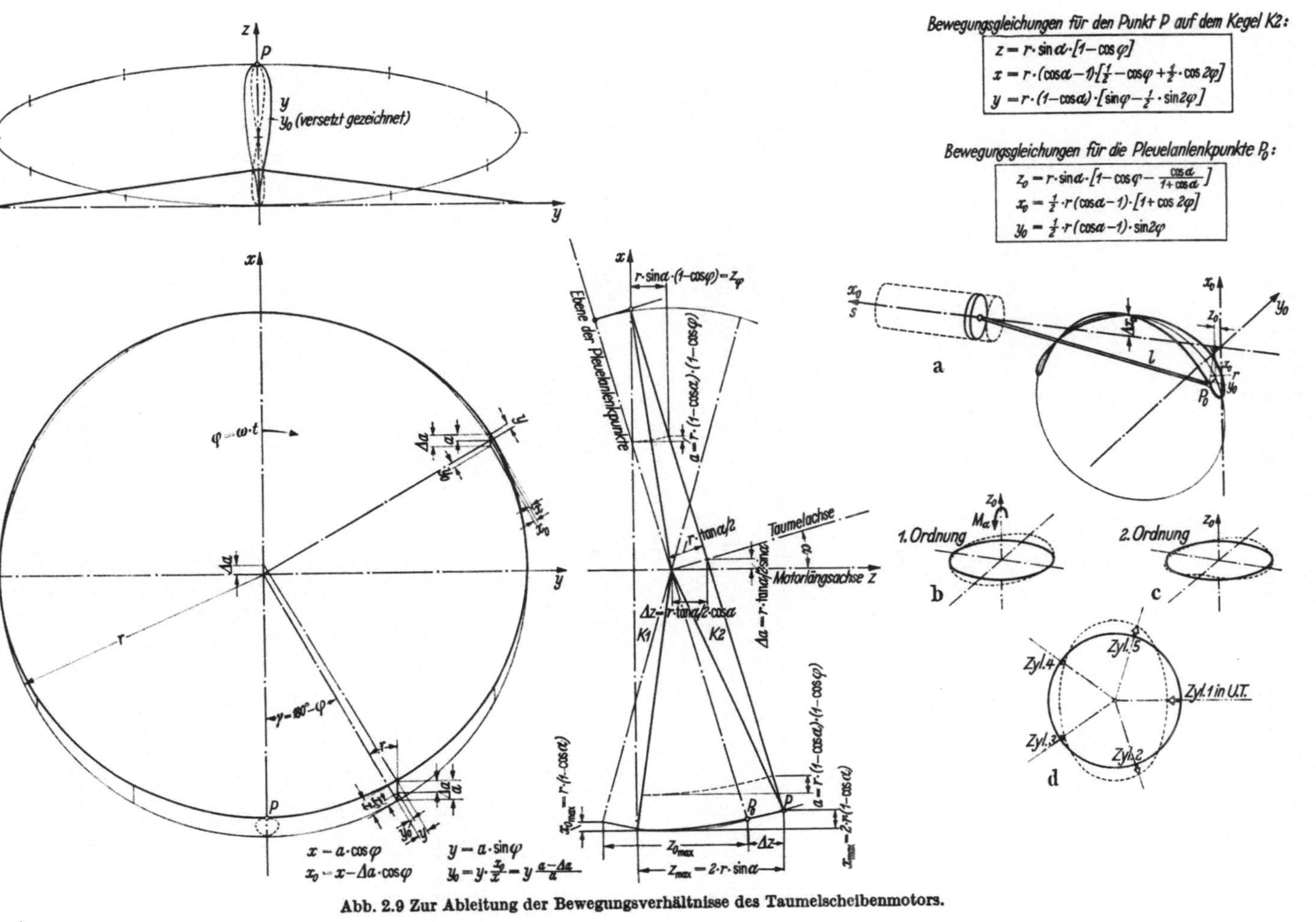

Abb. 2.9 Zur Ableitung der Bewegungsverhältnisse des Taumelscheibenmotors.

Durch Differenzieren erhält man hieraus die Geschwindigkeiten und Beschleunigungen der Pleuelanlenkpunkte P_0 in den drei Richtungen:

Geschwindigkeit:

$$z_0' = r \cdot \omega \cdot \sin\alpha \cdot \sin\varphi$$

$$x_0' = r \cdot \omega \cdot (1 - \cos\alpha) \cdot \sin 2\varphi$$

$$y_0' = r \cdot \omega \cdot (\cos\alpha - 1) \cdot \cos 2\varphi$$

Beschleunigung:

$$z_0'' = r \cdot \omega^2 \cdot \sin\alpha \cdot \cos\varphi$$

$$x_0'' = 2 \cdot r \cdot \omega^2 \cdot (1 - \cos\alpha) \cdot \cos 2\varphi$$

$$y_0'' = 2 \cdot r \cdot \omega^2 \cdot (1 - \cos\alpha) \cdot \sin 2\varphi$$

III. Bewegungsverhältnisse des Kolbens

In erster Näherung könnte die Schwenkbewegung des Pleuels in der radialen und tangentialen Richtung vernachlässigt werden. Damit wäre der Kolbenweg $s = z_0$ und die Kolbenbeschleunigung $b = z_0''$. Für die exakte Bestimmung des Kolbenweges muß die Schwenkbewegung des Pleuels berücksichtigt werden. Hierfür werden die unter II. ermittelten Bewegungsgleichungen für den Pleuelanlenkpunkt P_0 so umgeformt, daß sie folgender Anfangsbedingung genügen:
für $\varphi = 0$ (Zylinder im u. T.) soll sein: $z_0 = 0$; $y_0 = 0$ und $x_0 = -r \cdot (1 - \cos\varphi) + \Delta x_0$

$$z_0 = r \cdot \sin\alpha \cdot [1 - \cos\varphi]$$

$$x_0 = \frac{1}{2} \cdot r \cdot (\cos\alpha - 1) \cdot [1 + \cos 2\varphi] + \Delta x_0$$

$$y_0 = \frac{1}{2} \cdot r \cdot (\cos\alpha - 1) \cdot \sin 2\varphi$$

Der Kolbenweg s setzt sich entsprechend Abb. 2.9a zusammen aus der Hubbewegung z_0 des Pleuelanlenkpunktes P_0 und der Verringerung des Kolbenhubes s_{xy} durch das räumliche Ausschwenken des Pleuels.

$$s = z_0 - s_{xy} = z_0 - [l - \sqrt{l^2 - r^2}] = z_0 - l + \sqrt{l^2 - x_0^2 - y_0^2}$$

$$s = r \cdot \sin\alpha\,(1 - \cos\varphi) - l \cdot \Bigg[1 -$$

$$- \sqrt{1 - \frac{1}{4} \cdot \frac{r^2 \cdot (\cos\alpha - 1)^2}{l^2} \cdot [1 + 2 \cdot \cos 2\varphi + \cos^2 2\varphi + \sin^2 2\varphi] - \frac{r \cdot (\cos\alpha - 1)}{l} \cdot \frac{\Delta x_0}{l} \cdot (1 + \cos 2\varphi) - \frac{\Delta x_0^2}{l^2}}\Bigg]$$

mit der Substitution $\lambda = \frac{r}{l} \cdot (\cos\alpha - 1)$ und $\mu = \frac{\Delta x_0}{l}$ erhält man

$$s = r \,.\, \sin\alpha \cdot (1 - \cos\varphi) - l \cdot \sqrt{1 - \frac{1}{2} \cdot \lambda^2 \cdot (1 + \cos 2\varphi) - \lambda \cdot \mu \cdot (1 + \cos 2\varphi) + \mu^2}$$

Die Wurzel kann in eine Reihe entwickelt werden:

$$\sqrt{1 + x} = 1 + \frac{1}{2} \cdot x - \frac{1}{8} \cdot x^2 + \frac{1}{16} \cdot x^3 - \frac{5}{128} \cdot x^4 + - \cdots$$

Dabei können die Glieder mit x^2, d. h. λ^4, $\lambda^2 \cdot \mu^2$ und μ^4 vernachlässigt werden.

Damit erhält man

$$s = r \cdot \sin\alpha \cdot (1 - \cos\varphi) - l \cdot \left[\frac{1}{4} \cdot \lambda^2 \cdot (1 - \cos 2\varphi) + \frac{1}{2} \cdot \lambda \cdot \mu \cdot (1 + \cos 2\varphi) + \frac{1}{2}\mu^2\right]$$

$$s = r \cdot \sin\alpha \cdot (1 - \cos\varphi) - l \cdot \left[(1 + \cos 2\varphi) \cdot \left(\frac{1}{4} \cdot \lambda^2 + \frac{1}{2} \cdot \lambda \cdot \mu\right) + \frac{1}{2}\mu^2\right]$$

Zu beachten ist, daß s eine Funktion 1. und 2. Ordnung in φ ist.

$$v = r \cdot \omega \cdot \sin\alpha \cdot \sin\varphi + l \cdot \omega \cdot \left(\frac{1}{2} \cdot \lambda^2 + \lambda \cdot \mu\right) \cdot \sin 2\varphi$$

$$b = r \cdot \omega^2 \cdot \sin\alpha \cdot \cos\varphi + l \cdot \omega^2 \cdot (\lambda^2 + 2 \cdot \lambda \cdot \mu) \cdot \cos 2\varphi$$

Liegt im speziellen Fall die Zylinderachse so, daß der maximale Schwenkwinkel des Pleuels in der radialen Richtung nach jeder Seite gleich groß ist, dann wird:

$$\Delta x_0 = -\frac{1}{2} \cdot (\cos\alpha - 1) \quad \text{und} \quad \mu = -\frac{1}{2} \cdot \lambda$$

Für diese spezielle symmetrische Lage der Zylinderachse ergibt sich:

$$s_0 = r \cdot \sin\alpha \cdot (1 - \cos\varphi)$$

$$v_0 = r \cdot \omega \cdot \sin\alpha \cdot \sin\varphi$$

$$b_0 = r \cdot \omega^2 \cdot \sin\alpha \cdot \cos\varphi$$

Hier treten also keine Massenkräfte 2. Ordnung auf.

Abschließend sollen noch die Massenwirkungen des Taumelscheibenmotors entsprechend Abschn. III. angegeben werden.

IV. Massenkräfte in der Hubrichtung

Massenkräfte entstehen an der punktförmig gedachten Masse m_p der Pleuelanlenkpunkte (Lagerkörper + untere Pleuelstangenhälfte) und an der Kolbenmasse m_k (Kolben + obere Pleuelstangenhälfte). Die Massenkraft eines Zylinders in der Hubrichtung ist:

$$-P_z = m_p \cdot z'' + m_k \cdot b = (m_p + m_k) \cdot r \cdot \omega^2 \cdot \sin\alpha \cdot \cos\varphi + m_k \cdot l \cdot \omega^2 \cdot (\lambda^2 + 2 \cdot \lambda \cdot \mu) \cdot \cos 2\varphi$$
$$= P_{z_1} + P_{z_2}$$

Die Massenkräfte 1. Ordnung aller z-Zylinder des Taumelscheibenmotors ergeben ein konstantes Kippmoment von der Größe

$$M_k = (m_p + m_k) \cdot r^2 \cdot \omega^2 \cdot \sin\alpha \cdot \sum_{n=1}^{z\rightarrow} \cos^2 (n - 1) \cdot \frac{360^\circ}{z}$$

in der Ebene des jeweiligen Abwälzpunktes der Taumelscheibe, welches auf diesen Abwälzpunkt hin gerichtet ist. Eine freie Kraft entsteht nicht. Auch die Massenkräfte 2. Ordnung vom Kolben her ergeben weder ein Kippmoment noch eine freie Kraft. Die Abb. 2.9b und c sollen die Massenkräfte in der Hubrichtung an der Taumelscheibe und das Entstehen des Kippmomentes darstellen.

V. Massenkräfte in radialer Richtung

An der Masse des Pleuelanlenkpunktes tritt weiter eine radiale Massenträgheitskraft auf

$$P_x = 2 \cdot m_p \cdot r \cdot \omega^2 \cdot (\cos\alpha - 1) \cdot \cos 2\varphi$$

In Abb. 2.9d sind die Massenkräfte für 5 Zylinder an der Taumelscheibe eingezeichnet. Da alle Kräfte sich in einem Punkt schneiden, können sie kein Moment ergeben. Eine freie Kraft könnte wegen der Symmetrie nur in Richtung durch den Abwälzpunkt entstehen. Die Summe der Komponenten in dieser Richtung ist:

$$\sum \vec{P}_x = 2 \cdot m_p \cdot r \cdot \omega^2 \cdot (\cos\alpha - 1) \cdot \sum_{n=1}^{z \to} \cos 2 \cdot (n-1) \cdot \frac{360°}{z} \cdot \cos(n-1) \cdot \frac{360°}{z}$$

Diese Summe verschwindet für alle Zylinderzahlen $z \geq 3$. Die radialen Massenträgheitskräfte der Pleuelanlenkpunkte ergeben also weder eine freie Kraft noch ein Kippmoment, wenn der Motor mit mehr als 3 Zylindern ausgeführt wird.

VI. Massenkräfte in tangentialer Richtung

An der Masse eines Pleuelanlenkpunktes tritt auch eine tangentiale Massenträgheitskraft auf

$$P_y = 2 \cdot m_p \cdot r \cdot \omega^2 \cdot (\cos\alpha - 1) \cdot \sin 2\varphi$$

also wie oben eine Massenkraft 2. Ordnung, die sich für den ganzen Motor mit mehr als drei Zylindern aufhebt.

Der symmetrisch aufgebaute Taumelscheibenmotor mit drei oder mehr Zylindern erzeugt also als Resultierende der Massenträgheitswirkungen eine konstante Kraft und ein konstantes Moment, die beide in der Ebene durch den jeweiligen Abwälzpunkt liegen und zu diesem hingerichtet sind. Sie sind durch Gegengewichte an der Welle vollständig auszugleichen. Dies gilt natürlich auch für die rotierenden Massen der Welle und der Taumelscheibe.

e) Kreiskolbenmaschinen

[*K 1*] bis [*K 6*]

Die Kreiskolbenmaschine ist eine Verbrennungskraftmaschine, in welcher durch eine reine Drehbewegung eines Läufers auf einem rotierenden Exzenter in einem Gehäuse in Form einer zweibogigen Epitrochoide drei zeitlich veränderliche Hubräume gebildet werden, welche im zeitlichen Ablauf das Arbeitsspiel eines Viertaktmotors ermöglichen. Die drei Arbeitsräume der Maschine sind in der Phase um

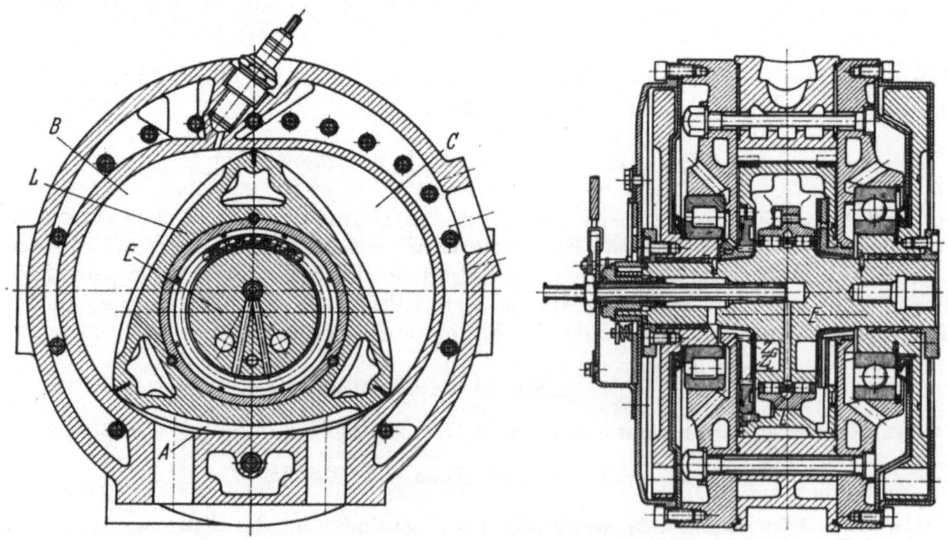

Abb. 2.10 Quer- und Längsschnitt durch einen Kreiskolbenmotor (NSU-KKM 250).

120° versetzt. Das Viertakt-Arbeitsspiel einer einzelnen Kammer ist nach drei Exzenterumdrehungen beendet. Der Läufer selbst führt in dieser Zeit eine volle Umdrehung aus. So wiederholt sich das Arbeitsspiel der Kreiskolbenmaschine mit drei Kammern und einem Läufer nach jeder Umdrehung der Welle. Das Prinzip dieser Maschine, nach ihrem Erfinder auch „Wankelmotor" genannt, ist aus vielen Veröffentlichungen ([*K 1*] bis [*K 5*]) bekannt, so daß hier nur kurz der Aufbau und die Bewegungsverhältnisse behandelt werden.

Die Abb. 2.10 und 2.11 zeigen den Querschnitt durch den Kreiskolbenmotor. Der dreibogige Läufer L bildet mit seiner Oberfläche zusammen mit der des Gehäuses die drei Kammern A, B und C, die gegeneinander und an den Seitenflächen des Gehäuses durch Dichtleisten D abgedichtet sind. Der Läufer rotiert auf dem Exzenter E mit $^1/_3$ der Exzenterdrehzahl absolut in gleichem Sinne wie dieser. Die Synchronisation wird erreicht durch das Abrollen des innen-verzahnten Läuferrades Z_L auf dem gehäusefesten, außen-verzahnten Zahnrad Z_G mit dem Zähnezahlverhältnis 3:2.

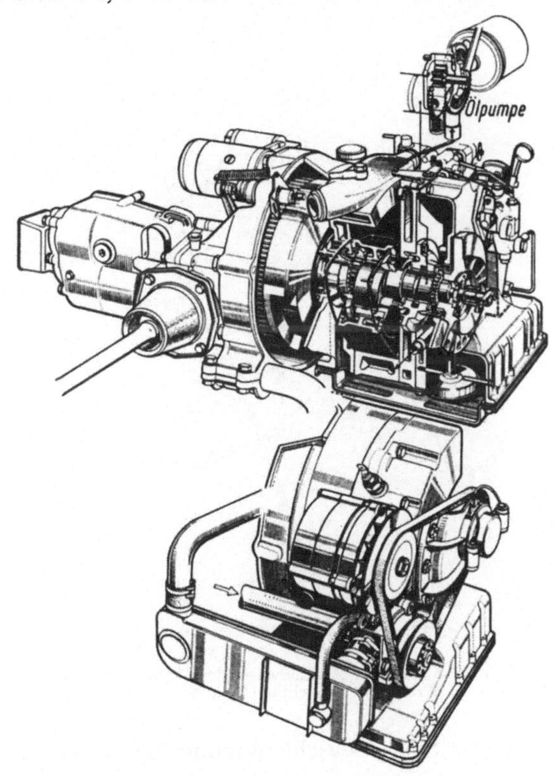

Abb. 2.11 Kreiskolbenmotor des NSU-Spider mit Gegengewichten im Schwungrad und in der Riemenscheibe.

Die Eigenrotation des Läufers auf dem Exzenter mit $\frac{1}{3} \cdot \omega$ erzeugt bei unwuchtfreiem Läufer keine Fliehkraft. Eine solche entsteht nur durch die Normalbeschleunigung der punktförmig auf der Exzentermitte gedachten Läufermasse. Die Größe der Fliehkraft ist $P_L = m_L \cdot e \cdot \omega^2$. Sie kann zusammen mit der Unwucht der Exzenterwelle selbst durch Gegengewichte vollkommen ausgeglichen werden. Es ist darauf zu achten, daß der Ausgleich momentenfrei vorgenommen wird.

Von besonderer Bedeutung für die Funktion dieser Bauart sind die Dichtelemente in den Läuferecken. Nach [*K 4*] schätzte man zu Beginn der Entwicklung die Gefahr für die Funktion der Dichtelemente so groß, daß man sich trotz des höheren Bauaufwandes zunächst der Drehkolben-Bauart zuwandte. Bei dieser Bauart ist das ortsfeste Glied der dreibogige Läufer, während das zweibogige Außenteil und die Exzenterwelle rotieren. Den dabei auftretenden Nachteil der umlaufenden Gaswechselorgane nahm man in Kauf, um die Probleme der Dichtelemente am stillstehenden Teile besser beherrschen zu können. Im Laufe der Entwicklung wurde jedoch diese Bauart wohl allgemein durch die einfachere Kreiskolbenmaschine ersetzt. Dieses Problem der Abdichtung wird bislang vorwiegend durch eine in der Herstellung recht aufwendige und empfindliche Gestaltung der Dichtleisten und durch entsprechende Werkstoffpaarungen zu einer befriedigenden

Lösung gebracht. Es ist jedoch gerade im vorliegenden Rahmen reizvoll, die Grundlagen der Bewegungsverhältnisse und die daraus resultierenden Trägheitswirkungen darzustellen. Dabei soll zunächst die Lösung unter Anwendung der klassischen Formulierungen der Dynamik nach Abschn. 3a gezeigt werden.

Die Punkte des Läufers und damit auch die Dichtleisten führen in dem Relativsystem des Läufers eine reine Rotation mit der Winkelgeschwindigkeit ω_{rel} aus (Abb. 2.12). Im Absolutsystem rotiert dieses Relativsystem mit der Systemgeschwindigkeit $\omega_s = \omega$, während die Winkelgeschwindigkeit im Relativsystem $\omega_{rel} = \frac{2}{3} \cdot \omega$ im Gegendrehsinne ist. Bei gleichförmiger Rotation, die unter Vernachlässigung der Ungleichförmigkeit bzw. der Drehschwingungen angenommen werden kann, bewegt sich der Läuferpunkt mit der Relativgeschwindigkeit $\mathfrak{v}_{rel} = R_L \cdot \omega_{rel}$ und er erfährt die Relativbeschleunigung $\mathfrak{b}_{rel} = R_L \cdot \omega_{rel}^2$. Diese ist radial nach innen zum Läufermittelpunkt M_L gerichtet. Nun führt aber dieses Läufersystem selbst eine Rotation am Exzenterradius e mit der Systemdrehgeschwindigkeit ω_s aus. Durch diese Rotationsbewegung des Läufersystems erfährt der Punkt P auf dem Läufer neben der Relativbeschleunigung $\mathfrak{b}_{rel} = \frac{4}{9} \cdot R_L \cdot \omega^2$ noch die Systembeschleunigung $\mathfrak{b}_s = r \cdot \omega_s^2 = r \cdot \omega^2$ und eine Coriolisbeschleunigung $\mathfrak{b}_c = 2 \cdot \mathfrak{v}_{rel} \cdot \omega_s = 2 \cdot R_L \cdot \omega_{rel} \cdot \omega_s = \frac{4}{3} \cdot R_L \cdot \omega^2$.

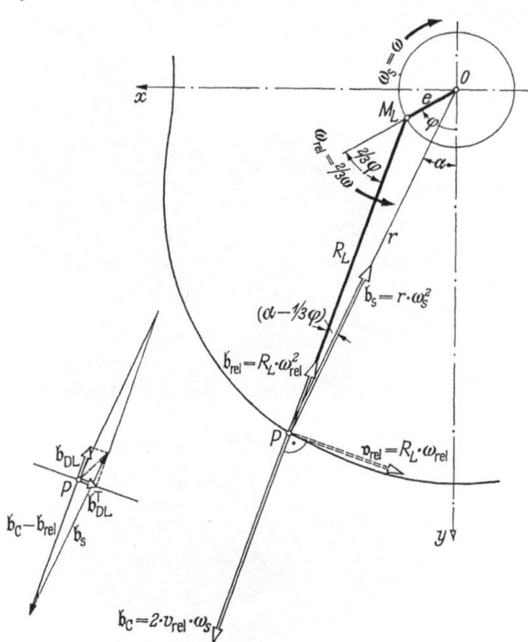

Abb. 2.12 Bewegungsverhältnisse der Dichtleisten einer Kreiskolbenmaschine (Relativsystem).

Die Systembeschleunigung $\mathfrak{b}_s$ ist zum Mittelpunkt 0 hingerichtet, die Coriolisbeschleunigung $\mathfrak{b}_c$ ist um 90° im Sinne von ω_s zur Richtung von $\mathfrak{v}_{rel}$ gedreht.

Der Radius r entspricht dem Polarradius des Punktes P, welcher als Dichtleistenpunkt die Gehäusekontur in Form einer Epitrochoide beschreibt. Die Gleichung der Epitrochoide im kartesischen Koordinatensystem x, y ergibt sich sofort aus Abb. 2.12.

$$y = e \cdot \cos\varphi + R_L \cdot \cos\frac{1}{3}\varphi \qquad x = e \cdot \sin\varphi + R_L \cdot \sin\frac{1}{3}\varphi$$

Dabei wird der Exzenterwinkel φ von der großen Achse der Epitrochoide aus gezählt. Die Polarkoordinaten ergeben sich daraus in bekannter Weise und unter Anwendung der trigonometrischen Additionstheoreme zu:

$$r^2 = x^2 + y^2 = e^2 + R_L^2 + 2 \cdot e \cdot R_L \cdot \cos\frac{2}{3}\varphi \qquad \tan\gamma = \frac{x}{y}$$

Aus den trigonometrischen Beziehungen ergeben sich die Winkelfunktionen

$$\cos\gamma = \frac{1}{\sqrt{1 + \tan^2\gamma}} = \frac{1}{\sqrt{1 + \left(\frac{x}{y}\right)^2}} = \frac{y}{r} \qquad \sin\gamma = \frac{\tan\gamma}{\sqrt{1 + \tan^2\gamma}} = \frac{x}{r}$$

Damit ist die zum Gehäusemittelpunkt gerichtete Systembeschleunigung auch in der Größe bekannt, so daß ihre Komponenten in Richtung der Dichtleiste und senkrecht dazu bestimmt werden können.

$$\mathfrak{b}_{s_{DL}} = \mathfrak{b}_s \cdot \cos\left(\gamma - \frac{1}{3}\varphi\right) = r \cdot \omega^2 \cdot \left(\cos\gamma \cdot \cos\frac{1}{3}\varphi + \sin\gamma \cdot \sin\frac{1}{3}\varphi\right)$$
$$= \omega^2 \cdot \left(y \cdot \cos\frac{1}{3}\varphi + x \cdot \sin\frac{1}{3}\varphi\right)$$
$$b^{\perp}_{s_{DL}} = \mathfrak{b}_s \cdot \sin\left(\gamma - \frac{1}{3}\varphi\right) = r \cdot \omega^2 \cdot \left(\sin\gamma \cdot \cos\frac{1}{3}\varphi - \cos\gamma \cdot \sin\frac{1}{3}\varphi\right)$$
$$= \omega^2 \cdot \left(x \cdot \cos\frac{1}{3}\varphi - y \cdot \sin\frac{1}{3}\varphi\right)$$

Setzt man die Ausdrücke für x und y ein und wendet wieder die Additionstheoreme an, so ergibt sich

$$\mathfrak{b}_{s_{DL}} = \omega^2 \cdot \left(R_L + e \cdot \cos\frac{2}{3}\varphi\right) \qquad \mathfrak{b}^{\perp}_{s_{DL}} = e \cdot \omega^2 \cdot \sin\frac{2}{3}\varphi$$

Die Zusammenfassung aller Beschleunigungen in Richtung der Dichtleiste ergibt

$$\mathfrak{b}_{DL} = \mathfrak{b}s_{DL} + \mathfrak{b}_{rel} - \mathfrak{b}_c = \omega^2 \cdot \left[R_L + e \cdot \cos\frac{2}{3}\varphi + \frac{4}{9} \cdot R_L - \frac{4}{3} \cdot R_L\right]$$
$$\mathfrak{b}_{DL} = \omega^2 \cdot \left[\frac{1}{9} \cdot R_L + e \cdot \cos\frac{2}{3}\varphi\right] \qquad \text{(positiv nach innen gerichtet)}$$

Die Beschleunigung quer zur Dichtleiste ist

$$b^{\perp}_{DL} = e \cdot \omega^2 \cdot \sin\frac{2}{3}\varphi$$

(positiv im Gegendrehsinne ω gerichtet)

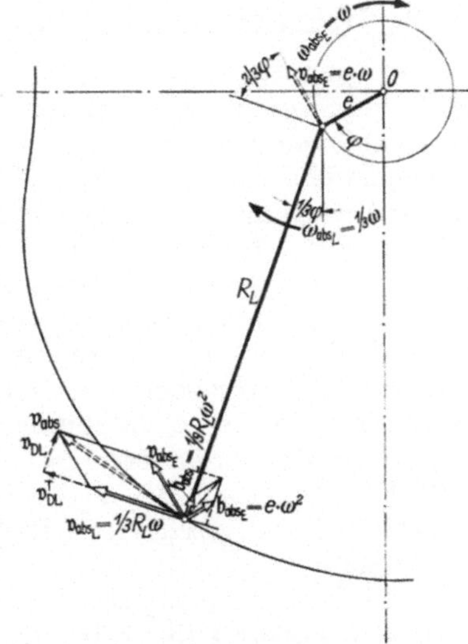

Abb. 2.13 Bewegungsverhältnisse der Dichtleiste einer Kreiskolbenmaschine (Absolutsystem).

Zu dem gleichen Ergebnis gelangt man, wenn man für beide Drehbewegungen die Absolutwerte der Winkelgeschwindigkeiten ansetzt. Es sind dies für den Exzenter ω und für den Läufer $\omega_{a_L} = \frac{1}{3}\,\omega$. Da beide Rotationen gleichförmige Drehbewegungen sind, treten nur Normalbeschleunigungen auf. Durch die Rotation des absolut-stehenden Läufers an dem Exzenterradius e ergibt sich die Normalbeschleunigung $\mathfrak{b}_{a_E} = e \cdot \omega^2$ in Richtung des Exzenterradius. Durch die reine Rotation des Läufers mit absolut $\frac{1}{3} \cdot \omega$ entsteht die Normalbeschleunigung $\mathfrak{b}_{a_L} = \frac{1}{9} \cdot R \cdot \omega^2$ in Richtung der Dichtleiste nach innen. Die resultierende Beschleunigung aus diesen beiden Anteilen — es tritt bei dieser Betrachtung keine Coriolisbeschleunigung auf — ergibt sich in bezug auf die Dichtleiste wie zuvor:

$$\mathfrak{b}_{DL} = \omega^2 \cdot \left[\frac{1}{9} \cdot R_L + e \cdot \cos\frac{2}{3}\varphi\right] \qquad \mathfrak{b}^{\perp}_{DL} = e \cdot \omega^2 \cdot \sin\frac{2}{3}\varphi$$

Die resultierende Geschwindigkeit der Dichtleiste ergibt sich entsprechend Abb. 2.13 aus den beiden Anteilen $\mathfrak{v}_{a_L} = \frac{1}{3} \cdot R_L \cdot \omega$ und $\mathfrak{v}_{a_E} = e \cdot \omega$. In bezug auf die

Dichtleiste ergeben sich die Anteile

$$\mathfrak{v}_{DL} = e \cdot \omega \cdot \sin \frac{2}{3} \varphi \qquad \mathfrak{v}_{DL}^{\perp} = \frac{1}{3} \cdot R_L \cdot \omega + e \cdot \omega \cdot \cos \frac{2}{3} \varphi$$

Die resultierende Geschwindigkeit ist

$$\mathfrak{v}_{res} = \omega \cdot \sqrt{\frac{1}{9} \cdot R_L^2 + e^2 + \frac{2}{3} \cdot e \cdot R_L \cdot \cos \frac{2}{3} \varphi}$$

Die Richtung der resultierenden Geschwindigkeit ist wegen der Komponente $\mathfrak{v}_{DL}$ nicht rein tangential zur Dichtleiste. Der resultierende Geschwindigkeitsvektor $\mathfrak{v}_{\text{res}}$ steht andererseits immer tangential zur Gehäusekontur. Daraus ergibt sich, daß die Dichtleiste relativ zur Gehäusekontur Winkelbewegungen machen muß. Die linienförmige Berührung zwischen der abgerundeten Spitze der Dichtleiste und dem Gehäuse wechselt also im Laufe des Bewegungsvorganges dauernd an beiden Teilen. Diese Schwenkbewegung der Dichtleiste gegenüber der Gehäusekontur ist nach [*K 1*] für den Verschleiß und die Lebensdauer von großer Bedeutung.

3. Bestimmung des Gewichtes, des Schwerpunktes und der Massenträgheitsmomente von Triebwerksteilen

[*A 1*], [*B 9*], [*G 1*] bis [*G 4*], [*G 19*]

a) Die Trägheitswirkungen bei gleichförmiger und ungleichförmiger Bewegung

Die Dynamik ist die Lehre von der zeitlich-veränderlichen Bewegung der Körper unter dem Einfluß von Kräften. Nach dem Gesetz „Aktion = Reaktion" müssen diesen äußeren Kräften, welche die Bewegung hervorrufen, innere Gegenkräfte das Gleichgewicht halten (Prinzip von D'ALEMBERT). Diese inneren Kräfte sind die Trägheitswirkungen, die nur im Zustand der Ruhe oder gleichförmigen Bewegung verschwinden. Eine ungleichförmige Bewegung kann in Komponenten zerlegt werden, die entsprechende Trägheitswirkungen hervorrufen und sich nach der Regel der Statik im Parallelogramm der Kräfte zusammensetzen. Die Regeln für die Dynamik des einzelnen Massenpunktes wurden von NEWTON in vier Gesetze gefaßt:

1. Jeder Körper beharrt im Zustand der Ruhe oder gleichförmigen, geradlinigen Bewegung, wenn er nicht durch einwirkende Kräfte gezwungen wird, seinen Bewegungszustand zu ändern.
2. Die Änderung der Bewegung ist der Einwirkung der bewegenden Kraft proportional und geschieht in Richtung der äußeren Kraft (Kraft = Masse × Beschleunigung).
3. Wechselwirkungsgesetz „Aktion = Reaktion".
4. Jede äußere Kraft ruft die ihr zukommende Bewegungsänderung hervor, unabhängig davon, ob andere Kräfte gleichzeitig einwirken (vektorielle Addition der Kräfte und Bewegungsänderungen).

In der Praxis kann man in vielen Fällen einen Körper mit ausgedehnter Massenbelegung durch einen einzelnen Massenpunkt oder ein System von wenigen Massenpunkten darstellen, die man in zweckmäßiger Weise auswählt.

Die resultierende Trägheitswirkung einer reinen Translationsbewegung oder einer gleichförmigen Rotationsbewegung ist eine Einzelkraft. Zu ihrer Bestimmung ist die Kenntnis der Masse und der Schwerpunktlage erforderlich. Bei beliebiger Bewegung eines Körpers erfahren die einzelnen Massenpunkte unterschiedliche Bewegungsänderungen. Die resultierenden Trägheitswirkungen der einzelnen Massenpunkte sind durch die Angabe der resultierenden Kraft und des resultierenden

Momentes vollständig darzustellen. So kann die allgemeinste Bewegung eines Körpers als Translation oder Drehung um eine beliebig gewählte Drehachse aufgefaßt werden. Die Trägheitswirkung aus einer Drehung allgemeiner Art ist immer ein Moment. Die verschiedenen Arten der Drehbewegung erzeugen Trägheitswirkungen, die sich aus den Massenträgheitsmomenten und den Größen der Drehbewegung ergeben.

Die Trägheitswirkungen von Einzelmassen und Körpern sind im folgenden zusammengestellt, soweit sie für die Triebwerksberechnung von Bedeutung sind.

Die ungleichförmig, geradlinige Bewegung – gekennzeichnet durch die Beschleunigung $b = \frac{dv}{dt} = \frac{d^2 s}{dt^2}$ – erzeugt die Massenkraft $P = -m \cdot b$.

Die ungleichförmig, krummlinige Bewegung – gekennzeichnet durch den Beschleunigungsvektor $\mathfrak{b}$ und durch den Abstand des Momentanpols der Bewegung r – ergibt nach Zerlegung des Beschleunigungsvektors in eine Tangential- und Normalkomponente die Tangentialkraft

$$P_t = -m \cdot b_t = -m \frac{dv}{dt} = -m \cdot \frac{d^2 s}{dt^2}$$

und die Normalkraft

$$P_n = -m \cdot b_n \qquad \text{(vgl. Abb. 3.1)}$$

Spezieller Fall der krummlinigen Bewegung: Bei gleichförmiger Rotation der Masse im Abstand r vom Drehpol entsteht aus der Normalbeschleunigung die Fliehkraft

$$P_n = m \cdot r \cdot \omega^2$$

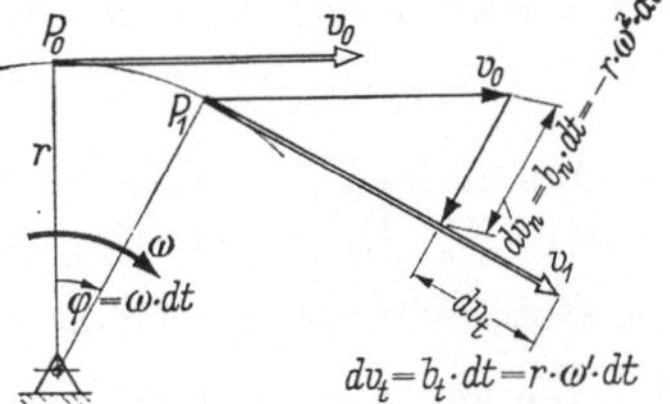

Abb. 3.1 Tangential- und Normalbeschleunigung bei ungleichförmig-krummliniger Bewegung.

Bewegt sich das Bezugssystem, in welchem die Relativbewegung in einer der vorstehend genannten Weise mit der Relativbeschleunigung $\mathfrak{b}_r$ stattfindet, gegenüber dem Absolutsystem mit der Systembeschleunigung $\mathfrak{b}_s$, so ergibt sich die absolute Beschleunigung $\mathfrak{b}_a$ aus der Vektorsumme der beiden Beschleunigungen

$$\mathfrak{b}_a = \mathfrak{b}_s + \mathfrak{b}_r$$

Das gilt aber nur dann, wenn die Systembewegung einer reinen Translation entspricht. Findet dagegen die Relativbewegung auf einem rotierenden System (ω_s) statt, so tritt zusätzlich die Coriolisbeschleunigung $\mathfrak{b}_c = 2 \cdot \mathfrak{v}_r \cdot \omega_s$ auf, so daß sich die Absolutbeschleunigung ergibt zu $\mathfrak{b}_a = \mathfrak{b}_s + \mathfrak{b}_r + \mathfrak{b}_c$. Der Vektor $\mathfrak{b}_c$ ist um 90° gegenüber dem Vektor der Relativgeschwindigkeit $\mathfrak{v}_r$ im Sinne von ω_s gedreht (Abb. 3.2).

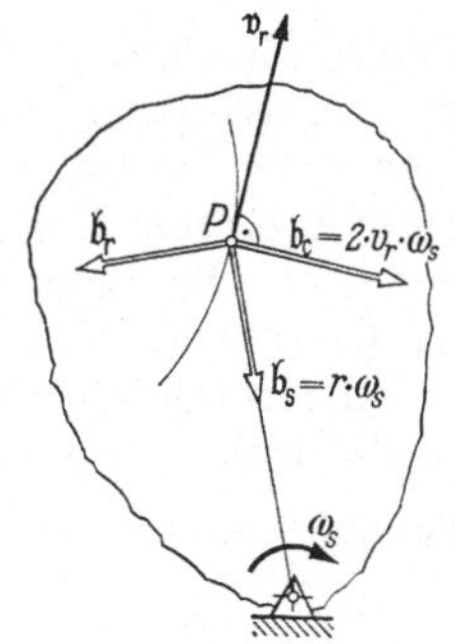

Abb. 3.2 Coriolisbeschleunigung.

Die ungleichförmige Drehbewegung um eine feste Achse mit der Drehbeschleunigung $\frac{d\omega}{dt}$ erzeugt ein Moment

$$M = -\Theta_p \cdot \frac{d\omega}{dt}$$

Die Winkelauslenkung eines Körpers, der mit konstanter Winkelgeschwindigkeit ω um seine Hauptträgheitsachse rotiert, senkrecht zu dieser mit der Winkelgeschwindigkeit $\frac{d\varphi}{dt}$ erzeugt ein Moment senkrecht zur Auslenkung von der Größe

$$M = \Theta \cdot \omega \cdot \frac{d\varphi}{dt} \qquad \text{(vgl. Abb. 3.3)}$$

Die gleichförmige Drehung eines Körpers mit der Winkelgeschwindigkeit ω um eine Achse, welche um den Winkel α zur Hauptträgheitsachse geneigt ist, erzeugt ein rückstellendes Moment (Schleudermoment) von der Größe

$$M_s = \Theta_{aeq} \cdot \omega^2 \cdot \sin\alpha \cdot \cos\alpha \approx \Theta_{aeq} \cdot \omega^2 \cdot \widehat{\alpha} \qquad \text{(Abb. 3.4)}$$

Führt ein mit konstanter Winkelgeschwindigkeit ω um seine Figurenachse rotierender Körper gleichzeitig eine gleichförmige Präzessionsbewegung mit der Drehschnelle ν um die Präzessionsachse aus, so tritt neben dem vorher erwähnten Schleudermoment M_s auch das

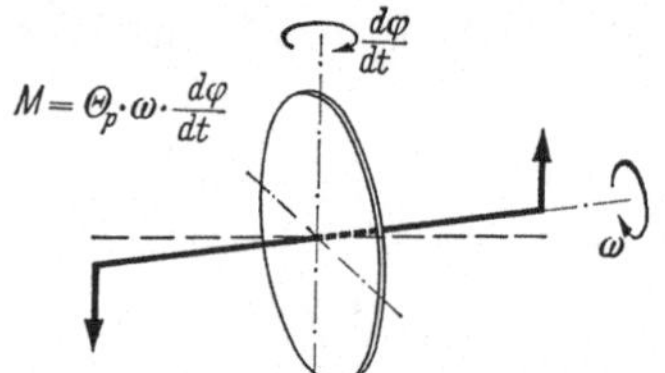

Abb. 3.3 Reaktionsmoment bei Drehung der Ebene eines Schwungringes.

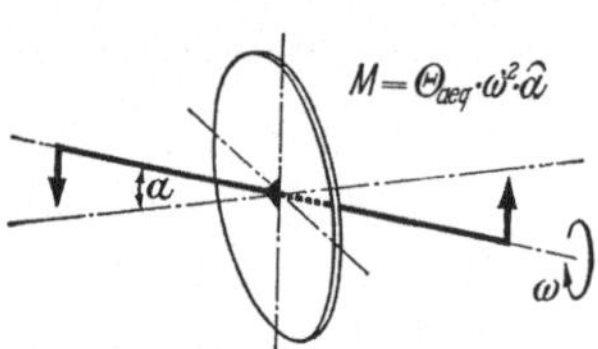

Abb. 3.4 Schleudermoment.

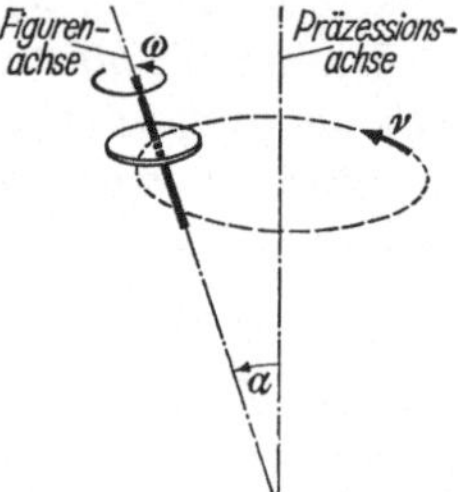

Abb. 3.5 Kreiselmoment.

eigentliche Kreiselmoment auf mit der Größe

$$M_K = \Theta_p \cdot \omega \cdot \nu \cdot \sin\alpha \qquad \text{(Abb. 3.5)}$$

Bei einigen Problemen der Dynamik ist die kinetische Energie oder Wucht von Bedeutung. Die kinetische Energie eines starren Körpers bei reiner Translation mit der Geschwindigkeit v ist $L = \frac{1}{2} \cdot m \cdot v^2$. Bei reiner Drehung um eine feste Achse mit der Winkelgeschwindigkeit ω ist die Wucht $L = \frac{1}{2} \cdot \Theta_s \cdot \omega^2$.

b) Gewicht und Schwerpunkt

Für die Ermittlung der Trägheitswirkungen ist die Bestimmung der Mengeneinheit von Körpern unterschiedlicher Werkstoffe erforderlich. Dabei muß man heute noch die bisher gebräuchlichen Tabellen der Stoffeigenschaften verwenden und zwar in diesem Falle für das spezifische Gewicht γ^* [kg·cm^{-3}] und die Dichte [kg·s^2·cm^{-4}]. Der Begriff „Masse“ ist durch den derzeitigen ungeklärten Zustand bei der Einführung des MKS-Systems zweideutig. Rechnet man, wie bisher gebräuchlich, mit den Einheiten cm, kp und s, so ist die Masseneinheit m^* [kp·s^2·cm^{-1}]. Sie ergibt sich aus dem Gewicht G^* [kg] mit der Norm-Fallbeschleunigung g = 980,665 [cm·s^{-2}] zu $m^* = \frac{G^*}{g}$ [kp·s^2·cm^{-1}]. Die Trägheitswirkung einer geradlinig bewegten Masse m^* unter der Beschleunigung b [cm·s^{-2}] ergibt sich unmittelbar nach dem 1. Newtonschen Gesetz $P^* = m^* \cdot b$ in der Maßeinheit [kp·s^2·cm^{-1} × cm·s^{-2} = kp]. Rechnet man dagegen im MKS-System mit der Masse $m = G^*$ [kg], so ergibt sich nach dem gleichen Gesetz $P = m \cdot b$ die Krafteinheit [kg·m·s^{-2} = N], wobei die Beschleunigung b in [m·s^{-2}] einzusetzen ist.

Zur Vermeidung von Mißverständnissen wird daher der Begriff G^* mit der Einheit [kg] verwendet und durch das Sternchen gekennzeichnet. Der Zahlenwert ist identisch einerseits mit dem der Masse im MKS-System, andererseits aber auch gleich dem Zahlenwert des Gewichtes (Mengeneinheit) im bisher üblichen Einheitensystem. Die Maßeinheit [kg] ist in beiden Systemen gleich.

Experimentell kann ein Volumen durch auslitern bestimmt werden. Wenn ein Modell des Körpers vorhanden ist, so ist dies auch die genauere Methode zur Bestimmung des Gewichtes gegenüber der Umrechnung des Modellgewichtes im Verhältnis der spezifischen Gewichte, da der Modellwerkstoff oft sehr inhomogen ist.

Die rechnerische Bestimmung des Volumens erfolgt mit den GULDINschen Regeln oder durch Zerlegung des Körpers mittels Parallelschnitte von kleiner Höhe unter Anwendung der SIMPSONschen Regel.

Der Schwerpunkt eines Massensystems ist der Punkt, für den die Summe der statischen Momente der einzelnen Massenpunkte Null ist. Hat der Körper eine Symmetrie-Ebene, Symmetrie-Achse oder geometrischen Mittelpunkt, so liegt der Schwerpunkt in diesen. Die experimentelle Bestimmung eines Schwerpunktes erfolgt durch Aufhängen des Körpers an verschiedenen Punkten. Die mittels Lot leicht zu bestimmenden Schwerlinien schneiden sich im Schwerpunkt.

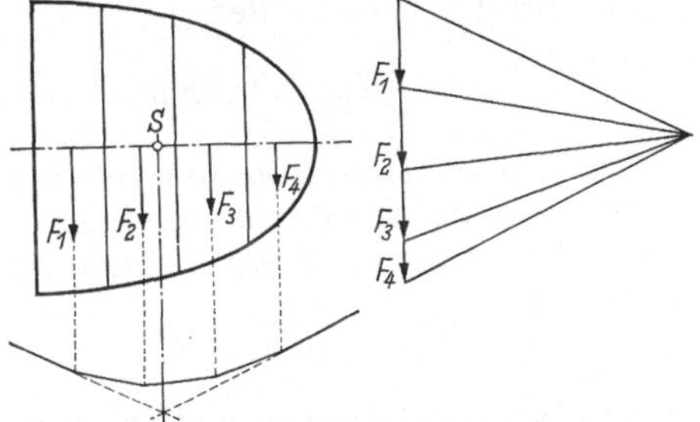

Abb. 3.6 Graphisches Verfahren zur Schwerpunktbestimmung.

Graphisch bestimmt man den Schwerpunkt durch Zerlegung des Körpers in parallele Streifen, für welche sich die Teilgewichte* und Schwerpunkte leicht bestimmen lassen. Der Schwerpunkt bestimmt sich dann nach der Gleichgewichtsbedingung der statischen Momente $G^*_{ges} \cdot y_s = \sum (G^*_i \cdot y_i)$, was graphisch mit Hilfe des Seilecks erfolgt. Dies ist im allgemeinen Fall in zwei zueinander senkrechten Richtungen durchzuführen. Den Schwerpunkt erhält man dann als Schnittpunkt der so ermittelten Schwerlinien (Abb. 3.6).

In vielen Fällen wird man versuchen, den Körper in geometrisch-einfache Teile zu zerlegen, deren Volumen bzw. Gewicht* und Schwerpunkt bekannt ist. Das Gewicht* ist dann gleich der Summe der Teilgewichte*. Der Schwerpunkt bestimmt sich aus der Gleichgewichtsbedingung der statischen Momente.

Bei der Berechnung der Fliehkräfte verwendet man den Begriff „statisches Moment“ $(G^* y)$ in [cm·kg] in bezug auf die Drehachse, was einer Unwucht entspricht. Die Fliehkraft errechnet sich dann zu $P^* = (G^* \cdot y) \cdot \frac{\omega^2}{g}$ in [kp], wobei die beiden Faktoren sehr handliche Größe aufweisen. Der Faktor $\frac{\omega^2}{g} = \left(\frac{\pi \cdot n}{30}\right)^2 \cdot \frac{1}{g}$ hat die Dimension [cm^{-1}] und errechnet sich für die häufig auftretende Drehzahl von 3000 U/min zu rund 100 [cm^{-1}], was leicht zu merken ist. Für andere Drehzahlen bestimmt sich dieser Faktor durch Umrechnung im Quadrat des Drehzahlverhältnisses.

In Abschn. 3f sind die Flächeninhalte, Volumina, Schwerpunktlagen und statischen Momente der wichtigsten technischen Flächen und Körper zusammengestellt.

c) Massenträgheitsmomente

Die Definition des Massenträgheitsmomentes ergibt sich aus der dynamischen Grundgleichung für die Drehbewegung eines starren Körpers um eine feste Achse $M = -\Theta \cdot \frac{d^2\varphi}{dt^2}$. Sie entspricht der dynamischen Grundgleichung für die Translation eines Massenpunktes $P = -m \cdot b$. An Stelle der Masse tritt hier die „Drehmasse“ oder das Massenträgheitsmoment in [kp·cm·s²]. Die Beschleunigung ist durch die Winkelbeschleunigung in [s⁻²] ersetzt und statt der Kraft steht das Drehmoment in [cmkp]. Das Flächenträgheitsmoment in [cm⁴] aus der Festigkeitslehre ist mit dem Massenträgheitsmoment eng verbunden. Es ist deshalb zweckmäßig, beide zusammen zu behandeln.

Das polare Trägheitsmoment Θ_p bzw. I_p bezogen auf den sogenannten Pol, ist mit den Polabständen r

$$\Theta_p = \int r^2\, d\, m \qquad \text{bzw.} \qquad J_p = \int r^2\, d\, f$$

Das äquatoriale Trägheitsmoment Θ_{aeq} bzw. I_{aeq} bezogen auf eine Achse ist mit den senkrechten Abständen y

$$\Theta_{aeq} = \int y^2\, d\, m \qquad \text{bzw.} \qquad J_{aeq} = \int y^2\, d\, f$$

Die Trägheitsmomente sind im allgemeinen, bezogen auf eine durch den Schwerpunkt gehende Achse, bekannt (Θ_s, I_s). Für eine zur Schwerachse parallele Achse mit dem Abstand e ergibt sich das Trägheitsmoment Θ_A bzw. I_A nach dem STEINERschen Satz

$$\Theta_A = \Theta_S + m \cdot e^2 \qquad \text{bzw.} \qquad J_A = J_S + F \cdot e^2$$

Der STEINERsche Satz gilt für äquatoriale und polare Trägheitsmomente.

Der Trägheitsradius $i = \sqrt{\frac{\Theta}{m}}$ ist der Halbmesser, an welchem man sich die Gesamtmasse angebracht denken muß, um das gleiche Trägheitsmoment zu erhalten. In der Praxis wird an Stelle des polaren Massenträgheitsmomentes vielfach das „Schwungmoment“ G^*D^2 in [kgm²] verwendet, wobei G^* das Gewicht* des Körpers und $D = 2i$ sein Trägheitsdurchmesser bedeutet. Die Beziehung zwischen diesen beiden Größen lautet:

$$\underset{[\text{kp} \cdot \text{cm} \cdot \text{s}^2]}{\Theta_p} = \frac{G^*}{981} \cdot \frac{D^2}{4} = 2{,}55 \cdot \underset{[\text{kg} \cdot \text{m}^2]}{G^*D^2}$$

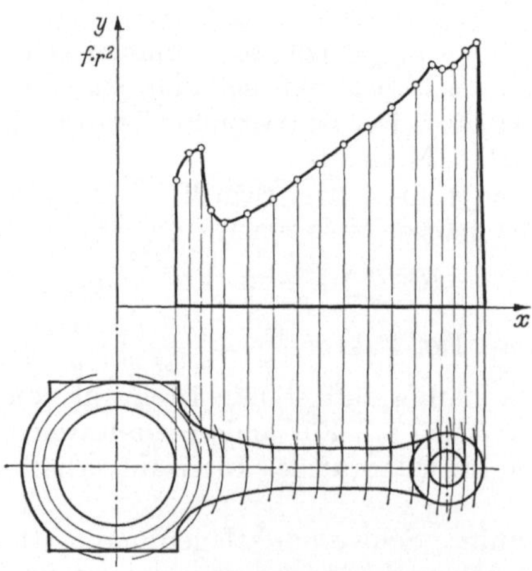

Abb. 3.7 Verfahren zur Bestimmung von Massenträgheitsmomenten.

Bei unregelmäßigen Querschnitten wendet man ein Verfahren an ähnlich dem zur Bestimmung des Schwerpunktes. Man zerlegt den Körper in achsparallele Schnitte oder in Zylinderschnitte, je nachdem, ob man das äquatoriale oder das polare Massenträgheitsmoment bestimmen will. Im Schwerpunkt der einzelnen Teile bringt man die Belastung $f_i \cdot y_i^2$ bzw. $f_i \cdot r_i^2$ an mit den Schwerpunktabständen y_i bzw. r_i zur Bezugsachse bzw. zum Drehpunkt. Man trägt entsprechend Abb. 3.7 als Ordinate in den gleichen Schnitten diese Werte auf. Der Flächeninhalt zwischen dieser Kurve und der Abzissenachse wird durch planimetrieren bestimmt. Das Massenträgheitsmoment erhält man dann aus

$$\Theta = F \cdot m_x \cdot m_y \cdot \frac{\gamma}{g} \; [\text{kp} \cdot \text{cm} \cdot \text{s}^2]$$

mit den Maßstäben für die Abzisse:

1 cm der Zeichnung entspricht m_x [cm] in Wirklichkeit und für die Ordinate:

1 cm der Zeichnung entspricht m_y [cm^4] in Wirklichkeit.

d) Experimentelle Bestimmung von Massenträgheitsmomenten

Die experimentelle Bestimmung von Massenträgheitsmomenten erfolgt durch Ausschwingmessungen von Pendelsystemen.

Für kleinere Teile empfiehlt sich die Anwendung des Bifilarpendels. Das zu untersuchende Teil wird an zwei oder drei gleichlangen und parallelen Fäden oder Drähten von der Länge l waagerecht so aufgehängt, daß sie im Abstand r von der Drehachse angreifen. Mit dem Gewicht G^* in [kg], den Längen in [cm] und der Schwingungsdauer T in [s] für eine Vollschwingung ergibt sich das polare Massenträgheitsmoment zu

$$\Theta_p = \frac{T^2 \cdot G^* \cdot r^2}{4\pi^2 \cdot l} \; [\text{kp} \cdot \text{cm} \cdot \text{s}^2] \qquad \text{(Abb. 3.8)}$$

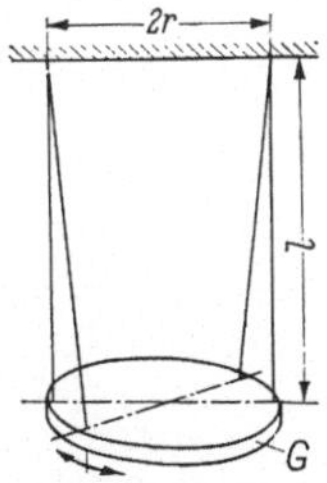

Abb. 3.8 Bestimmung des Massenträgheitsmomentes (Bifilarpendel).

Pleuelstangen kann man als physikalische Pendel auffassen. Mit dem Abstand y des Aufhängepunktes vom Schwerpunkt und dem Gewicht G^* der Pleuelstange bestimmt sich mit der Schwingungsdauer T in [s] das Massenträgheitsmoment in bezug auf die Aufhängeachse zu

$$\Theta_A = G^* \cdot y \cdot \frac{T^2}{4\pi^2} \; [\text{kp} \cdot \text{cm} \cdot \text{s}^2] \qquad \text{(Abb. 3.9)}$$

Das Trägheitsmoment in bezug auf die Schwerachse ist nach dem STEINERschen Satz

$$\Theta_S = \Theta_A - \frac{G^*}{g} \cdot y^2$$

An schweren Rotoren bringt man zwei kleine exzentrisch angeordnete Zusatzmassen von bekanntem Gewicht* und kleinem Trägheitsmoment an und läßt den Rotor auf zwei Schneiden als Rollpendel mit kleinen Anschlägen schwingen. Mit den Abständen a und b in [cm] nach Abb. 3.10 ergibt sich das polare Massenträgheitsmoment zu

$$\Theta_p = \frac{T^2}{4\pi^2} \cdot a \cdot G^* + \frac{G^*}{g} \cdot (a^2 - b^2) \; [\text{kp} \cdot \text{cm} \cdot \text{s}^2]$$

Für genaue Rechnungen muß das Trägheitsmoment der Zusatzmasse, bezogen auf die Rotationsachse, abgezogen werden.

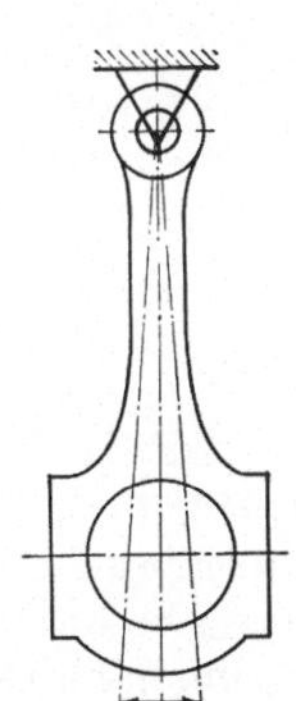

Abb. 3.9 Bestimmung des Massenträgheitsmomentes (Physikalisches Pendel).

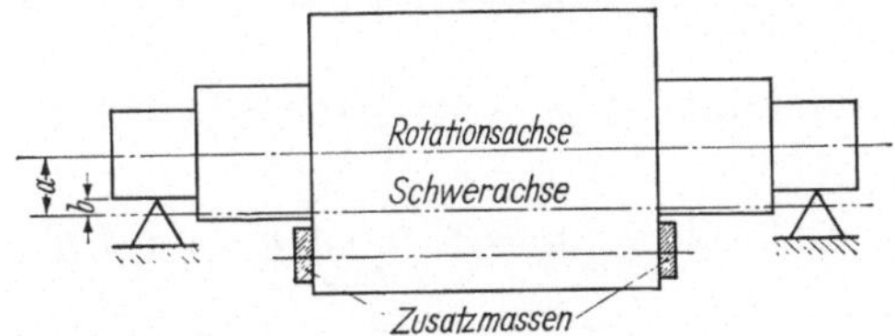

Abb. 3.10 Bestimmung des Massenträgheitsmomentes eines schweren Rotors (Rollpendel).

e) Der Integrator als Hilfsmittel zur Bestimmung der Massen und Massenmomente von Triebwerksteilen

Die Bestimmung des Gewichtes, des statischen Momentes und der Massenträgheitsmomente aus den konstruktiven Unterlagen kann sehr vorteilhaft mit dem Integrator der Firma Ott, Kempten, erfolgen. Dieses Gerät bestimmt durch Umfahren der graphisch gegebenen Kurve $y = f(x)$ über die Grundlinie neben dem Flächeninhalt $\oint y\,dx$ auch die Flächenmomente höherer Ordnung von der Art $\frac{1}{n}\oint y^n\,dx$ $(n = 1 \cdots 4)$. Man bezeichnet das Gerät deshalb auch als Momenten- oder Potenzplanimeter und – unter Hinweis auf das verwendete mechanische Prinzip – als kurvengesteuerter Integrator [*B* 11].

Der Aufbau des Integrators ist aus Abb. 3.11 ersichtlich. Das Fahrlineal *FL* wird auf dem Arbeitstisch befestigt. Die Bezugsachse der zu untersuchenden Fläche

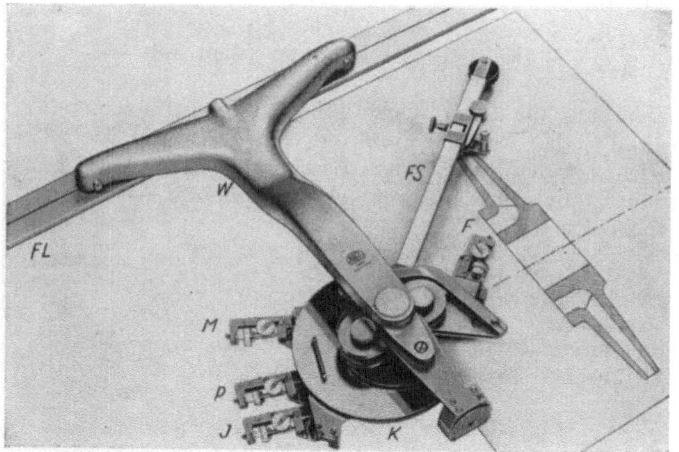

Abb. 3.11 Ott-Integrator mit Kurvensteuerung und 4 Meßwerken.
Fl Fahrlineal; *W* Wagen; *K* Kurvenscheibe; *FS* Fahrstab; *F*, *M*, *J*, *P* Meßwerke.

wird mit Hilfe von zwei Auslegern parallel zum Fahrlineal ausgerichtet. Nach Einsetzen des Wagens *W* in die Führungsrinne des Fahrlineals und Einhängen des Fahrstabes *FS* in die am Wagen befestigte Kurvenscheibe *K* ist das Gerät betriebsfertig. Die Fahrstabeinstellung ist variabel und soll möglichst klein gewählt werden, um eine hohe Genauigkeit zu erreichen. Das Gerät besitzt in der vollständigen Ausstattung vier Meßwerke, die im Aufbau der vom Planimeter her bekannten Ausführung entsprechen. Durch die Kurvensteuerung bestimmen die Meßwerke die folgenden Flächenintegrale:

$$\text{Meßrolle } F \quad (n = 1): \oint y\,dx = \oint dF \to \overline{F}$$

$$\text{Meßrolle } M \quad (n = 2): \frac{1}{2}\cdot\oint y^2\,dx = \oint y\,dF \to \overline{M}$$

$$\text{Meßrolle } J \quad (n = 3): \frac{1}{3}\cdot\oint y^3\,dx = \oint y^2\,dF \to \overline{J}$$

$$\text{Meßrolle } P \quad (n = 4): \frac{1}{4}\cdot\oint y^4\,dx = \oint y^3\,dF \to \overline{P}$$

Die Ablesung der Meßwerte hat vor und nach der vollständigen Umfahrung der Fläche im Uhrzeigersinne zu erfolgen. Die abgelesene Anzeigendifferenz Δ ist proportional den Flächenintegralen. Der Proportionalitätsfaktor v ist von der gewählten Fahrstabeinstellung abhängig und wird für die einzelnen Meßwerke angegeben. Unter Berücksichtigung des Längenmaßstabes m erhält man die wirklichen Flächenmomente zu

$$\frac{1}{n} \cdot \oint y^n\,d\,x = \Delta_n \cdot v_n \cdot m^{n+1} \quad [\mathrm{cm}^{n+1}]$$

Zur Vereinfachung werden im folgenden die so ermittelten Flächenmomente mit $\overline{F}$, $\overline{M}$, $\overline{J}$ und $\overline{P}$ bezeichnet. Sie werden zusätzlich noch durch Indizes gekennzeichnet, die der gewählten Bezugsachse entsprechen.

Zunächst soll die Anwendung auf zweidimensionale Probleme dargestellt werden. Der Flächeninhalt ergibt sich direkt aus der Ablesung der Meßrolle F, die dem normalen Planimeter entspricht:

$$\overline{F} = \oint y\,d\,x = \oint dF$$

Das statische Moment in bezug auf die x-Achse zeigt die Meßrolle M an:

$$\overline{M}_x = \frac{1}{2} \cdot \oint y^2\,d\,x = \oint y\,dF$$

Aus diesen beiden Werten kann der Schwerpunktabstand y_s errechnet werden:

$$y_s = \frac{\overline{M}_x}{\overline{F}}$$

Besitzt die Fläche keine Symmetrieachse, so kann durch eine weitere Umfahrung bezogen auf eine andere Achse, z. B. die y-Achse der Schwerpunktabstand x_s ermittelt werden. Damit ist die Schwerpunktlage vollkommen bestimmt.

Das axiale Flächenträgheitsmoment J_x in bezug auf die x-Achse ist:

$$\overline{J}_x = \oint y^2\,dF$$

und ergibt sich aus der Ablesung der Meßrolle J. Durch Vertauschung der Achsen ist das Flächenträgheitsmoment J_y in entsprechender Weise zu bestimmen. Bilden die beiden gewählten Achsen x und y einen rechten Winkel, so ergibt sich das polare Flächenträgheitsmoment zu:

$$J_p = \oint r^2\,dF = J_x + J_y$$

Die Ermittlung des Trägheitsmomentes J_x in bezug auf eine zur Schwerachse x_0 parallelen Achse x mit dem Abstand y_s erfolgt unter Anwendung des Steinerschen Satzes, wobei alle dazu erforderlichen Größen aus den Ablesungen der einzelnen Meßwerte bekannt sind:

$$J_x = J_{x_0} + y_s^2 \cdot F$$

Der Steinersche Satz gilt auch für das polare Trägheitsmoment J_{p_0}, bezogen auf einen beliebigen Punkt 0 der sich im Abstand r vom Schwerpunkt befindet, für den das Trägheitsmoment J_{p_s} zutreffend ist:

$$J_{p_0} = J_{p_s} + r_s^2 \cdot F$$

Die dazu erforderlichen Werte ergeben sich aus der zweimaligen Umfahrung in bezug auf die Achsen x und y.

Sind die beiden Hauptachsen nicht bekannt, so ist neben den beiden axialen Trägheitsmomenten J_u und J_v bezogen auf zwei zueinander senkrechten Achsen u

und v noch das Zentrifugal- oder Deviationsmoment

$$J_{uv} = \oint u \cdot v \cdot dF = \frac{1}{2} \cdot \oint u \cdot v^2 \cdot du$$

zu bestimmen. Dieses Integral ergibt sich durch zweimalige Auswertung der Meßwerte $\overline{J}$ des Integrators, wobei die Fläche bezogen auf zwei gegen die u-Achse um die Winkel $+\alpha$ und $-\alpha$ geneigten Achsen zu umfahren ist (Abb. 3.12). Mit den Ablesungen $\overline{J}_{u_{+\alpha}}$ und $\overline{J}_{u_{-\alpha}}$ erhält man

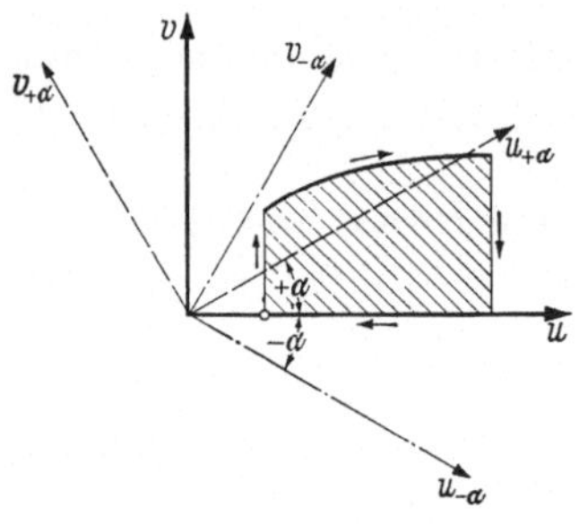

Abb. 3.12 Verfahren zur Bestimmung des Zentrifugalmoments bezüglich der Achsen u—v.

$$J_{uv} = \frac{1}{2 \cdot \sin 2\alpha} \cdot (\overline{J}_{u_{-\alpha}} - \overline{J}_{u_{+\alpha}})$$

und speziell für $\alpha = \pm 30°$:

$$J_{uv} = \frac{\sqrt{3}}{3} \cdot (\overline{J}_{u_{-\alpha}} - \overline{J}_{u_{+\alpha}})$$

Die Hauptträgheitsmomente J_x und J_y selbst bestimmen sich daraus nach der bekannten Beziehung

$$J_{x,y} = \frac{1}{2} \cdot (J_u + J_v) \pm \frac{1}{2} \cdot \sqrt{(J_v - J_u) + 4 J_{uv}^2}$$

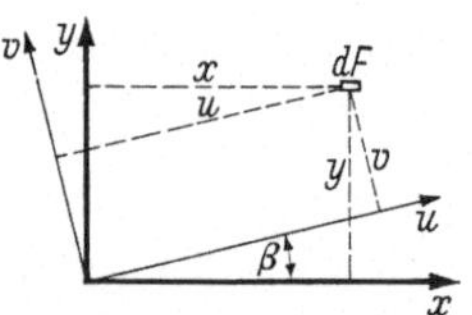

Abb. 3.13 Änderung des Bezugsystems.

und der Winkel β (Abb. 3.13), unter dem die beiden Hauptachsen liegen, ist

$$\tan 2\beta = \frac{2 J_{uv}}{J_v - J_u}$$

Auf scheibenartige Körper konstanter Dicke h und mit dem spezifischen Gewicht γ^* lassen sich die für Flächen gefundenen Ergebnisse in einfacher Weise übertragen:

Gewicht $$G^* = \gamma^* \cdot V = \gamma^* \cdot h \cdot \oint dF = \gamma^* \cdot h \cdot \overline{F}$$

statisches Moment $$G^* \cdot y = \gamma^* \cdot y_s \cdot V = \gamma^* \cdot h \cdot \oint y\, dF = \gamma^* \cdot h \cdot \overline{M}$$

Massenträgheitsmoment $$\Theta = \frac{\gamma^*}{g} \cdot h \cdot \oint y^2\, dF = \frac{\gamma^*}{g} \cdot h \cdot \overline{J}$$

Bezüglich des polaren Massenträgheitsmomentes, der Hauptachsen und des STEINERschen Satzes gelten die gleichen Ermittlungsverfahren wie für Flächen.

Bei der Berechnung von Triebwerksteilen wird man die Kurbelwangen, Gegengewichte usw. durch Schnitte senkrecht zur Rotationsachse in dünne Scheiben zerlegen (Abb. 3.14), deren mittlerer Flächengrundriß das Schichtelement hinreichend genau ersetzt. Dazu können direkt die Konstruktionszeichnungen verwendet werden. Die bei der Schichtenzerlegung notwendige Ermittlung der Verschneidungslinien dürfte dem Konstrukteur keine Schwierigkeiten bereiten. Bezüglich des Gewichtes und der Massenträgheitsmomente um die Drehachse können die Anteile der einzelnen Schichtelemente rein additiv zusammengefaßt werden. Die axiale Schwerpunktlage l_s auf der Rotationsachse, bezogen auf einen beliebig wählbaren Bezugspunkt, erhält man aus der Vektoraddition

$$l_s = \frac{\overrightarrow{\Sigma} (G^* \cdot y)_i \cdot l_i}{\overrightarrow{\Sigma} (G^* \cdot y)_i}$$

An Stelle der Vektorsummen kann man auch die Ermittlung in zwei zueinander senkrechten Ebenen anwenden.

Die Berechnung der einfachen zylindrischen Formen wie die der Zapfen, Anlaufbunde und Bohrungen in den Zapfen erfolgt einfacher rechnerisch mit den bekannten Formeln, die in Abschn. 3f zusammengestellt sind.

Der Integrator ist auch auf Rotationskörper anwendbar. Dabei ist grundsätzlich nur die Fläche auf einer Seite der Rotationsachse zu umfahren. Bezeichnet man als

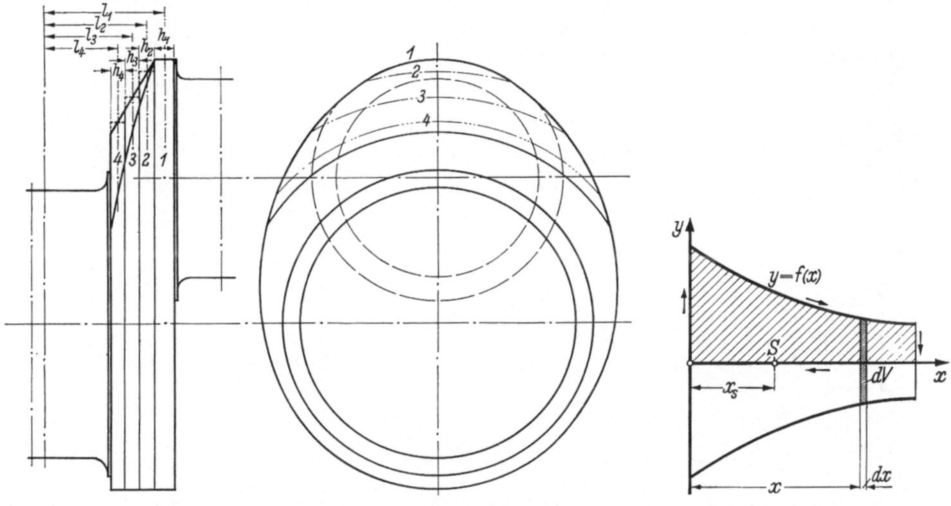

Abb. 3.14 Aufteilung einer Kurbelwange in Schichtelemente

Abb. 3.15 Rotationskörper.

Drehachse die x-Achse (Abb. 3.15), so entsteht der Drehkörper durch Drehung der Kurve $y = f(x)$ um die x-Achse. Durch Umfahren der halben Querschnittsfläche mit dem Integrator erhält man die Größen

$$\text{Gewicht} \quad G^* = \gamma^* \cdot \pi \cdot \oint y^2\,dx = 2\pi \cdot \gamma^* \cdot \frac{1}{2} \cdot \oint y^2\,dx = 2\pi \cdot \gamma^* \cdot \overline{M}_x$$

Statisches Moment, bezogen auf die Grundlinie (y-Achse)

$$G^* \cdot x_s = \gamma^* \cdot \pi \cdot \oint x \cdot y^2\,dx = 2\pi \cdot \gamma^* \cdot \frac{1}{2} \oint x \cdot y\,dx = 2\pi \cdot \gamma^* \cdot J_{xy}$$

Massenträgheitsmoment, bezogen auf die Drehachse

$$\Theta_x = \frac{\gamma^*}{g} \cdot \frac{\pi}{2} \cdot \oint y^4\,dx = \frac{\gamma^*}{g} \cdot 2\pi \cdot \frac{1}{4} \cdot \oint y^4\,dx = \frac{\gamma^*}{g} \cdot 2\pi \cdot \overline{P}_x$$

J_{xy} entspricht dem Zentrifugalmoment J_{uv}, dessen Ermittlung durch zweimalige Integration bezüglich der um die Winkel $\pm\alpha$ gegenüber der $x(u)$-Achse gedrehten Achsen $x_{\pm\alpha}(u_{\pm\alpha})$ bekannt ist.

f) Schwerpunktlagen, Inhalte, Trägheits- und Widerstandsmomente der wichtigsten Flächen und Körper

Dreieck

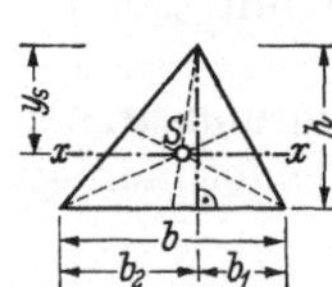

$$F = \frac{1}{2} a \cdot b \qquad y_s = \frac{2}{3} h$$

$$J_{aeq_{x-x}} = \frac{b \cdot h^3}{36} \qquad W_{aeq_1} = \frac{b \cdot h^2}{24} \qquad W_{aeq_2} = \frac{b \cdot h^2}{12}$$

$$J_p = \frac{b \cdot h^2}{36} + \frac{h \cdot (b_1^3 + b_2^3)}{12} - \frac{b \cdot h \cdot (b_2 - b_1)^2}{18}$$

Quadrat

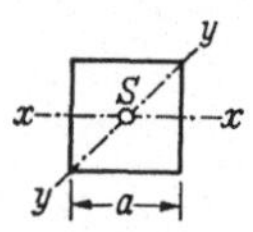

$$F = a^2$$

$$J_{aeq_{x-x}} = \frac{a^4}{12} \qquad W_{aeq} = \frac{a^3}{6}$$

$$J_{aeq_{y-y}} = \frac{a^4}{12} \qquad W_{aeq} = \frac{\sqrt{2}}{12} \cdot a^3$$

Rechteck

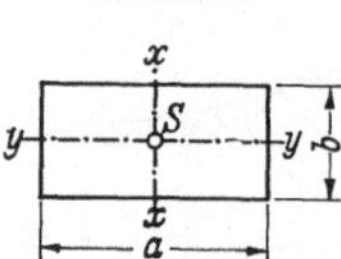

$$F = a \cdot b$$

$$J_{aeq_{x-x}} = \frac{b \cdot a^3}{12} \qquad W_{aeq} = \frac{b \cdot a^2}{6}$$

$$J_{aeq_{y-y}} = \frac{a \cdot b^3}{12} \qquad W_{aeq} = \frac{a \cdot b^2}{6}$$

$$J_p = \frac{a \cdot b \cdot (a^2 + b^2)}{12}$$

Trapez

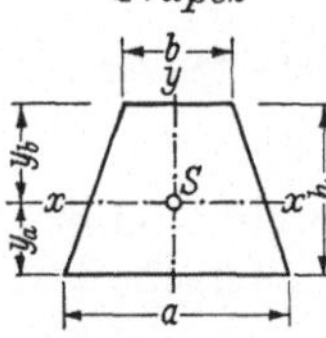

$$F = \frac{h}{2} \cdot (a + b) \qquad y_{s_a} = \frac{h}{3} \cdot \frac{a + 26}{a + b} \qquad y_{s_b} = \frac{h}{3} \cdot \frac{2a + b}{a + b}$$

$$J_{aeq_{x-x}} = \frac{h^3}{36} \cdot \frac{a^2 + 4ab + b^2}{a + b} \qquad W_{aeq_1} = \frac{J_{aeq}}{y_{sa}} \qquad W_{aeq_2} = \frac{J_{aeq}}{y_{sb}}$$

$$J_{aeq_{y-y}} = \frac{h}{48} \cdot \frac{a^4 - b^4}{a - b}$$

Kreis

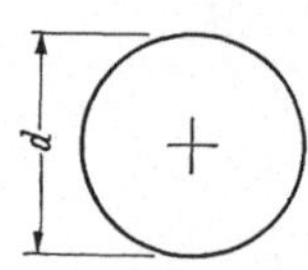

$$F = \frac{\pi}{4} \cdot d^2$$

$$J_{aeq} = \frac{\pi \cdot d^4}{64} \qquad W_{aeq} = \frac{\pi \cdot d^3}{32}$$

$$J_p = \frac{\pi \cdot d^4}{32} \qquad W_p = \frac{\pi \cdot d^3}{16}$$

Halbkreis

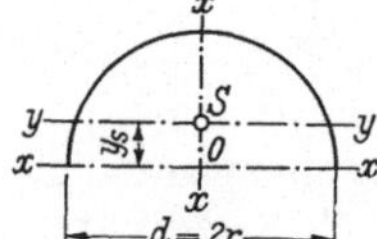

$$F = \frac{\pi}{8} \cdot d^2 \qquad y_s = \frac{4}{3} \cdot \frac{r}{\pi}$$

$$J_{aeq_{x-x}} = \frac{\pi \cdot d^4}{128}$$

$$J_{aeq_{y-y}} = \left(\frac{\pi}{8} - \frac{8}{9\pi}\right) \cdot \frac{d^4}{16} = 0{,}1098 \cdot r^4 \qquad W_{aeq_1} = 0{,}1908 \cdot r^3 \qquad W_{aeq_2} = 0{,}2587 \cdot r^3$$

$$J_{p_0} = \frac{\pi \cdot d^4}{64}$$

$$J_{p_s} = \frac{\pi \cdot d^4}{64} \cdot \left(1 - \frac{32}{9\pi^2}\right)$$

Kreisring

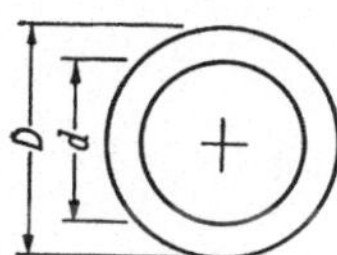

$$F = \frac{\pi}{4} \cdot (D^2 - d^2)$$

$$J_{aeq} = \frac{\pi}{64} \cdot (D^4 - d^4) \qquad W_{aeq} = \frac{\pi}{32} \cdot \frac{(D^4 - d^4)}{D}$$

$$J_p = \frac{\pi}{32} \cdot (D^4 - d^4) \qquad W_p = \frac{\pi}{16} \cdot \frac{(D^4 - d^4)}{D}$$

Kreisausschnitt

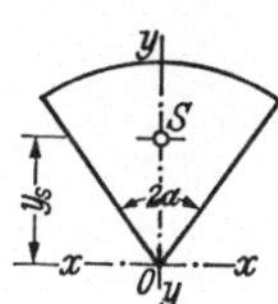

$$F = \frac{\pi}{4} \cdot d^2 \cdot \frac{2\alpha^\circ}{360^\circ} \qquad y_s = \frac{2}{3} \cdot \frac{r \cdot \sin\alpha}{\operatorname{arc}\alpha}$$

$$J_{aeq_{x-x}} = \frac{d^4}{128} \cdot (\operatorname{arc} 2\alpha - \sin 2\alpha)$$

$$J_{aeq_{y-y}} = \frac{d^4}{128} \cdot (\operatorname{arc} 2\alpha + \sin 2\alpha)$$

$$J_{p_0} = \frac{d^4}{64} \cdot \operatorname{arc} 2\alpha$$

$$J_{p_s} = \frac{d^4}{64} \cdot \operatorname{arc} 2\alpha \cdot \left[1 - \frac{8}{9} \cdot \left(\frac{\sin\alpha}{\operatorname{arc}\alpha}\right)^2\right]$$

Kreisabschnitt

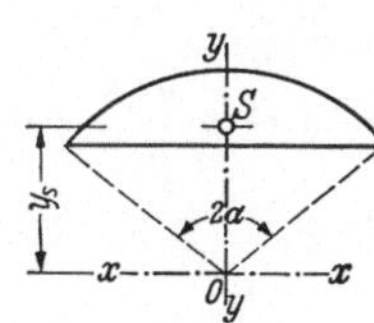

$$F = \frac{1}{8} \cdot d^2 \cdot \left(\frac{2\alpha^\circ \cdot 2\pi}{360^\circ} - \sin 2\alpha\right) \qquad y_s = \frac{4}{3} \cdot \frac{r \cdot \sin^3\alpha}{\operatorname{arc} 2\alpha - \sin 2\alpha}$$

$$J_{aeq_{x-x}} = \frac{d^4}{128} \cdot \left(\operatorname{arc} 2\alpha - \frac{4}{3} \cdot \sin 2\alpha + \frac{1}{6} \cdot \sin 4\alpha\right)$$

$$J_{aeq_{y-y}} = \frac{d^4}{128} \cdot \left(\operatorname{arc} 2\alpha - \frac{1}{2} \cdot \sin 4\alpha\right)$$

$$J_{p_0} = \frac{d^4}{64} \cdot \left(\operatorname{arc} 2\alpha - \frac{2}{3} \cdot \sin 2\alpha - \frac{1}{6} \cdot \sin 4\alpha\right)$$

Ellipse

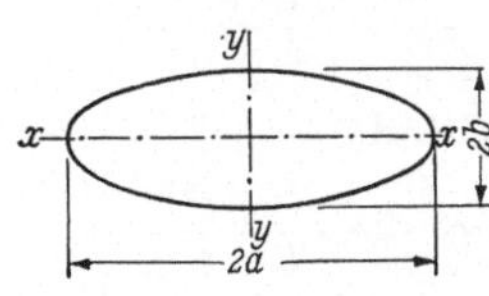

$$F = \pi \cdot a \cdot b$$

$$J_{aeq_{x-x}} = \frac{\pi \cdot a \cdot b^3}{4} \qquad W_{aeq} = \frac{\pi \cdot a \cdot b^2}{4}$$

$$J_{aeq_{y-y}} = \frac{\pi \cdot a^3 \cdot b}{4} \qquad W_{aeq} = \frac{\pi \cdot a^2 \cdot b}{4}$$

$$J_p = \frac{\pi \cdot a \cdot b}{4} \cdot (a^2 + b^2)$$

Profile

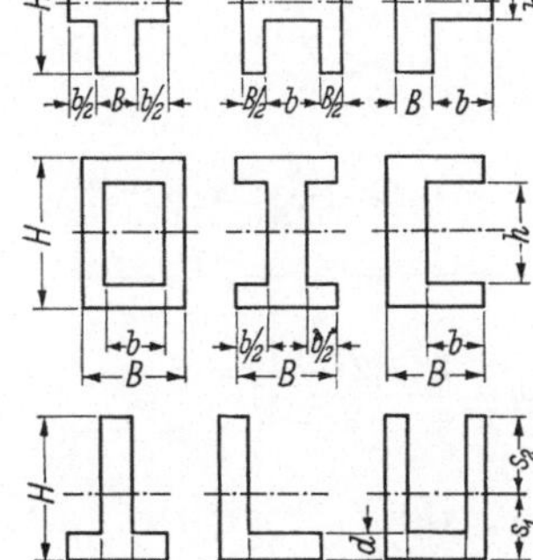

$$F = B \cdot H + b \cdot h$$

$$J_{aeq} = \frac{B\,H^3 + b\,h^3}{12} \qquad W_{aeq} = \frac{B\,H^3 + b\,h^3}{6\,H}$$

$$F = B \cdot H - b \cdot h$$

$$J_{aeq} = \frac{B\,H^3 - b\,h^3}{12} \qquad W_{aeq} = \frac{B\,H^3 - b\,h^3}{6\,H}$$

$$F = B \cdot H - (B - a) - (H \cdot d) \qquad s_1 = \frac{1}{2} \cdot \frac{a \cdot H^2 + b \cdot d^2}{a \cdot H + b \cdot d} \qquad s_2 - H = s_1$$

$$J_{aeq} = \frac{1}{3} \cdot (B \cdot s_1^3 - b \cdot h^3 + a \cdot s_2^3) \qquad W_{aeq_1} = \frac{J_{aeq}}{s_1} \qquad W_{aeq_2} = \frac{J_{aeq}}{s_2}$$

Rechtkant

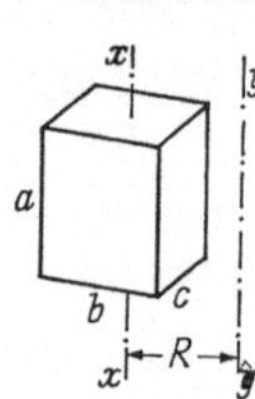

$$V = a \cdot b \cdot c$$

$$\Theta_{x-x} = \varrho^* \cdot \frac{a \cdot b \cdot c}{12} \cdot (b^2 + c^2)$$

$$\Theta_{y-y} = \frac{1}{2} \cdot \varrho^* \cdot a \cdot b \cdot c \cdot (b^2 + c^2 + 12\,R^2)$$

Würfel

$$V = a^3$$

$$\Theta_{x-x} = \varrho^* \cdot \frac{a^5}{6}$$

$$\Theta_{y-y} = \frac{1}{6} \cdot \varrho^* \cdot a^3 \cdot \left(a^2 + \frac{1}{6} \cdot R^2\right)$$

Kreiszylinder

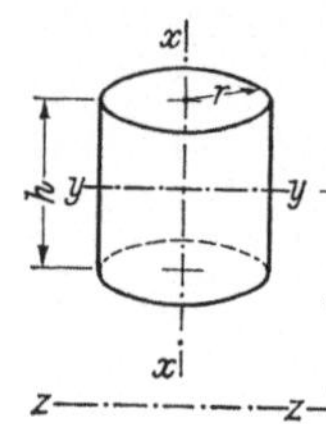

$$V = \frac{\pi}{4} \cdot d^2 \cdot h$$

$$\Theta_{x-x} = \frac{1}{2} \cdot \varrho^* \cdot \pi \cdot r^4 \cdot h$$

$$\Theta_{y-y} = \frac{\pi}{12} \cdot \varrho^* \cdot r^2 \cdot h \cdot (3r^2 + h^2)$$

$$\Theta_{z-z} = \frac{\pi}{4} \cdot \varrho^* \cdot r^2 \cdot h \cdot \left(\frac{h^2}{3} + r^2 + 4s^2\right)$$

Hohlzylinder

$$V = \frac{\pi}{4} \cdot (D^2 - d^2) \cdot h$$

$$\Theta_{x-x} = \frac{\pi}{2} \cdot \varrho^* \cdot h \cdot (R^4 - r^4)$$

$$\Theta_{y-y} = \frac{\pi}{4} \cdot \varrho^* \cdot h \cdot (R^2 - r^2) \cdot \left(R^2 + r^2 + \frac{h^2}{3}\right)$$

$$\Theta_{z-z} = \frac{\pi}{4} \cdot \varrho^* \cdot h \cdot (R^2 - r^2) \cdot \left(R^2 + r^2 + \frac{h^2}{3} + 4\,s^2\right)$$

Kreiskegel

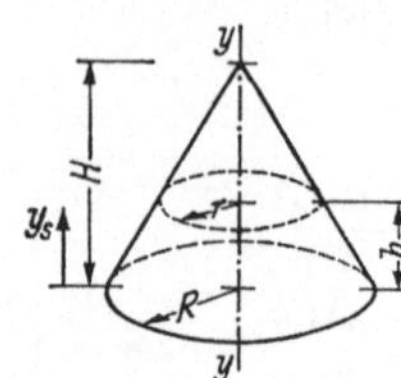

$$V = \frac{1}{3} \cdot \pi \cdot R^2 \cdot H$$

$$y_s = \frac{1}{4} \cdot H$$

$$\Theta_{x-x} = \frac{\pi}{10} \cdot \varrho^* \cdot R^4 \cdot H$$

Kegelstumpf

$$V = \frac{1}{3} \cdot \pi \cdot h \cdot (R^2 + R \cdot r + r^2)$$

$$y_s = \frac{h}{4} \cdot \frac{F + 2 \cdot \sqrt{F \cdot f} + 3f}{F + \sqrt{F \cdot f} + f}$$

mit $F = \pi \cdot R^2$ und $f = \pi \cdot r^2$

$$\Theta_{x-x} = \frac{\pi}{10} \cdot \varrho^* \cdot h \cdot \frac{R^5 - r^5}{R - r}$$

Kugel

$$V = \frac{4}{3} \cdot \pi \cdot R^3$$

$$\Theta = \frac{8}{15} \cdot \pi \cdot \varrho^* \cdot R^5$$

Hohlkugel

$$V = \frac{4}{3} \cdot \pi \cdot (R^3 - r^3)$$

$$\Theta = \frac{8}{15} \cdot \pi \cdot \varrho^* \cdot (R^5 - r^5)$$

Halbkugel

$$V = \frac{\pi}{6} \cdot R^3$$

$$y_s = \frac{3}{8} \cdot r$$

$$\Theta = \frac{4}{15} \cdot \pi \cdot \varrho^* \cdot R^5$$

Kugelabschnitt

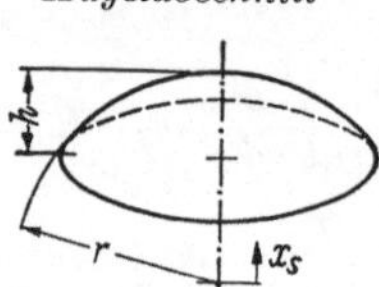

$$V = \frac{\pi}{3} \cdot h^2 \cdot (3r - h) \qquad y_s = \frac{3}{4} \cdot \frac{(2r - h)^2}{3r - h}$$

$$\Theta = \frac{\pi}{30} \cdot \varrho^* \cdot h^3 \cdot (20r^2 - 15r \cdot h + 3h^2)$$

Kreisringkörper

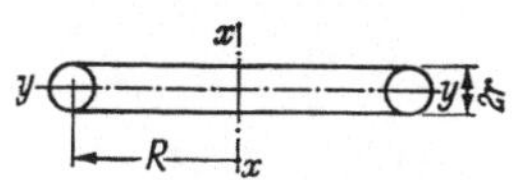

$$V = 2\pi^2 \cdot R \cdot r^2$$

$$\Theta_{x-x} = \frac{\pi}{2} \cdot \varrho^* \cdot R \cdot r^2 \cdot (4\,R^2 + 3\,r^2)$$

$$\Theta_{y-y} = \frac{\pi^2}{4} \cdot \varrho^* \cdot R \cdot r^2 \cdot (4\,R^2 + 5\,r^2)$$

Paraboloid

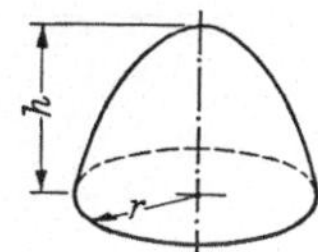

$$V = \frac{\pi}{2} \cdot r^2 \cdot h \qquad y_s = \frac{1}{3} \cdot h$$

$$\Theta = \frac{\pi}{6} \cdot \varrho^* \cdot r^4 \cdot h$$

Statische Momente und polare Massenträgheitsmomente von Triebwerks-Einzelteilen (bezogen auf die Drehachse o-o)

Vollzapfen

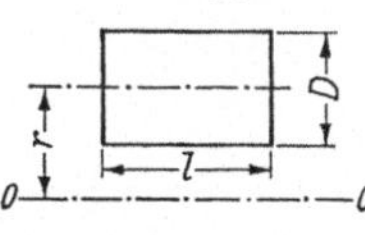

$$G^* \cdot y = \frac{\pi}{4} \cdot \gamma^* \cdot D^2 \cdot l \cdot r$$

$$\Theta = \frac{\pi}{4} \cdot \varrho^* \cdot D^2 \cdot l \cdot \left(\frac{D^2}{8} + r^2\right)$$

Hohlzapfen

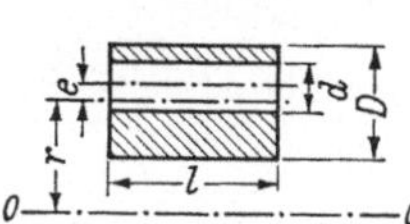

$$G^* \cdot y = \frac{\pi}{4} \cdot \gamma^* \cdot l \cdot [D^2 \cdot r - d^2 \cdot (r + e)]$$

$$\Theta = \frac{\pi}{4} \cdot \varrho^* \cdot l \cdot \left[\frac{D^4 - d^4}{8} + D^2 - r^2 - d^2 \cdot (r + e)^2\right]$$

Zapfen mit kegliger Ausdrehung

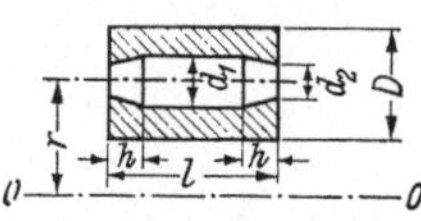

$$G^* \cdot y = \frac{\pi}{4} \cdot \gamma^* \cdot l \cdot r \cdot \left[D^2 - d_1^2 \cdot \left(1 - \frac{4}{3} \cdot \frac{h}{l}\right) - \frac{2}{3} \cdot \frac{h}{l} \cdot (d_1 \cdot d_2 + d_2^2)\right]$$

$$\Theta = \Theta_{VZ} - \frac{\pi}{4} \cdot \varrho^* \cdot \left\{\frac{1}{4} \cdot \left[\frac{d_1^4}{2} \cdot (l - 2\,h) + \frac{h}{5} \cdot \frac{(d_1^5 - d_2^5)}{(d_1 - d_2)}\right] - r^2 \cdot \left[d_1^2 \cdot (l - 2\,h) + \frac{2}{3} \cdot h \cdot (d_1^2 + d_1 \cdot d_2 + d_2^2)\right]\right\}$$

Θ_{VZ}: Vollzapfen

Kurbelarm mit Rechtkantform

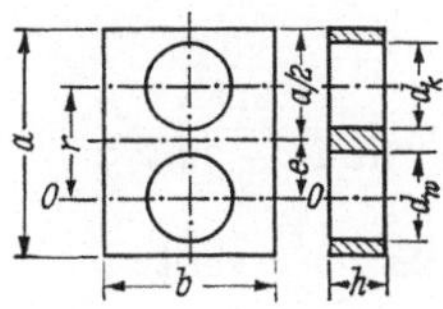

$$G^* \cdot y = \gamma^* \cdot a \cdot b \cdot h \cdot e - \gamma \cdot \frac{\pi}{4} \cdot d_k^2 \cdot h \cdot r$$

$$\Theta = \varrho^* \cdot a \cdot b \cdot h \cdot \left(\frac{a^2 + b^2}{12} + e^2\right) - \varrho^* \cdot h \cdot \left[\frac{\pi}{32} \cdot d_w^4 + \frac{\pi}{4} \cdot d_k^2 \cdot \left(\frac{d_k^2}{8} + r^2\right)\right]$$

Kurbelarm mit abgerundeter Rechtkantform

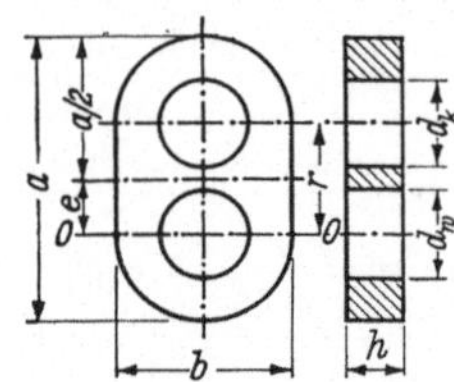

$$G^* \cdot y = \gamma^* \cdot h \cdot \left[\left(r \cdot b + \frac{\pi}{4} \cdot b^2\right) \cdot e - \frac{\pi}{4} \cdot d_k^2 \cdot r\right]$$

$$\Theta = \varrho^* \cdot h \cdot \left[\frac{\pi}{32} \cdot b^4 + \frac{\pi}{8} \cdot b^2 \cdot r^2 + \frac{b^3 \cdot r}{4} + \frac{b \cdot r^3}{3} - \frac{\pi}{32} \cdot d_w^4 - \frac{\pi}{4} \cdot d_k^2 \cdot \left(\frac{d_k^2}{8} + r^2\right)\right]$$

Kurbelarm mit elliptischer Form

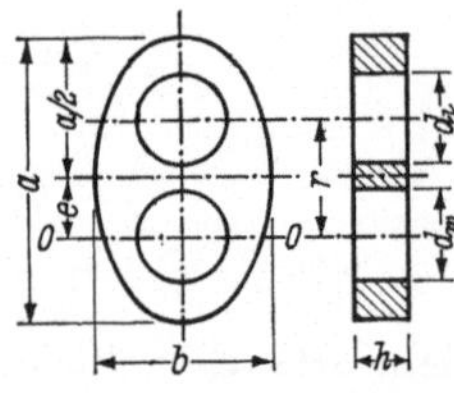

$$G^* \cdot y = \gamma^* \cdot h \cdot \left(\frac{\pi}{4} \cdot a \cdot b \cdot e - \frac{\pi}{4} \cdot d_k^2 \cdot r\right)$$

$$\Theta = \frac{\pi}{4} \cdot \varrho^* \cdot a \cdot b \cdot h \cdot \left(\frac{a^2 + b^2}{16} + e^2\right) - \varrho^* \cdot h \cdot \left[\frac{\pi}{32} \cdot d_w^4 + \frac{\pi}{4} \cdot d_k^2 \cdot \left(\frac{d_k^2}{8} + r^2\right)\right]$$

Kurbelwange mit Kreisform

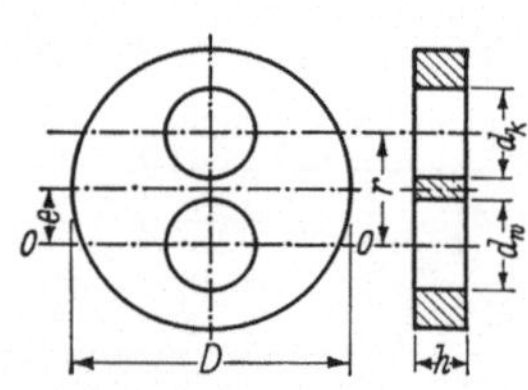

$$G^* \cdot y = \frac{\pi}{4} \cdot \gamma^* \cdot h \cdot (D^2 \cdot e - d_k^2 \cdot r)$$

$$\Theta = \frac{\pi}{4} \cdot \varrho^* \cdot D \cdot h \cdot \left(\frac{D^2}{8} + e^2\right) - \varrho^* \cdot h \cdot \left[\frac{\pi}{32} \cdot d_w^4 + \frac{\pi}{4} \cdot d_k^2 \cdot \left(\frac{d_k^2}{8} + r^2\right)\right]$$

Zylinderhuf (Wangenabschrägung)

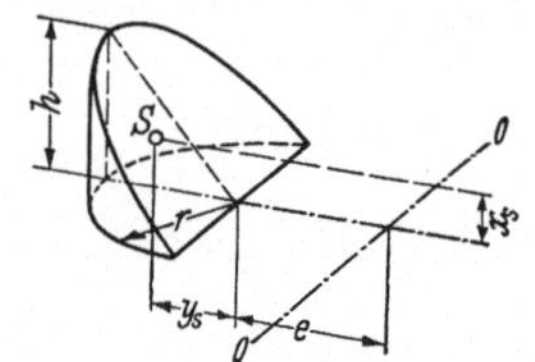

$$G^* \cdot y = \frac{2}{3} \cdot r^2 \cdot h \cdot \left(\frac{3}{16} \cdot \pi \cdot r + e\right) \cdot \gamma^*$$

$$x_s = \frac{3}{32} \cdot \pi \cdot h$$

Gegengewicht

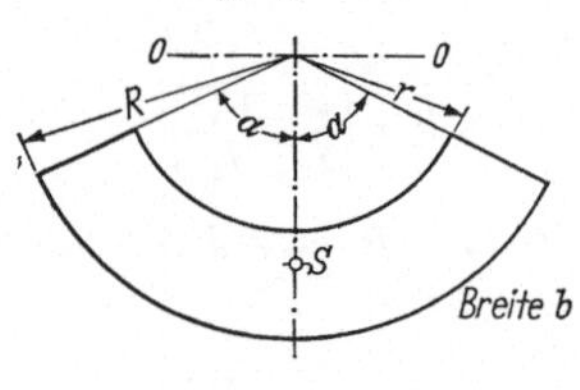

$$G^* = \gamma^* \cdot \pi \cdot (R^2 - r^2) \cdot b \cdot \frac{2\alpha^\circ}{360^\circ}$$

$$G^* \cdot y = \frac{2}{3} \cdot \gamma^* \cdot b \cdot (R^3 - r^3) \cdot \sin\alpha$$

$$y = \frac{2}{3} \cdot \frac{180^\circ}{\pi} \cdot \frac{R^3 - r^3}{R^2 - r^2} \cdot \frac{\sin\alpha}{\alpha^\circ}$$

$$\Theta = \frac{\pi}{2} \cdot \varrho^* \cdot b \cdot (R^4 - r^4) \cdot \frac{2\alpha^\circ}{360^\circ}$$

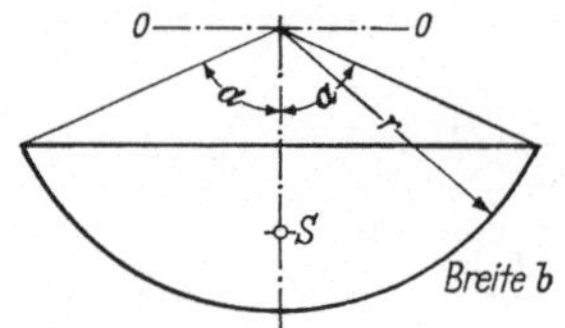

$$G^* = \frac{1}{2} \cdot \gamma^* \cdot b \cdot r^2 \cdot \left(2\alpha^\circ \cdot \frac{\pi}{180^\circ} - \sin 2\alpha\right)$$

$$G^* \cdot y = \frac{2}{3} \cdot \gamma^* \cdot b \cdot r^3 \cdot \sin^3\alpha$$

$$y = \frac{4}{3} \cdot \frac{r \cdot \sin^3\alpha}{\operatorname{arc} 2\alpha - \sin 2\alpha}$$

$$\Theta = \frac{1}{4} \cdot \varrho^* \cdot r^4 \cdot \left(\operatorname{arc} 2\alpha - \frac{2}{3} \cdot \sin 2\alpha - \frac{1}{6} \cdot \sin 4\alpha\right)$$

4. Reduktion von Massen und Massenträgheitsmomenten

[*A 1*], [*G 1*] bis [*G 4*], [*G 19*]

a) Zweck der Reduktion

In der Praxis besitzen die Triebwerksteile eine ausgedehnte Massenbelegung. Die einzelnen Massenpunkte sind für statische und dynamische Untersuchungen zu einer Einzelmasse dann zusammenfaßbar, wenn sie im Rahmen der vorzunehmenden Untersuchung als starr verbunden anzunehmen sind. Die einzelnen Massenpunkte haben häufig sehr unterschiedliche Bewegungsverhältnisse. Je nach der Problemstellung ist es jedoch möglich, das System von vielen Massenpunkten durch wenige Einzelmassen zu ersetzen, die bezüglich der statischen und dynamischen Wirkungen den ganzen Körper hinreichend genau darstellen.

Bei der Reduktion sind einige Grundbedingungen zu beachten, die je nach Problemstellung erfüllt sein müssen. Für statische Probleme sind dies:

1. das Gleichgewicht der Einzelmassen mit den reduzierten Massen,

$$\sum m = 0$$

2. das Momentengleichgewicht der Einzelmassen mit den reduzierten Massen,

$$\sum m \cdot y = 0$$

3. das Massenträgheitsmoment der Gesamtmasse muß durch die Ersatzmassen gleichwertig ersetzt sein.

$$\sum m \cdot r^2 = \Theta$$

Bei dynamischen Aufgaben tritt noch hinzu:

4. das Gleichgewicht der Arbeit $\int P\,ds$,
5. das Gleichgewicht der kinetischen Energie $\frac{1}{2} \cdot m \cdot v^2$.

Die zeitlich veränderlichen Trägheitswirkungen werden in vielen Fällen durch Mittelwerte ausreichend genau ersetzt.

b) Pleuelstange

In der Praxis ist es üblich, die Masse der Pleuelstange so auf ihre Endpunkte, das Kurbelzapfenlager und das Kolbenbolzenlager zu verteilen, daß der Stangenschwerpunkt erhalten bleibt.

$$m_r = m_p \cdot \frac{s_2}{l} \qquad m_0 = m_p \cdot \frac{s_1}{l} \qquad \text{(vgl. Abb. 4.1)}$$

Die Lage des Schwerpunktes kann man entweder zeichnerisch nach Abschn. 3b ermitteln oder bei ausgeführten Stangen durch Wiegen. Man legt die Pleuelstange dazu waagerecht mit einem Stangenkopf auf eine Waage und stützt den anderen Stangenkopf leicht drehbar ab. Das gefundene Teilgewicht entspricht der oben angegebenen Aufteilung.

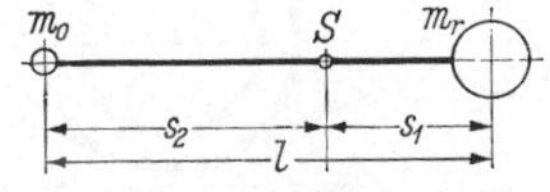

Abb. 4.1 Aufteilung der Pleuelstangenmasse.

Durch die ungleichförmige Winkelbewegung der Pleuelstange (vgl. Abschn. 2a und b) entsteht ein Massenmoment

$$M = -\Theta_s \cdot \varepsilon$$

Die Bestimmung des Massenträgheitsmomentes Θ_s ist nach Abschn. 3c und d mittels graphischer und experimenteller Methoden möglich. In der Praxis wird dieses Moment vernachlässigt, da bei der Aufteilung in zwei Massen das Massenträgheitsmoment näherungsweise enthalten ist.

Streng genau müßte die Pleuelstange durch ein Ersatzsystem von mindestens zwei Massen ersetzt werden, welche allen Bedingungen für statische Untersuchungen genügen. Die Bedingungen dafür sind

1. Summe der Ersatzmassen = Gesamtmasse $m_r + m_0 = m_p$,
2. Schwerpunkt des Ersatzsystems = Schwerpunkt der Pleuelstange $m_r \cdot s_1 = m_0 \cdot s_2$,
3. Massenträgheitsmoment des Ersatzsystems = Massenträgheitsmoment der Gesamtmasse $m_r \cdot s_1^2 + m_o \cdot s_2^2 = \Theta_s = m_p \cdot i^2$.

Durch das Auswiegen der Stangenköpfe sind nur die beiden ersten Bedingungen erfüllt. Der aus zwei Massen bestehende Ersatzkörper hat bei der angenommenen Lage der Ersatzmassen nicht das richtige Massenträgheitsmoment um den Schwerpunkt, dieses ist vielmehr wegen der Verlagerung nach außen etwas zu groß. Beim vollkommenen Ersatzsystem dürften die Ersatzmassen nicht an den Enden liegen. Mit der in der Praxis allgemein üblichen Aufteilung erhält man also nur hinsichtlich der Kräfte ein streng richtiges Ergebnis.

Die Aufteilung des Pleuelgewichtes in das Gewicht des „großen und kleinen Kopfes" muß natürlich an der einbaufertigen Stange mit Lagerschale, Kolbenbolzenbüchse und Schrauben erfolgen. Die oszillierende Masse eines Zylinders ergibt sich aus den Gewichten des kleinen Stangenkopfes und des kompletten Kolbens mit Ringen und Kolbenbolzen.

c) Übersetzungen

Bei Drehschwingungssystemen erfolgt die Reduktion der Massenträgheitsmomente und Drehfederkonstanten (Abschn. 4e u. Kap. 7) auf eine einheitliche Drehzahl. Man wählt dabei am zweckmäßigsten die Kurbelwellendrehzahl, da die Erregung des Systems mit den Harmonischen derselben erfolgt. Alle Drehmassen und Drehsteifigkeiten auf Wellen mit der Drehzahl n werden auf die Kurbelwellendrehzahl n_{KW} reduziert, indem man die Massenträgheitsmomente und Drehfederzahlen durch das Quadrat des Übersetzungsverhältnisses dividiert:

$$\Theta_{\text{red}} = \Theta \cdot \left(\frac{n}{n_{KW}}\right)^2 \qquad c_{\text{red}} = c \cdot \left(\frac{n}{n_{KW}}\right)^2$$

Der Läufer einer Kreiskolbenmaschine rotiert auf dem Exzenter mit $^1/_3$ der Exzenterwellendrehzahl. Das auf die Exzenterwelle bezogene Massenträgheitsmoment des Läufers ist also im Quadrat des Übersetzungsverhältnisses zu reduzieren. Zusätzlich ist das Massenträgheitsmoment um die Maschinenachse nach dem STEINERschen Satz zu bestimmen. Damit erhält man:

$$\Theta_L = \left(\frac{1}{3}\right)^2 \cdot \Theta_{L_0} + m_L \cdot e^2$$

bezogen auf die Exzenterwelle mit

$$\Theta_{L_0} = m_L \cdot i_L^2$$

als dem Massenträgheitsmoment des Läufers, bezogen auf die Läuferachse, mit m_L als Läufermasse und der Exzentrizität e.

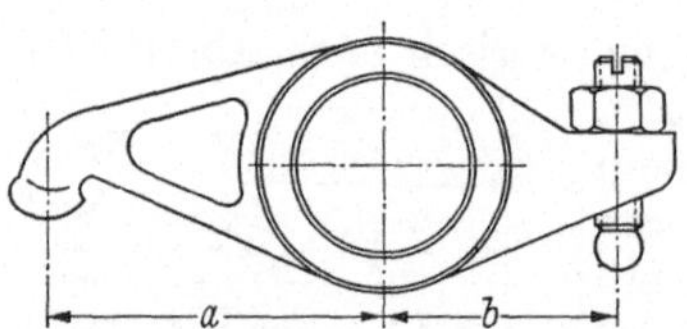

Abb. 4.2 Massenreduktion am Kipphebel.

Beim Ventiltrieb erfolgt die Umlenkung der ventilseitigen Hubbewegung in die stößelseitige Hubbewegung über den Kipphebel. Für statische und dynamische Berechnungen reduziert man üblicherweise das System auf die Nockenseite, da hier die Bewegungsänderung durch den Stößelhub vorgegeben ist. Die Masse der Stoßstange und des Stößels bleiben also unverändert. Die ventilseitigen Massen und Elastizitäten wie das Ventil, der Ventilfederteller und die Ventilfeder, die man als

Masse meist zur Hälfte in Rechnung stellt, müssen im Quadrat des Übersetzungsverhältnisses reduziert werden. Die Kräfte reduzieren sich im Verhältnis der Übersetzung. Das Übersetzungsverhältnis ist dabei

$$ü = \frac{\text{Ventilhub}}{\text{Stößelhub}} = \frac{a}{b} \qquad \text{(Abb. 4.2)}$$

Damit hat also die Reduktion wie nachstehend zu erfolgen:

$$m_{\text{red}} = m \cdot ü^2 \qquad P_{\text{red}} = P \cdot ü$$

d) Drehschwingungssysteme von Motoren

Zur Bestimmung der Drehschwingungsverhältnisse ist das Triebwerk durch ein System von Drehmassen zu ersetzen, welche durch Drehelastizitäten miteinander gekoppelt sind. Es ist im allgemeinen ausreichend, jede Kröpfung durch eine Masse zu ersetzen.

Für die Kröpfung ohne Pleuelstange und Kolben sind in Abschn. 3f die Berechnungsunterlagen zusammengestellt. Zusätzlich sind noch die Masse der Pleuelstange und des Kolbens zu berücksichtigen. Unter Vernachlässigung der tatsächlich zeitlich veränderlichen Trägheitswirkungen dieser Teile werden diese als Mittelwerte

$$\Theta_{kr_{ges}} = \left(m_r + \frac{1}{2} \cdot m_0\right) \cdot r^2 + \Theta_{kr} \qquad (r\text{: Kurbelradius})$$

den reinen Kröpfungsmassen zugeschlagen. Bei V-Motoren sind die rotierenden Pleuelmassen m_r beider Stangen sowie die Hälfte der oszillierenden Massen von Pleuel und Kolben beider Zylinder an einer Kröpfung zu berücksichtigen. Die Drehmassen der Motoraggregate, wie Nockenwelle, Einspritzpumpe, Ölpumpe usw., sind wegen ihrer geringen Drehmasse oder ihrer Untersetzung ins Langsame praktisch immer zu vernachlässigen. Von Bedeutung sind jedoch häufig die höher ins Schnelle übersetzten Massen von mechanisch angetriebenen Ladern und Kühlgebläsen. Ihr Massenträgheitsmoment ist im Quadrat des Übersetzungsverhältnisses auf die Kurbelwelle zu reduzieren.

Die Drehkonstante einer glatten Welle ist mit dem Gleitmodul G_s [kp·cm^{-2}]

$$c = \frac{G_s \cdot J_p}{l} = \frac{M_D}{\widehat{\varphi}} \quad [\text{cm} \cdot \text{kp/rad}]$$

Die polaren Trägheitsmomente der gebräuchlichsten Querschnitte sind aus Abschn. 3f zu entnehmen.

Während man heute allgemein das Drehschwingungssystem durch die Angabe der Massenträgheitsmomente Θ und Drehfederkonstanten c bzw. Drehelastizitäten $\frac{1}{c}$ darstellt, war es früher üblich, die einzelnen Massen mit m_{red} — reduziert auf den Kurbelradius r — und die Elastizitäten durch „elastische Längen" l_{red} — bezogen auf einen beliebigen Wellenquerschnitt J_{red} — zu bezeichnen.

In dieser älteren Form sind die Reduktionsformeln für Wellenelemente und Kröpfungen bekannt. Ihre Umrechnung in Drehfederzahlen ist mit der obigen Formel vorzunehmen. Richtwerte für die Gleitmodulen der gebräuchlichsten Werkstoffe sind:

Stahl	$G_s = 0{,}83 \cdot 10^6$ [kp·cm^{-2}]
Gußeisen	$G_s = 0{,}5 \cdot 10^6$ [kp·cm^{-2}]
Kugelgraphit-Guß	$G_s = 0{,}68 \cdot 10^6$ [kp·cm^{-2}]

Die Längenreduktion von Kurbelkröpfungen erfolgt nach empirisch ermittelten Reduktionsformeln, welche aus verschiedenen Erfahrungsbereichen stammen. Sie sind deshalb für die vielfältig gestalteten Kröpfungsformen mit recht unterschiedlicher Genauigkeit gültig. Die Reduktion erfolgt im allgemeinen auf das polare Trägheitsmoment des Grundzapfens $J_{\text{red}} = J_w$. In ihrem Aufbau sind alle diese Näherungsformeln ähnlich. Da eine vollständige Darstellung der Berechnung von Drehschwingungen über den vorliegenden Rahmen hinausgeht, soll hier nur die Reduktionsformel nach BICERA angegeben werden (Abb. 4.3).

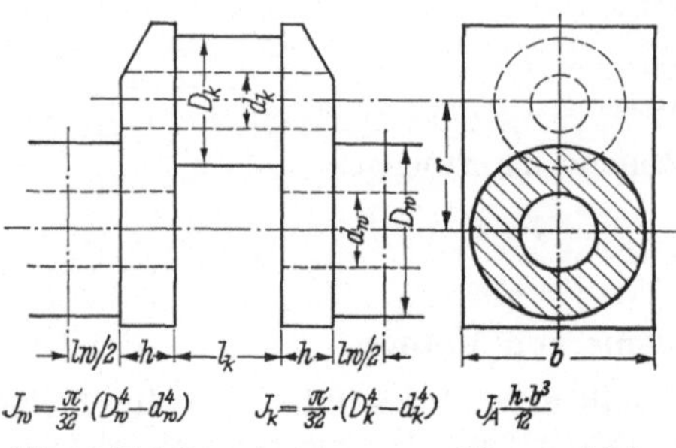

Abb. 4.3 Kröpfungsabmessungen zur Längenreduktion.

$$l_{\text{red}} = (11{,}61 + l_w) \cdot \frac{J_{\text{red}}}{J_w} + 0{,}364 \cdot \frac{J_{\text{red}}}{J_A} + l_K \cdot \left(1 + 0{,}07 \cdot \frac{l_k^2}{r^2}\right) \cdot \frac{J_{\text{red}}}{J_K}$$

5. Kräfte im Einzeltriebwerk

[*A 2*] und [*A 3*], [*D 1*] bis [*D 5*], [*K 1*] bis [*K 6*]

a) Gasdruckdiagramm

Der auf den Kolben wirkende Gasdruck ist abhängig vom zeitlich veränderlichen Hub. Den Verlauf des Gasdruckes erhält man aus dem Indikatordiagramm. Bei langsam laufenden Motoren war es üblich, den Druck mittels Federindikatoren zu registrieren. Dabei wurde auf der Ordinate der dem Druck proportionale Weg

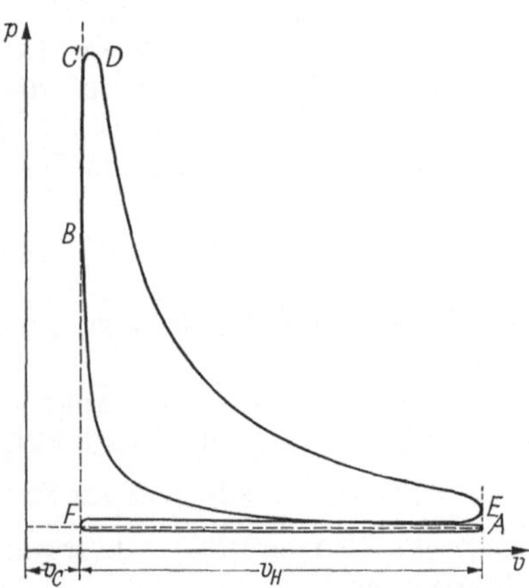

Abb. 5.1 *pv*-Diagramm eines Viertakt-Motors.

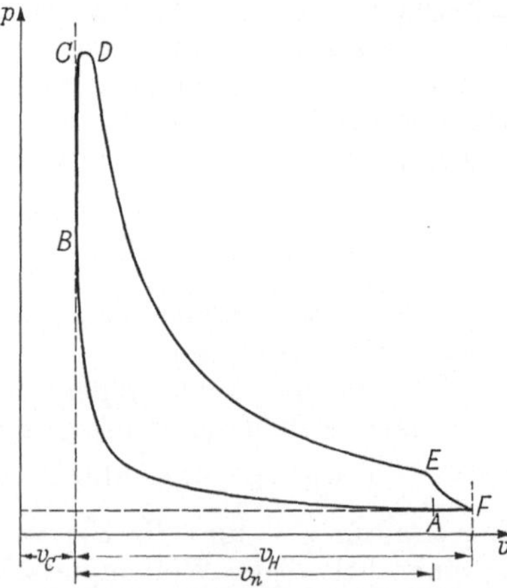

Abb. 5.2 *pv*-Diagramm eines Zweitakt-Motors.

eines federbelasteten Kölbchens, das vom Zylinder her beaufschlagt wurde, aufgezeichnet. Die Abszissenablenkung erfolgte proportional dem Kolbenhub. Da der Hub auch dem zeitlich veränderlichen Hubvolumen direkt proportional ist, bezeichnet man diese Indikatordiagramme als *pv*- oder *ps*-Diagramme. Die Abb. 5.1 und 5.2 zeigen *pv*-Diagramme von Viertakt- und Zweitakt-Motoren. Sie besitzen für alle Verbrennungsverfahren eine grundsätzlich ähnliche Form: Die Verdichtungslinie von A nach B, die Drucksteigerung mit Einsetzen der Zündung über C nach D, die Expansion bis zum Punkt E und die anschließende Gaswechselschleife über F nach A. Nur in diesem letzten Bereiche unterscheiden sich die beiden Hauptverfahren. Die idealisierten Kreisprozesse der Thermodynamik, die reine Gleichraum- und die reine Gleichdruckverbrennung (Abb. 5.3 und 5.4) sind in der Praxis

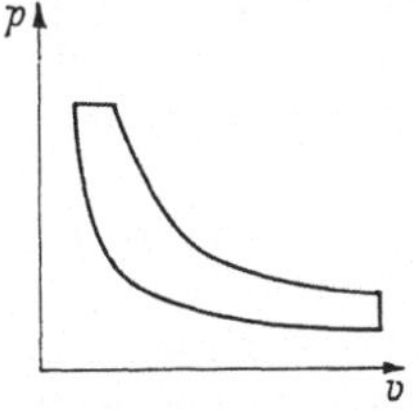

Abb. 5.3 Gleichdruckprozeß.

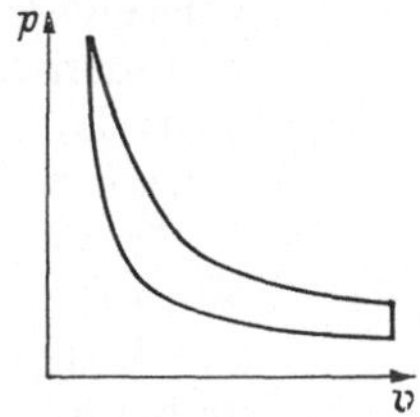

Abb. 5.4 Gleichraumprozeß.

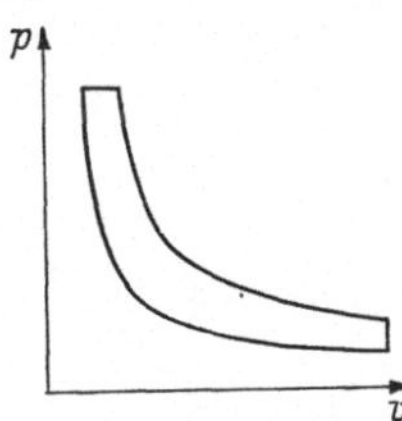

Abb. 5.5 Gemischter Prozeß.

nur angenähert zu finden. Infolge des Zündverzuges und der endlichen Geschwindigkeit, mit welcher das Brennstoff-Luft-Gemisch aufbereitet wird und verbrennt, ist bei allen Verbrennungsverfahren mehr oder weniger eine Kombination dieser beiden Idealprozesse zu finden (Abb. 5.5). Dabei sind die Verdichtungs- und Expansionslinien angenähert polytrope Zustandsänderungen, bedingt durch den Wärmeaustausch zwischen der Zylinderladung und den Zylinderwänden, sowie durch die Leckverluste am Kolben und den Ventilen. Unter der Annahme eines konstanten Polytropenexponenten n ergibt sich die Druckänderung im Bereich der Kompression aus der Gleichung

$$p = p_A \cdot \left(\frac{V_H + V_C}{V_C}\right)^n \qquad \text{mit } V_H = f(\varphi)$$

und speziell der Kompressionsenddruck

$$p_B = p_A \cdot \varepsilon^n = p_A \cdot \left(\frac{V_{H_0} + V_C}{V_C}\right)^n$$

In entsprechender Weise ergibt sich die Expansionslinie aus der Gleichung

$$p = p_D \cdot \left(\frac{V_C}{V_H + V_C}\right)^n$$

Im logarithmischen pv-Diagramm findet man die Polytropen als gerade Linien, deren Steigung direkt proportional dem Polytropenexponenten ist. Richtwerte für die Polytropenexponenten sind:

	Kompression	Expansion
Otto-Motoren	$n = 1{,}4$	$n = 1{,}3$
Diesel-Motoren	$n = 1{,}35$	$n = 1{,}3$

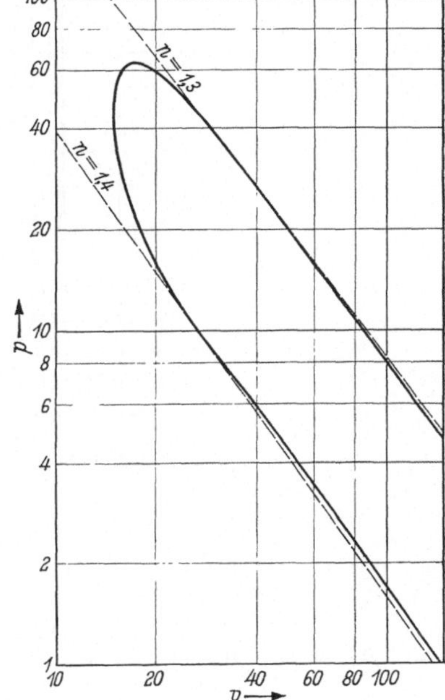

Abb. 5.6 Doppeltlogarithmisches pv-Diagramm.

Diese Richtwerte gelten angenähert für mittlere Kolbengeschwindigkeiten oberhalb 4 [m · s^{-1}]. Bei geringeren Kolbengeschwindigkeiten sind der Wärmeübergang und die Leckverluste größer, so daß die Exponenten kleiner sind. Bei großem Zylindervolumen wird die Abweichung vom Adiabatenexponenten $\varkappa = 1{,}4$ geringer sein, da wegen des kleineren Verhältnisses von Oberfläche zu Volumen der Wärmeaustausch und die Leckverluste relativ geringer sein werden.

Bei Zweitakt-Motoren mit Auslaßschlitzen beginnt die Verdichtung erst dann, wenn die Schlitze nahezu oder auch vollkommen geschlossen sind. Das gilt in gleicher Weise für die Expansion. Aus diesem Grunde ist es üblich, bei schlitzgesteuerten Zweitakt-Motoren das Nutzverdichtungsverhältnis $\varepsilon_n = \frac{v_n + v_c}{v_c}$ zu verwenden. Dabei ist v_n der Teil des Hubvolumens, welcher oberhalb des letzten Drittels oder auch völlig oberhalb der Auslaß-Schlitze liegt.

Wenn bei der Auslegung eines neuen Motors keine Erfahrungen über die zu erwartenden Druckverläufe vorliegen, kann man unter Verwendung der vorstehenden Angaben ein Gasdruckdiagramm konstruieren (Abb. 5.7).

Man verwendet das bekannte Verfahren zur Konstruktion einer Polytropenkurve. Man zieht unter dem Winkel α gegen die v-Achse einen Strahl und bestimmt aus der Gleichung $(1 + \tan \beta) = (1 + \tan \alpha)^n$ den Winkel β, unter dem man einen zweiten Strahl gegen die p-Achse geneigt zeichnet. Mit den Koordinatenwerten des Anfangszustandes p_A, v_A bzw. p_D, v_D beginnt man abwechselnd Linien unter 45° und zu den Koordinatenachsen winkelrechte Linien zu zeichnen, wie es aus Abb. 5.7 hervorgeht. Die so gefundenen Schnittpunkte ergeben die Polytropenkurve. Genauer erhält man die Kompressionslinie, wenn man vom errechneten Kompressionsenddruck p_B ausgeht.

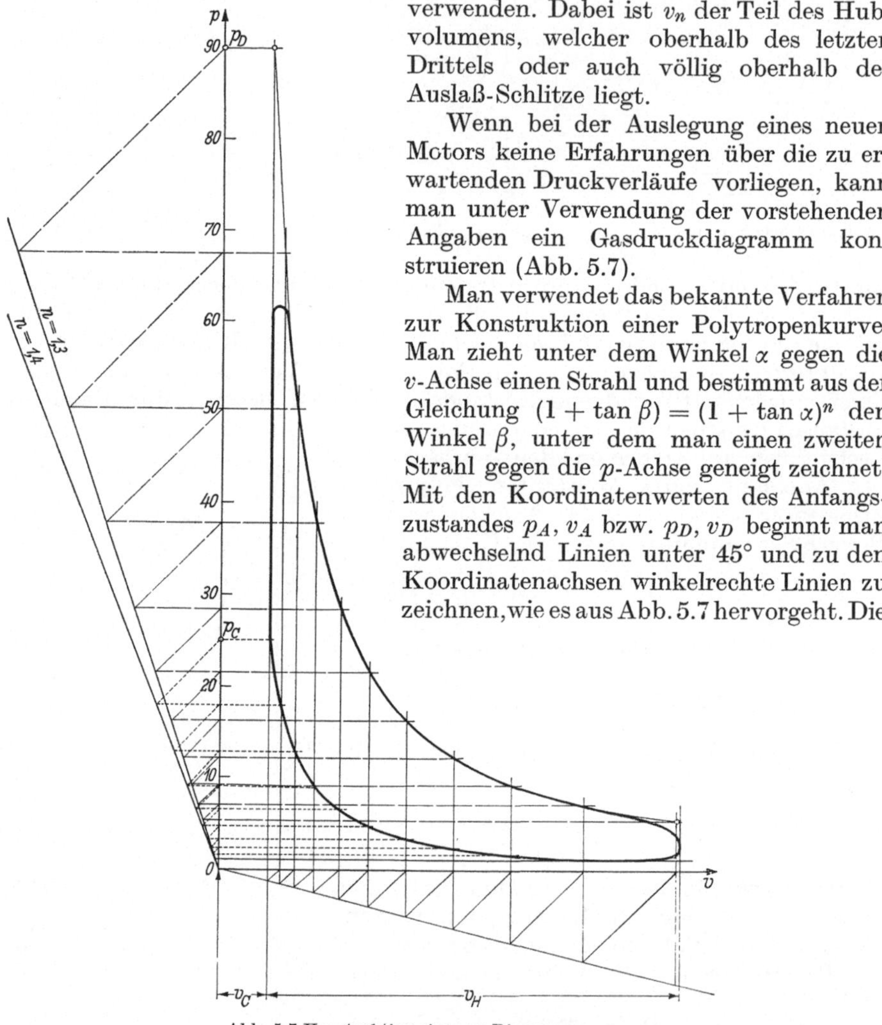

Abb. 5.7 Konstruktion eines pv-Diagramms.
$\alpha = 14°$, $\beta_c = 21{,}5°$, $\beta_E = 18{,}7°$, Kompression $n = 1{,}4$, Expansion $n = 1{,}3$, Verdichtungsverhältnis $\varepsilon = 10$, $p_c = 10^{1,4} = 25$ kp·cm^{-2}, $p_D = 90$ kp·cm^{-2} geschätzt.

Setzt man $\tan \alpha = 0{,}25$, woraus sich α zu rund 14° ergibt, dann erhält man für

n	1,1	1,2	1,3	1,35	1,4
$\tan \beta$	0,278	0,307	0,337	0,351	0,367
β	15,5°	17,1°	18,7°	20,5°	21,5°

Man zeichnet zunächst die Kompression und nimmt eine Gleichraumverbrennung an. Mit einer geschätzten Drucksteigerung auf den überhöht angesetzten Druck p_D erstellt man die Expansionslinie. Anschließend korrigiert man das Diagramm durch Abrunden im Bereich der Totlagen und bestimmt den mittleren indizierten Druck, dessen Wert für den zu untersuchenden Motor zutreffen sollte. Wenn dies nicht der Fall ist, wiederholt man die Konstruktion der Expansionslinie mit einem anderen Anfangsdruck p_D. Der Bereich der Gaswechselschleife kann bei

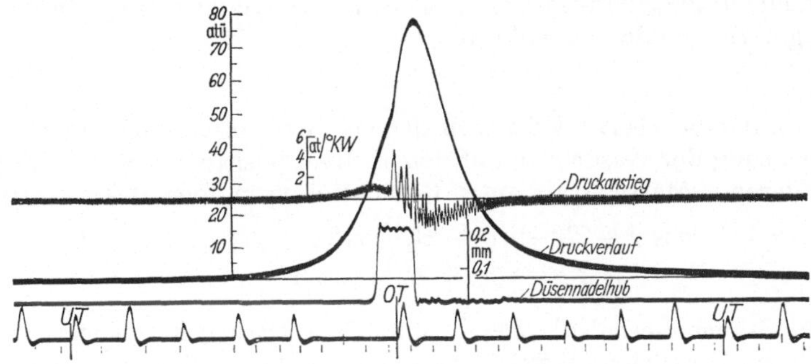

Abb. 5.8 pt-Diagramm eines Viertakt-Dieselmotors.

der Berechnung der Gaskräfte vernachlässigt werden. Bei Zweitakt-Motoren erstreckt sich das Diagramm wie angegeben nur über den Bereich des Hubes, der oberhalb der Auslaßschlitze liegt.

Bei schnellaufenden Motoren wird der Druckverlauf piezo-elektrisch mit Quarz-Indikatoren gemessen. Die Registrierung erfolgt mit dem Schleifen- oder Kathodenstrahl-Oszillographen über der Zeit. Die Kurbelstellung wird durch Impulse markiert, die in geeigneter Weise direkt von der Kurbelwelle gesteuert werden. Abb. 5.8 zeigt ein solches pt-Diagramm für einen schnellaufenden Dieselmotor mit Direkteinspritzung.

b) Massenkräfte

Unter der Annahme einer gleichförmigen Rotation treten an den umlaufenden Massen reine Zentripetalbeschleunigungen auf

$$b_N = y_s \cdot \omega^2$$

Dabei ist ω die konstante Winkelgeschwindigkeit $= \frac{\pi \cdot n}{30}$ [s^{-1}] (Drehzahl n) und y_s der Abstand des Schwerpunktes von der Drehachse. Die Trägheitswirkung der Masse m_r ist eine Fliehkraft P_r in Richtung des Schwerpunktabstandes nach außen

$$P_r = m_r \cdot y_s \cdot \omega^2$$

$$P_r^* = (G_r^* \cdot y_s) \cdot \frac{\omega^2}{g} \quad \text{[kp]}$$

Mit dem in Kap. 3 angegebenen Begriff des „statischen Momentes“ (G^*y) [cmkp] und der Kennzahl $\frac{\omega^2}{g}$ [cm^{-1}] ergeben sich für die Zahlenrechnung sehr handliche Größen. Die Zahl $\frac{\omega^2}{g} = 100$ [cm^{-1}] für $n = 3000$ [U/min] ist leicht zu merken.

Rotierende Massenkräfte erzeugen alle umlaufenden Massen des Kurbeltriebs, deren Schwerpunkte nicht in der Rotationsachse liegen. Es sind dies die Kurbelwangen, der Kurbelzapfen, die Gegengewichte sowie die rotierenden Anteile der Pleuelstange. Eine Zusammenfassung dieser Anteile zu einer einzelnen Masse in

Mitte Kröpfung ist nur bei der Untersuchung der gesamten Massenwirkungen eines Vollmotors zweckmäßig, wenn der Motor aus gleichartigen und symmetrischen aufgebauten Kröpfungen besteht. Bei allen sonstigen Untersuchungen und besonders bei unsymmetrischem Kröpfungsaufbau ist es richtiger, die Massen auch in Längsrichtung verteilt entsprechend ihrer Schwerpunktlage anzusetzen.

Die am Kolben auftretenden Beschleunigungen sind in Kap. 2 angegeben. Für die im Kolbenbolzen vereinigt gedachte oszillierende Masse m_0 des Kolbens sowie des kleinen Pleuelkopfes ergibt sich als Trägheitswirkung die in Zylinderachsrichtung oszillierende Massenkraft

$$P_0 = - m_0 \cdot b$$

Zählt man den Kurbelwinkel φ von der OT-Stellung aus und rechnet man die Kraft in Richtung der Gasdrücke auf den Kolben positiv, so lautet die Gleichung für die oszillierende Massenkraft unter Berücksichtigung der Desachsierung

$$P_0 = - m_0 \cdot r \cdot \omega^2 \cdot (\cos\varphi + B_1 \cdot \sin\varphi + B_2 \cdot \cos 2\varphi + B_3 \cdot \sin 3\varphi + B_4 \cdot \cos 4\varphi + \\ + B_5 \cdot \sin 5\varphi + B_6 \cdot \cos 6\varphi + + \cdots)$$

Mit dem Stangenverhältnis $\lambda = \frac{r}{l}$ und dem Desachsierungsverhältnis $\varkappa = \frac{q}{l}$ ergeben sich die Koeffizienten zu

$$B_1 = \varkappa \cdot \left(1 + \frac{3}{8} \cdot \lambda^2 + \frac{15}{64} \cdot \lambda^4\right) + \frac{1}{2} \varkappa^3 \cdot \left(1 + \frac{15}{8} \cdot \lambda^2\right) + \frac{3}{8} \cdot \varkappa^5$$

$$B_2 = A_2 + \frac{3}{2} \cdot \varkappa^2 \cdot \lambda \cdot \left(1 + \frac{5}{4} \cdot \lambda^2\right) + \frac{15}{8} \cdot \varkappa^4 \cdot \lambda \qquad A_2 = \lambda + \frac{1}{4} \cdot \lambda^3 + \frac{15}{128} \cdot \lambda^5$$

$$B_3 = - \frac{9}{8} \cdot \varkappa \lambda^2 \cdot \left(1 + \frac{15}{16} \cdot \lambda^2\right) - \frac{45}{16} \cdot \varkappa^3 \cdot \lambda^2$$

$$B_4 = A_4 - \frac{15}{8} \cdot \varkappa^2 \cdot \lambda^3 \qquad A_4 = - \frac{1}{4} \cdot \lambda^3 - \frac{3}{16} \cdot \lambda^5$$

$$B_5 = \frac{75}{128} \cdot \varkappa \cdot \lambda^4$$

$$A_6 = \frac{9}{128} \cdot \lambda^5$$

In der Praxis ist $\varkappa$ in den meisten Fällen so klein, daß man es vernachlässigen kann. Dann vereinfacht sich die Gleichung so, daß nur noch die Glieder A_{2i} mit den Cosinusfunktionen der geradzahligen Vielfachen des Kurbelwinkels auftreten:

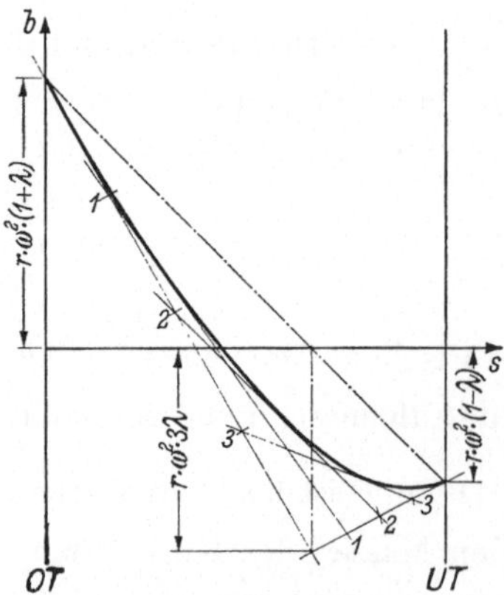

Abb. 5.9 Graphisches Verfahren zur Ermittlung der Kolbenbeschleunigung $b_0 = f(s)$.

$$P_0 = - m_0 \cdot r \cdot \omega^2 \cdot (\cos\varphi + A_2 \cdot \cos 2\varphi + \\ + A_4 \cdot \cos 4\varphi + A_6 \cdot \cos 6\varphi + \cdots)$$

Die Grundfrequenz dieser einzelnen Anteile entspricht der Kurbelwellenumdrehung und deshalb bezeichnet man sie als Anteile 1., 2., 4. usw. Ordnung. Für die Berechnung der Beanspruchungen im Kurbeltrieb genügt es, nur die Glieder der beiden niedersten Ordnungen zu berücksichtigen:

$$P_0 = - m_0 \cdot r \cdot \omega^2 \cdot (\cos\varphi + \lambda \cdot \cos 2\varphi)$$

Die graphische Bestimmung der Beschleunigungsfunktion $b_0 = \mathrm{f}(s)$ über dem Hub ergibt sich aus Abb. 5.9 als Parabelbogen. Man verbindet dazu die über dem Hub aufgetragenen Extremwerte des oberen Totpunktes $r \cdot \omega^2 \cdot (1 + \lambda)$ und des unteren Totpunktes $-r \cdot \omega^2 (1 - \lambda)$, fällt im Schnittpunkt mit der Abszisse das Lot und trägt darauf die Länge $-r \cdot \omega^2 \cdot 3 \cdot \lambda$ auf. Die Verbindungslinien des so gefundenen Punktes mit den beiden Extremwerten liefern die Endtangenten des Parabelbogens. Teilt man diese Tangenten in die gleiche Anzahl gleichlanger Stücke ein und verbindet man die entsprechenden Teilpunkte durch Geraden, so ergibt sich der Verlauf der Beschleunigung als Hüllkurve des so gefundenen Polygonzuges.

c) Gleitbahnkraft und Stangenkraft

Die beiden in Zylinderachsrichtung auf den Kolben wirkenden Kräfte sind die Gaskraft und die oszillierende Massenkraft. Ihre Resultierende ist die Kolbenkraft

$$P_{Ko} = P_G + P_0 = p(\varphi) \cdot F_{Ko} - m_0 \cdot r \cdot \omega^2 \cdot (\cos\varphi + \lambda \cdot \cos 2\varphi)$$

Aus Abb. 5.10 ist der zeitliche Verlauf der Kolbenkraft zu ersehen. Das Diagramm macht deutlich, daß die großen Gaskräfte durch die Massenkräfte abgebaut

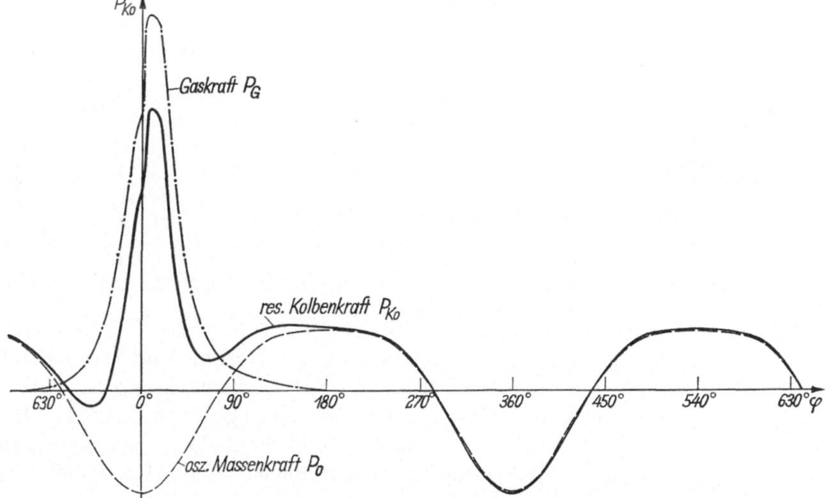

Abb. 5.10 Resultierende Kolbenkraft.

werden. Die dargestellten Verhältnisse entsprechen den Bedingungen eines aufgeladenen Hochleistungs-Diesel-Motors. Bei schnellaufenden Fahrzeug-Otto-Motoren kann sich dieses Bild so ändern, daß die Massenkräfte in die gleiche Größenordnung kommen wie die Gaskräfte.

Die Kolbenkraft stützt sich an der Zylinderwand und an der Pleuelstange ab. Sieht man von der Reibung des Kolbens ab, so zerlegt sich die Kolbenkraft entsprechend Abb. 5.11 in die Gleitbahnkraft N und die Stangenkraft P_{st}

$$N = P_{Ko} \cdot \tan\psi = P_{Ko} \cdot \frac{\lambda \cdot \sin\varphi}{\sqrt{1 - \lambda^2 \cdot \sin^2\varphi}} \qquad P_{st} = \frac{P_{Ko}}{\sin\psi} = \frac{P_{Ko}}{\sqrt{1 - \lambda^2 \cdot \sin^2\varphi}}$$

Den zeitlichen Verlauf der Gleitbahnkraft über dem Hub stellt Abb. 5.12 dar, wieder unter den Verhältnissen für den Hochleistungs-Diesel-Motor. Man sieht, daß der Kolben allein unter den Massenkräften in Bereich des Gaswechsels bei jeder Auf- und Abbewegung seine Anlage zweimal wechselt. Unter den Gaskräften findet in der oberen Totlage ein sehr heftiger Seitenwechsel statt. Dabei treten kurzzeitige

Aufschlagkräfte auf, die wesentlich größer sind als die rein statische Gleitbahnkraft. Zur Milderung dieser Beanspruchung und zur Verbesserung der dabei auftretenden Kolbengeräusche wendet man die Desachsierung an [*E 1*].

Die Stangenkraft P_{st} überträgt sich auf den Kurbelzapfen und ergibt zusammen mit der rotierenden Massenkraft des großen Pleuelkopfes die Belastung des Kurbelzapfens. Sieht man aber zunächst einmal ab von den rotierenden Massenkräften, da sie als Radialkraft keinen Anteil zum Drehmoment ergeben, so zeigt Abb. 5.11, daß die Stangenkraft das Nutzdrehmoment um die Drehachse mit dem veränderlichen Hebelarm a erzeugt. Dieses Nutzdrehmoment, dargestellt durch das Kräftepaar $P_{st} - P'_{st}$ mit dem Hebelarm a, hat die Größe

$$M_D = P_{st} \cdot a = \frac{P_{Ko}}{\cos\psi} \cdot r \cdot \sin(\varphi + \psi) = r \cdot P_{Ko} \cdot f(\varphi, \lambda)$$

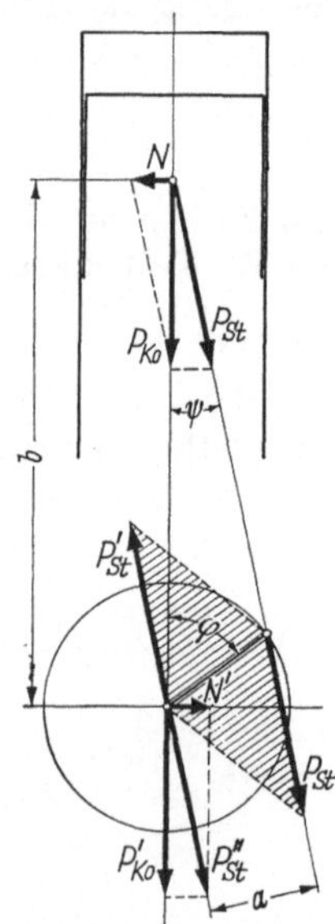

Abb. 5.11 Aufteilung der Kolbenkraft im Triebwerk.

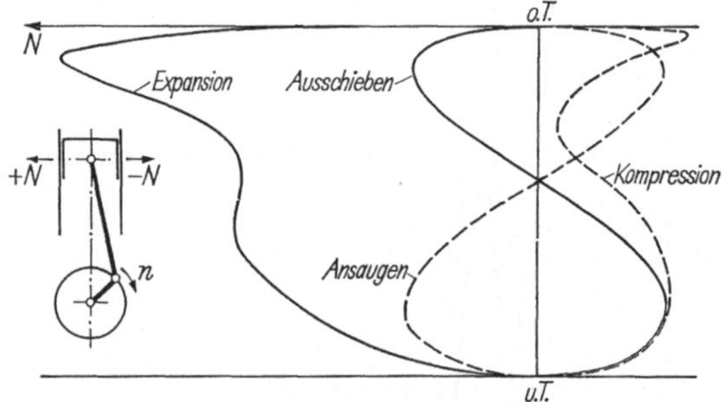

Abb. 5.12 Gleitbahndruckdiagramm für einen Viertakt-Motor.

Auf die Funktion $f(\varphi, \lambda)$ wird bei der Behandlung der Radial- und Tangentialkräfte noch näher eingegangen. Die Kraft P''_{st} stellt ohne Berücksichtigung der rotierenden Massenkräfte die Belastung der Grundlager dar. Zerlegt man diese Kraft P''_{st} in ihre Komponenten in Zylinderachsrichtung und senkrecht dazu, so ergeben sich die beiden Anteile P_{Ko} und N'. Betrachtet man zunächst die Kräfte, welche auf das Gehäuse in Zylinderachsrichtung wirken, so erkennt man, daß der reine Gaskraftanteil von $P_{Ko} = P_G + P_0$ im Grundlager nach unten gerichtet ist und mit der Gaskraft auf den Zylinderkopf im Gleichgewicht ist und das Gehäuse auf Zug belastet. Der Anteil P_0 bleibt übrig. Er stellt die freie Massenkraft des Einzeltriebwerkes dar. In der Querrichtung findet man das Kräftepaar $N - N'$ mit dem Hebelarm b, welches das Gehäuse um seine Längsachse zu drehen sucht. Die Größe des Gehäuse-Reaktionsmomentes ist:

$$M_{DG} = -N \cdot b = -P_{Ko} \cdot \tan\psi \cdot (r \cdot \cos\varphi + l \cdot \cos\psi)$$

$$= \frac{-P_{Ko}}{\cos\psi} \cdot (r \cdot \cos\varphi \cdot \sin\psi + l \cdot \sin\psi \cdot \cos\psi$$

$$= \frac{-P_{Ko}}{\cos\psi} \cdot r \cdot (\cos\varphi \cdot \sin\psi + \sin\varphi \cdot \cos\psi)$$

$$= \frac{-P_{Ko}}{\cos\psi} \cdot r \cdot \sin(\varphi + \psi) = -r \cdot P_{Ko} \cdot f(\varphi, \lambda)$$

Es besitzt also die gleiche Größe wie das Nutzdrehmoment und wirkt diesem entgegen. Dieses Gehäuse-Reaktionsmoment stellt ein freies Moment dar. Es muß vom Fundament aufgenommen werden. Im nachfolgenden Abschnitt wird darauf noch näher eingegangen.

d) Radial- und Tangentialkraft

Die Stangenkraft P_{st} greift am Kurbelzapfen in Richtung der Pleuelstange an. Zerlegt man sie in zwei Komponenten entsprechend Abb. 5.13, welche in Richtung der Kröpfung und senkrecht dazu orientiert sind, so erhält man die Radialkraft R und die Tangentialkraft T.

$$T = P_{st} \cdot \sin(\varphi + \psi) = P_{Ko} \cdot \frac{\sin(\varphi+\psi)}{\cos\psi} = P_{Ko} \cdot f(\varphi, \lambda)$$

$$R = P_{st} \cdot \cos(\varphi + \psi) = P_{Ko} \cdot \frac{\cos(\varphi+\psi)}{\cos\psi} = P_{Ko} \cdot g(\varphi, \lambda)$$

Wie man sich leicht überzeugen kann, ergibt die Tangentialkraft am konstanten Kurbelradius r wirkend das Nutzdrehmoment bzw. mit negativen Vorzeichen auch das Gehäuse-Reaktionsmoment, wie im vorhergehenden Abschnitt abgeleitet wurde.

Die Funktionen $f(\varphi, \lambda)$ und $g(\varphi, \lambda)$ sind aus der Geometrie des Kurbeltriebs abzuleiten:

$$r \cdot \sin\varphi = l \cdot \sin\psi \qquad \sin\psi = \lambda \cdot \sin\varphi$$

$$f(\varphi, \lambda) = \frac{\sin(\varphi+\psi)}{\cos\psi} = \frac{1}{\cos\psi} \cdot (\sin\varphi \cdot \cos\psi + \cos\varphi \cdot \sin\psi)$$

$$= \sin\varphi + \cos\varphi \cdot \frac{\sin\psi}{\cos\psi} = \sin\varphi + \cos\varphi \cdot \frac{\lambda \cdot \sin\varphi}{\sqrt{1-\lambda^2 \cdot \sin^2\varphi}}$$

$$= \sin\varphi \cdot \left[1 + \frac{\lambda \cdot \cos\varphi}{\sqrt{1-\lambda^2 \cdot \sin^2\varphi}}\right]$$

$$g(\varphi, \lambda) = \frac{\cos(\varphi+\psi)}{\cos\psi} = \frac{1}{\cos\psi} \cdot (\cos\varphi \cdot \cos\psi - \sin\varphi \cdot \sin\psi)$$

$$= \cos\varphi - \sin\varphi \cdot \frac{\sin\psi}{\cos\psi}$$

$$= \cos\varphi - \frac{\lambda \cdot \sin\varphi}{\sqrt{1-\lambda^2 \cdot \sin^2\varphi}}$$

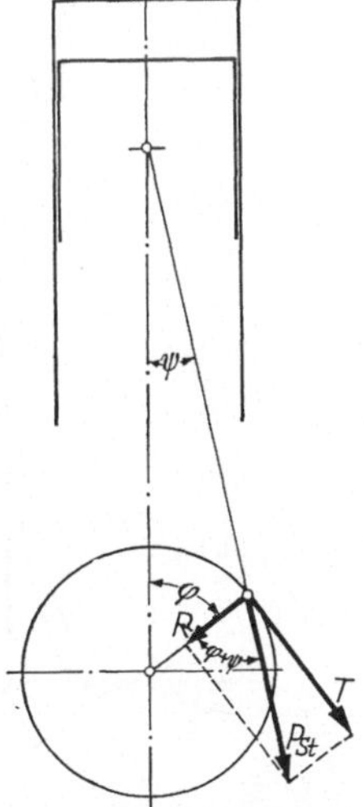

Abb. 5.13 Tangential- und Radialkraft.

Unter Verwendung der für kleine Winkel gültigen Vereinfachung

$$\sin\psi = \lambda \cdot \sin\varphi \approx \tan\psi$$

erhält man näherungsweise

$$f(\varphi, \lambda) = \sin\varphi + \lambda \cdot \sin\varphi \cdot \cos\varphi = \sin\varphi + \frac{1}{2} \cdot \lambda \cdot \sin 2\varphi$$

$$g(\varphi, \lambda) = \cos\varphi - \lambda \cdot \sin^2\varphi$$

Die Abb. 5.14 und 5.15 zeigen den zeitlichen Verlauf der Tangential- und Radialkräfte für ein Einzeltriebwerk. In beiden Fällen setzt sich die Resultierende aus einem Gas- und einem Massenkraftanteil zusammen. Die gezeigten Kraftverläufe sind etwa für Dieselmotoren im unteren Drehzahlbereich zutreffend. Mit steigender Drehzahl erhöhen sich die Amplituden der Massenkraftanteile quadratisch im Drehzahlverhältnis. Da die Massenkräfte selbst als Funktion der gleichen Veränderlichen (φ, λ) bekannt sind, kann man ihre Tangential- und Radialkraft-Anteile angeben:

$$T_0 = m_0 \cdot r \cdot \omega^2 \cdot (D_1 \cdot \sin\varphi + D_2 \cdot \sin 2\varphi + D_3 \cdot \sin 3\varphi + + \cdots)$$

$$R_0 = m_0 \cdot r \cdot \omega^2 \cdot (E_0 + E_1 \cdot \cos\varphi + E_2 \cdot \cos 2\varphi + E_3 \cdot \cos 3\varphi + + \cdots)$$

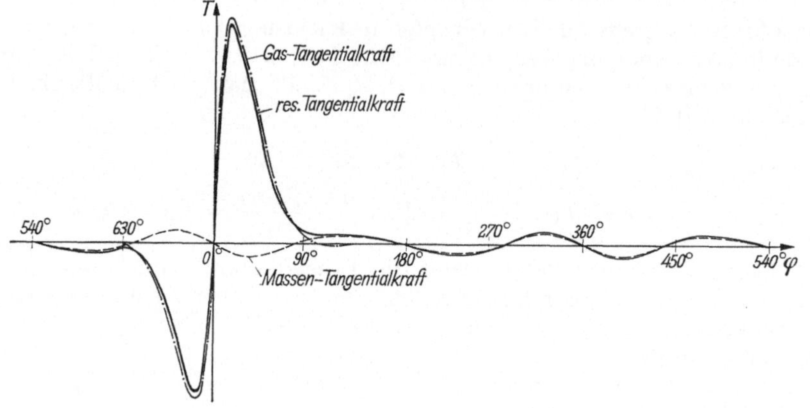

Abb. 5.14 Tangentialkraftdiagramm für einen Einzylinder-Motor.

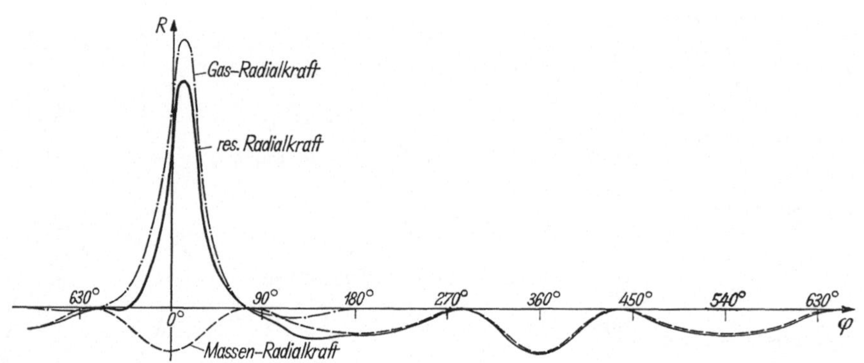

Abb. 5.15 Radialkraftdiagramm für einen Einzylinder-Motor.

mit den Koeffizienten:

$$E_0 = -\frac{1}{2} - \frac{1}{4}\cdot\lambda^2 - \frac{3}{16}\cdot\lambda^4 - \frac{5}{32}\cdot\lambda^6 - \cdots$$

$$D_1 = \frac{1}{4}\cdot\lambda + \frac{1}{16}\cdot\lambda^3 + \frac{15}{512}\cdot\lambda^5 + \cdots \qquad E_1 = -\frac{1}{2}\cdot\lambda - \frac{1}{16}\cdot\lambda^3 - \frac{15}{512}\cdot\lambda^5 - \cdots$$

$$D_2 = -\frac{1}{2} - \frac{1}{32}\cdot\lambda^4 - \frac{1}{32}\cdot\lambda^6 - \cdots \qquad E_2 = +\frac{1}{2} + \frac{1}{2}\cdot\lambda^2 + \frac{13}{32}\cdot\lambda^4 + \frac{11}{32}\cdot\lambda^6 + \cdots$$

$$D_3 = -\frac{3}{4}\cdot\lambda - \frac{9}{32}\cdot\lambda^3 - \frac{81}{512}\cdot\lambda^5 - \cdots \qquad E_3 = -\frac{3}{4}\cdot\lambda - \frac{3}{32}\cdot\lambda^3 - \frac{9}{512}\cdot\lambda^5 - \cdots$$

$$D_4 = -\frac{1}{4}\cdot\lambda^2 - \frac{1}{8}\cdot\lambda^4 - \frac{1}{16}\cdot\lambda^6 - \cdots \qquad E_4 = -\frac{1}{4}\cdot\lambda^2 - \frac{5}{16}\cdot\lambda^4 - \frac{5}{16}\cdot\lambda^6 - \cdots$$

$$D_5 = \frac{5}{32}\cdot\lambda^3 + \frac{75}{512}\cdot\lambda^5 + \cdots \qquad E_5 = \frac{5}{32}\cdot\lambda^3 + \frac{45}{512}\cdot\lambda^5 + \cdots$$

$$D_6 = \frac{3}{32}\cdot\lambda^4 + \frac{3}{32}\cdot\lambda^6 + \cdots \qquad E_6 = \frac{3}{32}\cdot\lambda^4 + \frac{5}{32}\cdot\lambda^6 + \cdots$$

$$D_7 = -\frac{21}{512} \cdot \lambda^5 - \cdots \qquad E_7 = -\frac{21}{512} \cdot \lambda^5 - \cdots$$

$$D_8 = -\frac{1}{32} \cdot \lambda^6 - \cdots \qquad E_8 = -\frac{1}{32} \cdot \lambda^6 - \cdots$$

Die Tangentialkraft wurde positiv gerechnet, wenn sie in Richtung der Drehrichtung zeigt. Die Radialkraft wurde positiv angenommen in Richtung gegen die Kurbelwellenachse.

Der Einfluß der Pleuelschwenkbewegung auf die Tangentialkräfte ist so gering, daß er in den meisten Fällen vernachlässigt werden kann. Eine Ableitung dazu ist in [*A 10*] zu finden. Es muß noch darauf hingewiesen werden, daß die rotierenden Massen zwar keinen Tangentialkraft-Anteil, jedoch einen Radialkraft-Anteil $R_{\text{rot}} = -m_r \cdot y_s \cdot \omega^2$ liefern.

Zu beachten ist bei T_0 und R_0, daß durch die Umrechnung der Massenkräfte aus dem stehenden, zylinder-festen System auf das umlaufende System der Kröpfung aus den Cosinusfunktionen mit den geradzahligen Vielfachen von φ nun sämtliche ganzzahligen Funktionen in φ werden. Man bezeichnet die einzelnen Glieder der beiden Gleichungen auch als die „harmonischen Bestandteile“ mit der Grundfrequenz φ. Bei Zweitakt-Motoren entspricht die Grundfrequenz dem Arbeitsspiel.

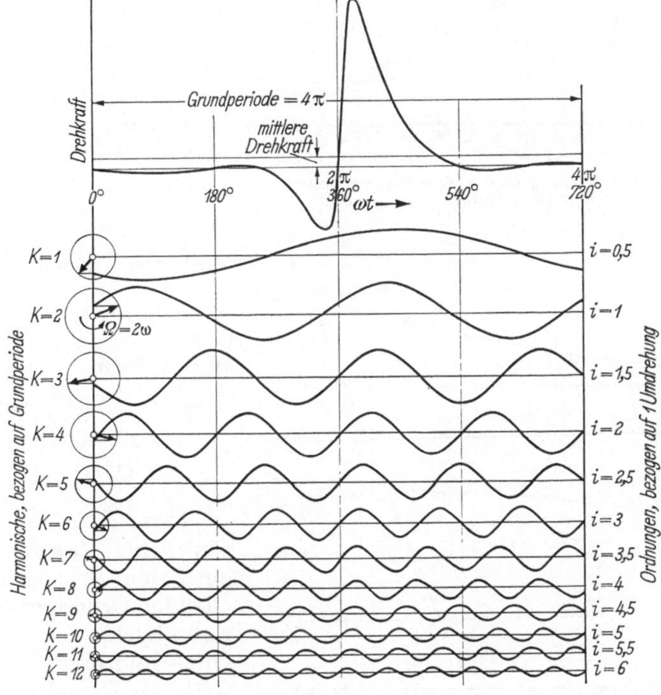

Abb. 5.16 Gasdrehkraft eines Viertakt-Motors und ihre ersten 12 Harmonischen.

Bei Viertakt-Motoren jedoch erstreckt sich das Arbeitsspiel über zwei Umdrehungen. Man hat deshalb einheitlich die Kurbelwellendrehzahl als Grundfrequenz festgelegt und bezeichnet die einzelnen Harmonischen aus den Massenwirkungen als „Ordnung“. Die Tangential- und Radialkräfte aus den oszillierenden Massenkräften ergeben also sämtliche ganzzahligen Ordnungen.

Da diese mathematische Form in besonderer Weise auch für Schwingungsrechnungen geeignet ist, zerlegt man auch die Gaskraft-Anteile der Tangentialkraft in einzelne harmonische Schwingungen, deren Grundfrequenz dem Arbeitsspiel entspricht. Das mathematische Verfahren der harmonischen Analyse [*G 7, 8*] macht es möglich, eine periodische Funktion in eine Reihe von harmonischen Schwingungen mit sin- und cos-Gliedern zu entwickeln

$$f_n(x) = A_0 + A_1 \cdot \cos x + A_2 \cdot \cos 2x + \cdots + A_n \cdot \cos nx$$
$$+ B_1 \cdot \sin x + B_2 \cdot \sin 2x + \cdots + B_n \cdot \sin nx$$

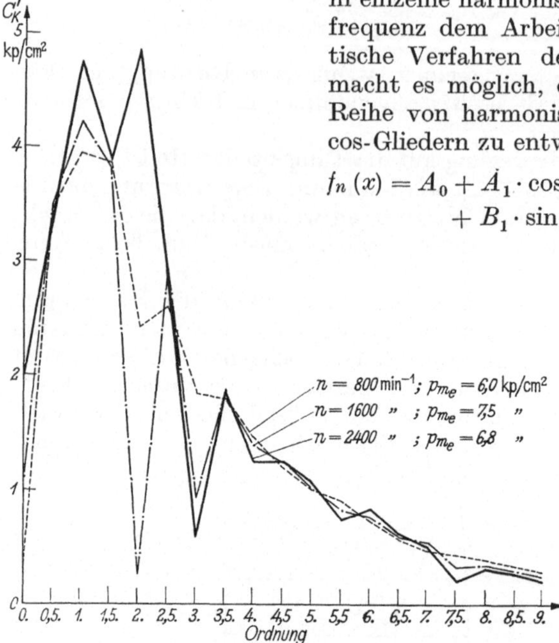

Abb. 5.17 Spektrum der Tangential-Erregerkräfte für einen Viertakt-Dieselmotor.

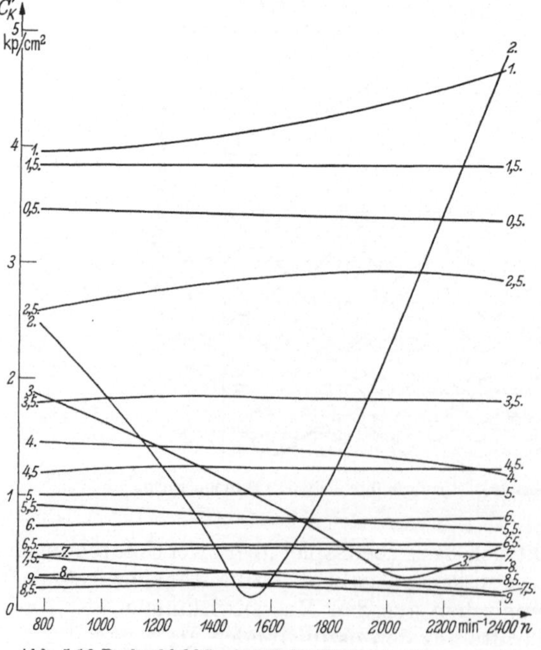

Abb. 5.18 Drehzahlabhängigkeit der Tangential-Erregerkräfte für einen Viertakt-Dieselmotor.

Sehr bequem ist die harmonische Analyse durch die Anwendung von harmonischen Analysatoren, z. B. von Mader-Ott [*G 9*]. Setzt man die Gasdrehkraft-Anteile B_{Gi} mit den Massendrehkraft-Anteilen B_{Mi} aus der angegebenen Gleichung für T_0 zusammen, so kann man den resultierenden Drehkraftverlauf auch darstellen durch die Überlagerung von n harmonischen Schwingungen derselben Periode mit den Amplituden

$$C_i = \sqrt{A_{Gi}^2 + (B_{Gi} + B_{Mi})^2}$$

und den Phasenlagen

$$\varphi_i = \operatorname{arc\,tan} \frac{A_{Gi}}{(B_{Gi} + B_{Mi})}$$

in der Form

$$T(\varphi) = A_0 + C_1 \cdot \sin(\varphi + \varphi_1) + C_2 \cdot \sin(2\varphi + \varphi_2) + \cdots + C_n \cdot \sin(n \cdot \varphi + \varphi_n)$$

Diese Funktion besitzt also sämtliche Harmonischen mit einer dem Arbeitsspiel entsprechenden Grundperiode. Da man nun üblicherweise sich aber auf eine Umdrehung der Kurbelwelle als Grundperiode bezieht und diese Harmonischen als „Ordnungen“ bezeichnet, treten beim Zweitakt-Motor nur die ganzzahligen, beim Viertakt-Motor aber auch die halben Ordnungen auf. In Abb. 5.16 ist die Zerlegung eines Gasdrehkraftverlaufes für einen Viertakt-Motor gezeigt und sowohl die Harmonische als auch die Ordnungszahl angegeben. Es ist üblich, die Drehkräfte auf die Kolbenfläche zu beziehen und die Amplituden als C'_K-Werte zu bezeichnen. Der Verlauf des Drehmomentes in Abhängigkeit vom Kurbelwinkel wird also vollständig dargestellt durch die Gleichung

$$M_D(\varphi) = r \cdot F_K \cdot [C'_{Ko} + C'_{K_1} \cdot \sin(\varphi + \varphi_1) + C'_{K_2} \cdot \sin(2\varphi + \varphi_2) + \cdots + C'_{Kn} \cdot \sin(n \cdot \varphi + \varphi_n)]$$

Ein typisches Spektrum dieser Erreger-Drehkräfte C'_K zeigt die Abb. 5.17 für einen Viertakt-Motor. Der Einfluß der Massendrehkraft ist nur bei den ganzzahligen Ordnungen vorhanden und von Bedeutung auch nur bei den niedrigen Ordnungen, wie aus Abb. 5.18 hervorgeht, bei welcher der Parameter gegenüber Abb. 5.17 vertauscht wurde.

e) Kreiskolbenmaschine

Bei der Kreiskolbenmaschine verändert sich das Hubvolumen jeder Kammer in der Form einer reinen cosinus-Funktion

$$V_H(\varphi) = \frac{1}{2} \cdot V_{H_{ges}} \cdot \left(1 - \cos\frac{2}{3}\varphi\right)$$

Das Kammervolumen errechnet sich nach [*K 6*] mit der Läuferbreite B_L

$$V_{H_{ges}} = 3 \cdot \sqrt{3} \cdot R_L \cdot e \cdot B_L$$

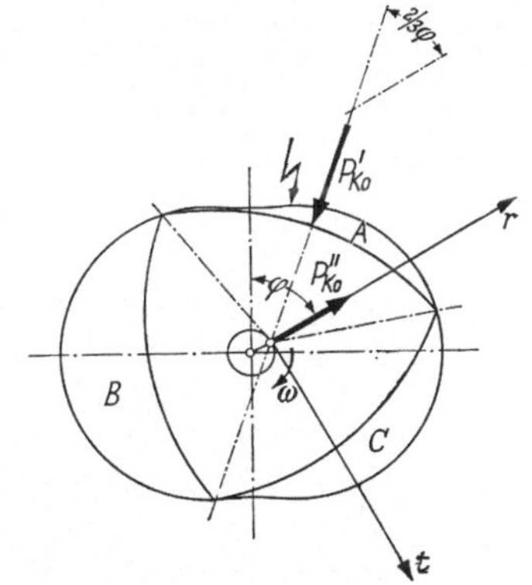

Abb. 5.19 Tangential- und Radialkraft bei der Kreiskolbenmaschine.

Der Gasdruckverlauf im pv-Diagramm entspricht weitgehend dem Verlauf von normalen Otto-Hubkolbenmaschinen. Der wesentlichste Unterschied besteht darin, daß beim Kreiskolbenmotor infolge seines langgestreckten und in der Mitte abgeschnürten Verdichtungsraumes ein stark ausgeprägter Gleichdruck-Anteil zu finden ist. Der Gasdruckanteil der Kolbenkraft P'_{Ko} ergibt sich aus dem Druck und der projizierten Kolbenfläche, der Massenkraft-Anteil P''_{Ko} entspricht der Fliehkraft des Kolbens. Während aber die Gaskraft immer zum Läufermittelpunkt hingerichtet ist, zeigt die Fliehkraft in Exzenterrichtung. Die beiden Anteile sind daher vektoriell zusammenzufassen.

$$P'_{Ko} = p(\varphi)\, F_{Ko} = p(\varphi) \cdot \sqrt{3} \cdot R_L \cdot B_L \qquad P''_{Ko} = m_{Ko} \cdot e \cdot \omega^2$$

$$\mathfrak{P}_{Ko} = \mathfrak{P}'_{Ko} + \mathfrak{P}''_{Ko} \qquad \text{(s. Abb. 5.19)}$$

Für die Berechnungen der inneren Beanspruchungen wählt man besser ein exzenterfestes Koordinatensystem x, y entsprechend Abb. 5.19. In ihm ergibt sich die Fliehkraft als konstante und in ihrer Richtung unveränderliche Kraft. Die Gaskraft der Kammer A hat die Komponenten

$$R_A = -p(\varphi) \cdot F_K \cdot \cos\frac{2}{3}\varphi \qquad T_A = p(\varphi) \cdot F_K \cdot \sin\frac{2}{3}\varphi$$

Die Gasdrücke der beiden anderen Kammern sind in der Phase um 360° EW dazu versetzt, die Wirkungslinie ihrer Resultierenden steht unter 120° zu der der Kammer A.

$$R_B = -p\,(\varphi - 360°) \cdot F_K \cdot \cos\left(120° + \frac{2}{3}\,\varphi\right)$$

$$T_B = p\,(\varphi - 360°) \cdot F_K \cdot \sin\left(120° + \frac{2}{3}\,\varphi\right)$$

$$R_C = -p\,(\varphi + 360°) \cdot F_K \cdot \cos\left(-\,120° + \frac{2}{3}\,\varphi\right)$$

$$T_C = p\,(\varphi + 360°) \cdot F_K \cdot \sin\left(-\,120° + \frac{2}{3}\,\varphi\right)$$

Die Massenkraft des Läufers besitzt keine T-Komponente und lautet

$$R_L = +m_{Ko} \cdot e \cdot \omega^2$$

Die Resultierende aus den zusammengesetzten Komponenten ergibt die Belastung des Läuferlagers in Größe und Richtung, bezogen auf die Exzenterrichtung. Die Kräfte in der r-Richtung sind also Radialkräfte, die Kräfte in der t-Richtung stellen die Tangentialkräfte dar. Das Nutzdrehmoment ergibt sich allein aus den Gaskraftanteilen der Tangentialkraft mit dem Hebelarm e

$$M_D = p\,(\varphi)\,F_K \cdot e \cdot \sin\frac{2}{3}\,\varphi$$

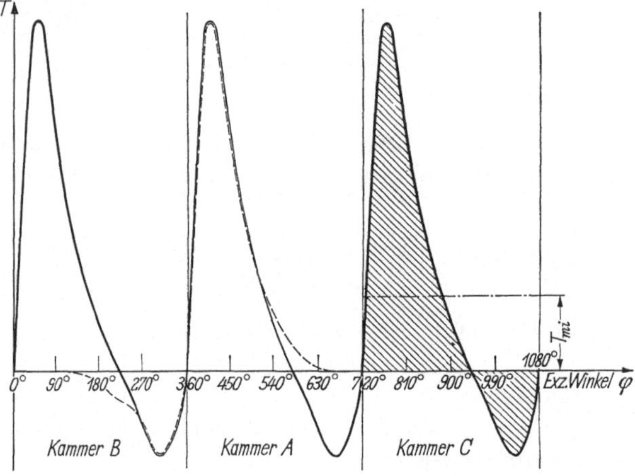

Abb. 5.20 Tangentialkraftdiagramm einer Kreiskolbenmaschine.

Es setzt sich, wie besprochen, aus den Anteilen aller drei Kammern zusammen (Abb. 5.20). Der Drehmomenten-Verlauf ist 2π-periodisch. Nach dem Gesetz „Aktion = Reaktion" muß das Gehäuse-Reaktionsmoment, welches vom Fundament der Maschine aufgenommen werden muß, die gleiche Größe haben. Es wird gebildet durch ein Kräftepaar, das im Zahneingriff der synchronisierenden Zahnräder und in den Grundlagern angreift.

Die freien Massen- und Gaskraftwirkungen

6. Die freien Massenwirkungen von Hubkolbenmotoren

[*A 1*] bis [*A 3*], [*A 7*] und [*A 8*], [*B 1*] bis [*B 6*], [*B 10*]

a) Verfahren zur Ermittlung der freien Massenwirkungen

Das folgende, sehr anschauliche Verfahren wird vorteilhaft angewandt zur Bestimmung der freien Massenwirkungen und ihres zeitlichen Verlaufes bei Hubkolbenmotoren mit mehrfach gekröpften Kurbelwellen in Reihen- und V-Bauart bei zentrischem Pleuelangriff.

Die freien Massenwirkungen von Hubkolbenmotoren resultieren aus den Trägheitswirkungen der rotierenden und oszillierenden Massen des gesamten Triebwerkes.

Die Trägheitswirkungen der rotierenden Massen (Kurbelkröpfungen und rotierende Anteile der Pleuelstangen) sind Fliehkräfte konstanter Größe und Richtung

$$P_r = m_r \cdot y_s \cdot \omega^2$$

und können deshalb durch Gegengewichte vollständig ausgeglichen werden.

Die Trägheitswirkungen der oszillierenden Massen ergeben sich aus dem ungleichförmigen Bewegungsablauf des Kolbens bzw. der im Kolbenbolzen vereinigt gedachten oszillierenden Massen (Kolben mit Bolzen und Ringen, oszillierender Anteil der Pleuelstange). Die resultierenden Massenwirkungen eines Motors mit mehrfach gekröpfter Kurbelwelle sind nach den Gesetzen der Statik zu bestimmen. Dabei ist die Kurbelwelle unter den Trägheitswirkungen als starre Welle ohne Lager zu betrachten, an welcher diese Kräfte in räumlicher Verteilung angreifen. Die Trägheitswirkungen der oszillierenden Massen sind jedoch zeitlich veränderlich, sie wirken bei V-Motoren in verschiedenen Ebenen und haben für jedes Einzeltriebwerk eine andere Phasenlage. Die Bestimmung der oszillierenden Trägheitswirkungen ist jedoch auch mit geringem Arbeitsaufwand möglich, wenn man für sie eine Darstellung durch Vektorenpaare mit gegenläufigem Drehsinn wählt.

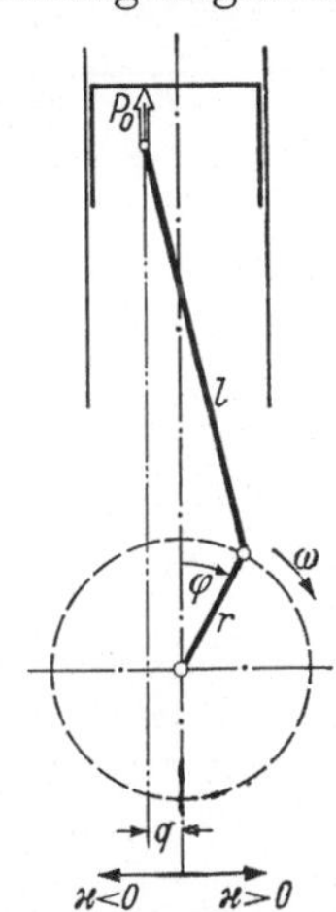

Abb. 6.1 Oszillierende Massenkraft im allgemeinen Fall des geschränkten Kurbeltriebes.

$P_o = m_o \cdot r \cdot \omega^2 \cdot (\cos\varphi + B_1 \sin\varphi + B_2 \cos 2\varphi + B_3 \sin 3\varphi + B_4 \cos 4\varphi + \ldots)$

In den Abschn. 2a, 2b und 5b wurden die Bewegungsverhältnisse der oszillierenden Masse und ihre Trägheitswirkungen behandelt. Sie sind in der allgemeinen Form des geschränkten Kurbeltriebes in Abb. 6.1 zusammengefaßt. Die oszillierenden Massenkräfte wirken in Zylinderrichtung und setzen sich aus mehreren harmonischen Anteilen zusammen. Diese sind sin- oder cos-förmig veränderlich und ihre Frequenz steht mit der Drehfrequenz der Kurbelwelle in einem ganzzahligen Verhältnis. Man spricht in diesem Zusammenhang von Massenkräften 1., 2., 4. usw. Ordnung. Ein solcher Einzelanteil kann ersatzweise dargestellt werden durch zwei gegenläufige Vektoren mit jeweils der halben Amplitude und einer Drehfrequenz entsprechend Ordnungszahl $\times$ Grundfrequenz der Welle. Ihre Vektorsumme entspricht zu jedem Zeitpunkt nach Größe und Richtung der oszillierenden Massenkraft i.-Ordnung. Für die cos-Funktionen sind die Anfangslagen beider Vektoren zum oberen Totpunkt hingerichtet, für die sin-Funktionen sind sie $+90°$ für den positiv-drehenden Vektor und $-90°$ für den negativ-drehenden Vektor. Bei der üblichen Größe der Desachsierung sind die Amplituden der sin-Funktionen sehr klein, so daß sie vernachlässigt werden können. Abb. 6.2 (S. 50) zeigt die Vektor-Darstellung für die Massenkräfte 1. und 2. Ordnung beim Reihen-Motor sowie i.-Ordnung beim V-Motor. Die Darstellung kann sinngemäß auch auf die Massenwirkungen höherer Ordnung angewandt werden.

Abb. 6.2 zeigt im linken oberen Feld die Darstellung der oszillierenden Massenkraft 1. Ordnung durch zwei Vektoren mit der Amplitude $\frac{1}{2} P_{o_1}$, welche gegensinnig mit der Grundfrequenz ω umlaufen. Zur deutlicheren Darstellung wurde die Spitze des negativ-umlaufenden Vektors auf den äußeren Kreis verlegt. Die gezeichnete Anfangslage entspricht der oberen Totlage der Kröpfung. In der Kurbelstellung $\varphi = \omega t$ steht der eine Vektor bei $+\varphi$, der zweite bei $-\varphi$. Die Vektorsumme ergibt die Amplitude $P_{o_1} \cdot \cos\varphi$ in der Zylinder-Ebene, so daß die oszillierende Massenkraft 1. Ordnung vollständig erfaßt ist. Das benachbarte Feld zeigt die Darstellung der

Massenwirkung 2. Ordnung für den Reihenmotor. Für die V-Motoren wurde das Ersatzsystem allgemein für die i. Ordnung in Abb. 6.2 abgeleitet. Dabei wurde die Ordnungszahl i zur besseren Darstellung willkürlich gewählt. Vernachlässigt man die Desachsierung, so sind für die oszillierenden Massenkräfte die Ordnungen $i = 1, 2, 4, 6 \ldots$ anzusetzen. Die Bezugskröpfung stehe in OT-Lage des Zylinders a.

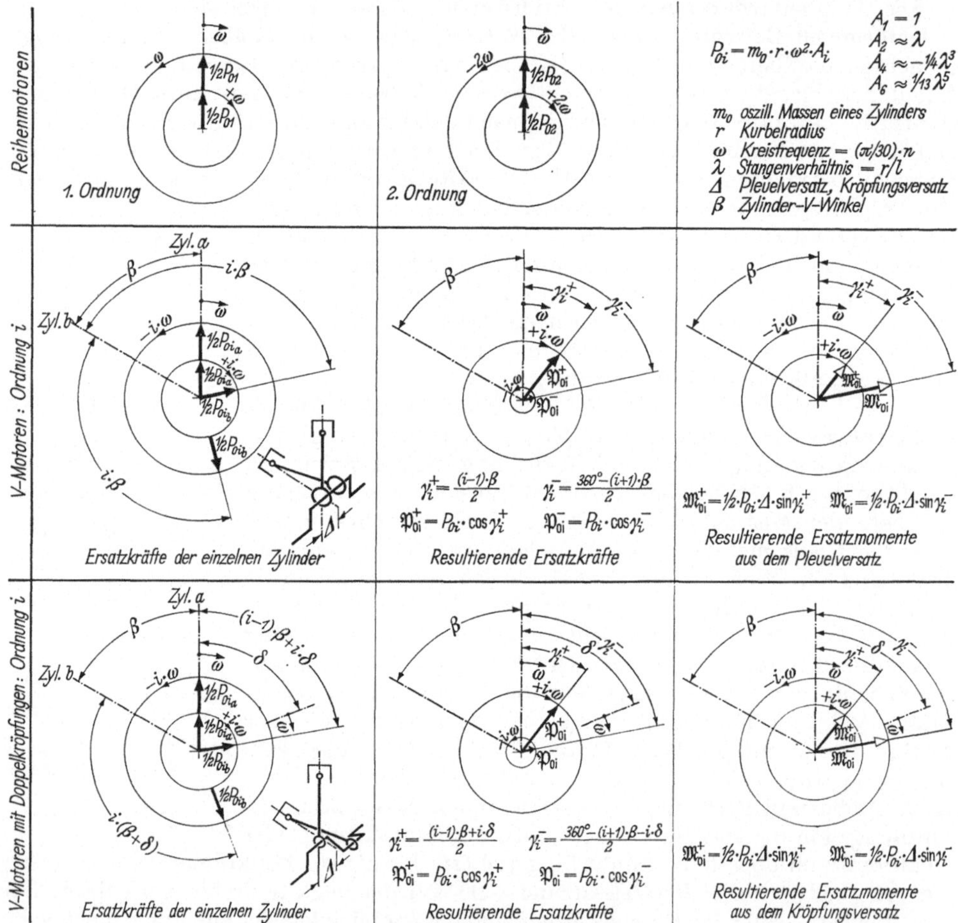

Abb. 6.2 Verfahren zur Darstellung der oszillierenden Massenkräfte bei Reihenmotoren, V-Motoren und V-Motoren mit Doppelkröpfungen durch umlaufende Vektoren.

Die beiden Teilvektoren $\frac{1}{2}\,P_{oi_a}$ mit gegenläufigem Drehsinn stehen also in der Strecklage in Phase 0° zur Kröpfung. Zum Auffinden der beiden Teilvektoren $\frac{1}{2}\,P_{io_b}$ welche die oszillierenden Massenkräfte aus Zylinder b darstellen, sei zunächst die Kröpfung in der OT-Lage des Zylinders b gedacht. Sie würden dann in der Strecklage von Zylinder b stehen. Dreht man nun aber die Kröpfung in die Bezugslage um den Winkel β zurück, so durchlaufen diese beiden Teilvektoren die Winkel $\pm i \cdot \beta$, so daß sie in der gezeichneten Winkellage stehen. Die Zusammenfassung der gleichsinnig-drehenden Vektoren von Zylinder a und b zu einer resultierenden Kraft bzw. Moment ist in den danebenliegenden Feldern geschehen.

Tabelle 6.1 *Koeffizienten der freien Kräfte und Momente für die Wellen i. Ordnung*
a_i Amplitude des result. Momentenvektors, b_i Phasenlage des result. Momentenvektors, c_i Amplitude des result. Kräftevektors, d_i Phasenlage des result. Kräftevektors (gerechnet von „1" im Uhrzeigersinn)

Kröpfungsstern	a_1 b_1 c_1 d_1	a_2 b_2 c_2 d_2	a_4 b_4 c_4 d_4	a_6 b_6 c_6 d_6
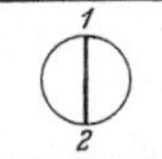 1 2	1,000 0° 0 0°	0 0° 2,000 0°	0 0° 2,000 0°	0 0° 2,000 0°
 12	0 0° 2,000 0°	0 0° 2,000 0°	0 0° 2,000 0°	0 0° 2,000 0°
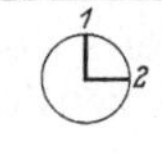 1 2	0,707 −45,0° 1,414 45,0°	1,000 0° 0 0°	0 0° 2,000 0°	1,000 0° 0 0°
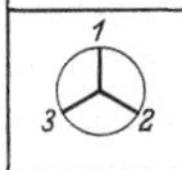 1 3 2	1,732 +30,0° 0 0°	1,732 −30,0° 0 0°	1,732 +30,0° 0 0°	0 0° 3,000 0°
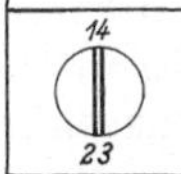 14 23	0 0° 0 0°	0 0° 4,000 0°	0 0° 4,000 0°	0 0° 4,000 0°
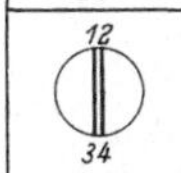 12 34	4,000 0° 0 0°	0 0° 4,000 0°	0 0° 4,000 0°	0 0° 4,000 0°
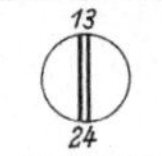 13 24	2,000 0° 0 0°	0 0° 4,000 0°	0 0° 4,000 0°	0 0° 4,000 0°
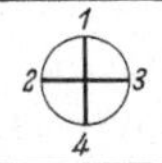 1 2 3 4	3,162 +18,4° 0 0°	0 0° 0 0°	0 0° 4,000 0°	0 0° 0 0°
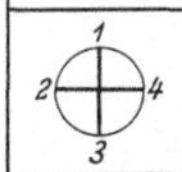 1 2 4 3	2,828 −45,0° 0 0°	2,000 0° 0 0°	0 0° 4,000 0°	2,000 0° 0 0°
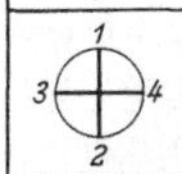 1 3 4 2	1,414 −45,0° 0 0°	4,000 0° 0 0°	0 0° 4,000 0°	4,000 0° 0 0°
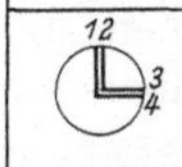 12 3 4	2,828 −45,0° 2,828 +45,0°	4,000 0° 0 0°	0 0° 4,000 0°	4,000 0° 0 0°
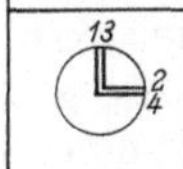 13 2 4	1,414 −45,0° 2,828 +45,0°	2,000 0° 0 0°	0 0° 4,000 0°	2,000 0° 0 0°
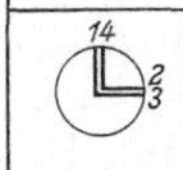 14 2 3	0 0° 2,828 +45,0°	0 0° 0 0°	0 0° 4,000 0°	0 0° 0 0°
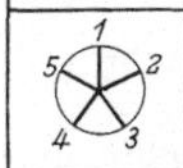 1 5 2 4 3	4,253 +54,0° 0 0°	2,629 +18,0° 0 0°	4,253 −54,0° 0 0°	4,253 +54,0° 0 0°
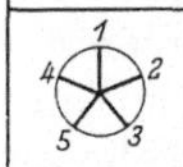 1 4 2 5 3	4,750 +40,4° 0 0°	1,561 −27,7° 0 0°	4,750 −40,4° 0 0°	4,750 +40,3° 0 0°
 1 3 2 5 4	4,980 +18,0° 0 0°	0,449 −54,0° 0 0°	4,980 −18,0° 0 0°	4,980 −18,0° 0 0°
 1 5 3 4 2	3,374 +65,8° 0 0°	3,690 −11,4° 0 0°	3,374 −65,8° 0 0°	3,374 −65,8° 0 0°
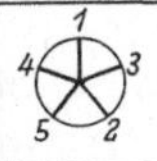 1 4 3 5 2	3,690 +47,4° 0 0°	3,374 −42,2° 0 0°	3,690 −47,4° 0 0°	3,690 +47,4° 0 0°
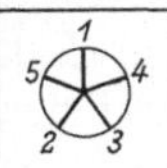 1 5 4 2 3	0,449 +54,0° 0 0°	4,980 +18,0° 0 0°	0,449 −54,0° 0 0°	0,449 −54,0° 0 0°
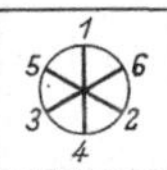 1 5 6 3 2 4	0 0° 0 0°	3,464 −30,0° 0 0°	3,464 +30,0° 0 0°	0 0° 6,000 0°
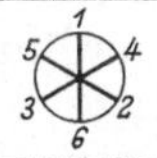 1 5 4 3 2 6	3,464 +30,0° 0 0°	0 0° 0 0°	0 0° 0 0°	0 0° 6,000 0°
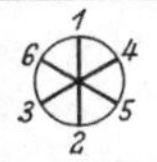 1 6 4 3 5 2	0 0° 0 0°	6,928 +30,0° 0 0°	6,928 −30,0° 0 0°	0 0° 6,000 0°
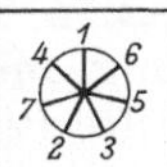 4 1 6 7 5 2 3	1,050 −51,4° 0 0°	3,690 +77,2° 0 0°	3,363 −25,8° 0 0°	1,050 +51,4° 0 0°
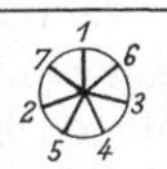 7 1 6 2 3 5 4	5,050 −25,7° 0 0°	0,310 +128° 0 0°	0,637 +76,8° 0 0°	5,050 +25,7° 0 0°
 17 35 26 4	4,897 +23,3° 0 0°	1,227 −52,2° 0,500 +180°	9,335 +10,6° 5,120 0°	6,027 −19,4° 2,791 0°
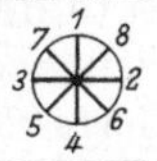 7 1 8 3 2 5 6 4	0,448 −67,5° 0 0°	0 0° 0 0°	1,600 0° 0 0°	0 0° 0 0°
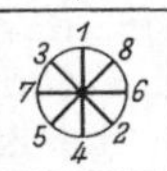 3 1 8 7 6 5 2 4	0,448 −67,5° 0 0°	11,31 −45,0° 0 0°	0 0° 0 0°	11,31 +45,0° 0 0°
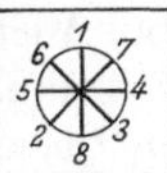 6 1 7 5 4 2 3 8	1,405 −17,2° 0 0°	0 0° 0 0°	0 0° 0 0°	0 0° 0 0°
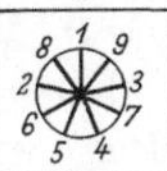 8 1 9 2 3 6 7 5 4	2,153 −86,8° 0 0°	1,158 −72,3° 0 0°	16,16 −6,00° 0 0°	1,732 −30,0° 0 0°
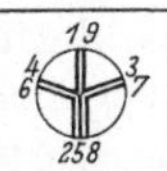 19 46 37 258	0 0° 0 0°	0 0° 1,501 0°	0 0° 7,120 0°	0 0° 4,791 0°
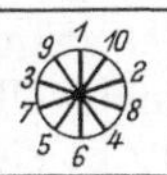 9 1 10 3 2 7 8 5 6 4	0 0° 0 0°	0,898 −54,0° 0 0°	9,960 −18,0° 0 0°	9,960 +18,0° 0 0°

Das Verfahren nach Abb. 6.2 gilt für alle Kurbeltriebe innerhalb eines homogenen Motors. Da die Kröpfungen einer Kurbelwelle unter bestimmten Winkeln zueinander angeordnet sind, ist die Phasenlage bezogen auf eine Bezugskröpfung zu ermitteln. Als Bezugslage wählt man zweckmäßigerweise die OT-Lage der vorderen Kröpfung. Die anderen Kröpfungen sind dazu entsprechend dem Kröpfungsstern angeordnet. Dieser Kröpfungsstern ergibt sofort die Phasenlage 1. Ordnung. Man spricht deshalb von einem „Kröpfungsstern 1. Ordnung“ oder – wenn man die Längsverteilung der Kröpfungen auf der Welle berücksichtigt – von einer „Welle 1. Ordnung“. An dieser Welle 1. Ordnung sind an Stelle der Kröpfungen feste Vektoren anzuheften, deren Größe aus Abb. 6.2 zu entnehmen ist. Man ermittelt zunächst die resultierende Kraft und das resultierende Moment der ganzen Welle mit einem Einheitsvektor an Stelle der Kröpfungen nach Größe und Richtung. Anschließend werden diese Resultierenden in Amplitude und Phasenlage entsprechend Abb. 6.2 korrigiert, so daß man je Massenwirkung zwei gegenläufige Vektoren 1. Ordnung erhält, aus welchen ohne großen Aufwand der zeitliche Verlauf der Massenwirkung ermittelt werden kann.

Für die Massenwirkungen höherer Ordnung sind entsprechende Kröpfungssterne bzw. Wellen in einfachster Weise abzuleiten. Dies geschieht in der Weise, daß alle Kröpfungswinkel – gerechnet von der Bezugskröpfung – mit der Ordnungszahl multipliziert werden. Die Längsanordnung bleibt erhalten. Nach Ermittlung der Einheits-Resultierenden werden diese wieder in Amplitude und Phasenlage entsprechend Abb. 6.2 korrigiert.

Die Vektor-Darstellung für V-Motoren nach Abb. 6.2 enthält auch einen Momenten-Vektor, welcher bei der Zusammenfassung der gleichsinnig-drehenden Kräftevektoren in Mitte Kurbelzapfen bei versetzter Pleuel-Anordnung entsteht. Die resultierende Momentenwirkung aus dem Pleuelversatz über eine mehrfach gekröpfte Welle entspricht der Kräfte-Resultierenden an der Welle i. Ordnung.

Auch bei V-Motoren mit Doppelkröpfungspaaren wird dieses Verfahren mit Vorteil angewendet. In dieser Bauart sind die Boxermotoren sowie die als Anwendungsbeispiele behandelten Motoren Ford 12 M und GMC Toro Flow ausgeführt. Die Vektor-Darstellung für V-Motoren mit Doppelkröpfungspaaren zeigt Abb. 6.2 unten.

Die Verteilung der Kröpfungen einer Kurbelwelle in der Umfangs- und Längsrichtung ist bestimmend für die Güte des Massenausgleiches. Einen weitgehenden Kräfteausgleich erhält man bei zentrisch-symmetrischer Anordnung der Kröpfungen. Dabei wählt man beim Viertakt-Motor und gerader Kröpfungszahl einen Kröpfungsstern mit Doppelstrahlen, damit man innerhalb des Arbeitsspiels von zwei Umdrehungen eine gleichmäßige Zündfolge erhält. Zum vollkommenen Massenausgleich 1. Ordnung verteilt man die Kröpfungen dann auch längssymmetrisch. Bei Zweitakt-Motoren und auch bei Viertakt-Motoren mit ungerader Kröpfungszahl verteilt man die Kurbeln gleichmäßig im Kröpfungsstern. Für die günstigste Längsverteilung der Kröpfungen in diesem Fall hat Kraemer [*A 3*] eine einfache Merkregel angegeben (Abb. 6.3). Man beginnt in der Zylinder-Längsanordnung mit einer s-förmigen Linie in der Mitte der Zylinderreihe und setzt diese mittels spiraliger Linienzüge nach außen fort, wie aus Abb. 6.3 ersichtlich ist. Der so erhaltene Linienzug gibt die Aufeinanderfolge der zentrischen Kröpfungsverteilung an, welche den besten Momentenausgleich 1. Ordnung ergibt.

In der Tab. 6.1 (S. 51) sind für die gebräuchlichsten Kröpfungsanordnungen Koeffizienten zur Bestimmung der resultierenden Kräfte und Momente an den Wellen 1. bis 6. Ordnung zusammengestellt. Es wurde nur die zentrische Anordnung dargestellt. Die Längsanordnung ergibt sich aus der Numerierung, welche an einem

Wellenende (Kröpfung 1) beginnt und linear ansteigt. Es werden gleichmäßige Kröpfungsabstände L vorausgesetzt. Die Koeffizienten a_i ergeben die Amplitude, die Koeffizienten b_i die Phasenlage des resultierenden Momentenvektors der Welle i. Ordnung, wobei die Zählung des Phasenwinkels von der Richtung Kröpfung 1 im Uhrzeigersinn erfolgt. Die Gesamt-Amplitude eines Momentenvektors ist also

$$\mathfrak{P}_{o_i} \cdot a_i \cdot L$$

wobei $\mathfrak{P}_{o_i}$ aus Abb. 6.2 zu entnehmen ist. In gleicher Weise ergeben die Koeffizienten c_i die Amplitude und a_i die Phasenlage des resultierenden Kräftevektors der Welle i. Ordnung. Diese beiden Koeffizienten gelten auch für die Bestimmung des resultierenden Momentenvektors aus dem Pleuelversatz bzw. dem Versatz der Doppelkröpfungen bei V-Motoren, also

$$\mathfrak{P}_{o_i} \cdot c_i \qquad \text{bzw.} \qquad \mathfrak{M}_{o_i} \cdot c_i$$

Die Koeffizienten für V-Motoren mit Doppelkröpfungen ergeben sich aus der Tab. 6.1, indem man den Kröpfungsstern *einer* Zylinderreihe in der Tabelle aufsucht. Die gesamte freie Massenwirkung eines Motors bestimmt sich also für jede Ordnung aus der Überlagerung zweier gegenläufiger Vektoren. Deren Amplituden errechnen sich aus den Anteilen des einzelnen Kröpfungselementes (Abb. 6.2), multipliziert mit dem Koeffizienten aus Tab. 6.1. Die resultierenden Phasenlagen der Vektoren setzen sich additiv aus den beiden zugehörigen Phasenwinkeln zusammen.

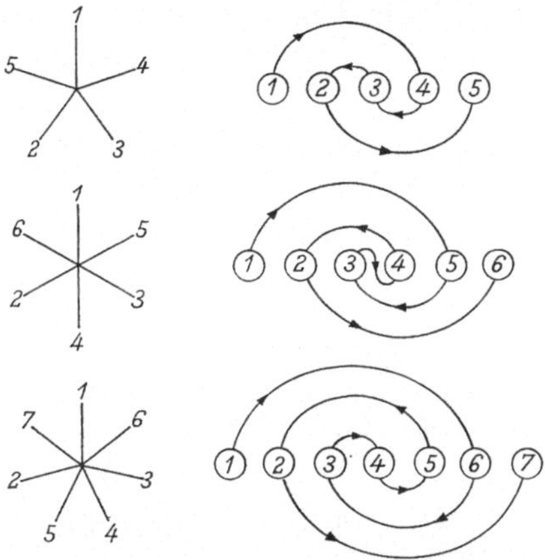

Abb. 6.3 Merkregel für die Kröpfungsanordnung mit optimalem Massenausgleich 1. Ordnung.

Die Tab. 6.1 enthält nur eine Auswahl der möglichen Anordnungen, wobei die Auswahl so getroffen wurde, daß die freien Massenwirkungen der niedrigen Ordnungen möglichst klein oder gar Null sind. Dies war wegen der großen Anzahl von Möglichkeiten notwendig. So ergeben sich bei zentrischer Anordnung unter Ausscheidung der spiegel-symmetrischen Kröpfungssterne $\frac{1}{2}(n-1)!$ Kombinationen, das sind z. B. beim 6fachen Stern allein 60 Möglichkeiten. Bei Viertakt-Motoren mit gerader Anzahl von Kröpfungen wählt man eine längssymmetrische Anordnung mit doppeltem Kröpfungsstern. Dadurch sind die freien Momentenwirkungen bis zur höchsten Ordnung ausgeglichen.

b) Anwendungsbeispiele

Bei der Bestimmung der resultierenden Kräfte und Momente an den Wellen 1. Ordnung gibt es drei nützliche Regeln, welche den Arbeitsaufwand vereinfachen:

1. Bei Wellen mit zentrisch-symmetrischem Kröpfungsstern ist die freie Kraft und das freie Moment aus dem Pleuelversatz gleich Null.

2. Längs-symmetrische Wellen sind momentenfrei in allen Ordnungen.

3. Wellen mit um 180° versetzten Kröpfungspaaren in zentrisch-symmetrischer Anordnung sind kräfte- und momentenfrei.

Die um 180° versetzten Kröpfungspaare müssen nicht benachbart, jedoch muß der Abstand aller Paare konstant sein (Abb. 6.4).

Bei der Anwendung des Verfahrens nach Abschn. 6a auf einige in der Praxis häufig verwendete Ausführungen ergeben sich sehr instruktive Ergebnisse.

Ausgleichbar mit Gegengewichten an der Kurbelwelle sind nur die Massenwirkungen, welche mit der 1. Ordnung und im Drehsinne umlaufen. Dies sind nach Abb. 6.2 je Kröpfungselement die Kräfte $\frac{1}{2} \cdot m_0 \cdot r \cdot \omega^2$ bzw. beim V-Motor $2 \cdot \frac{1}{2} \cdot m_0 \cdot r \cdot \omega$ Ein Gegengewichtsausgleich, bei dem 50% der oszillierenden Massen je Zylinder ausgeglichen sind, wird als Normalausgleich oder auch 100%iger Ausgleich bezeichnet. Es verbleibt dann nur die Wirkung des negativ-umlaufenden Vektors übrig. Beim Unter- oder Überausgleich ist noch ein positiv-umlaufender Vektor

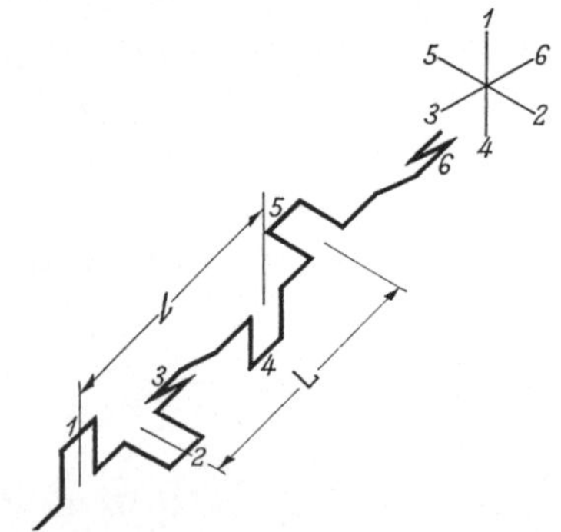

Abb. 6.4 Kurbelwelle mit 180°-Kröpfungspaaren.

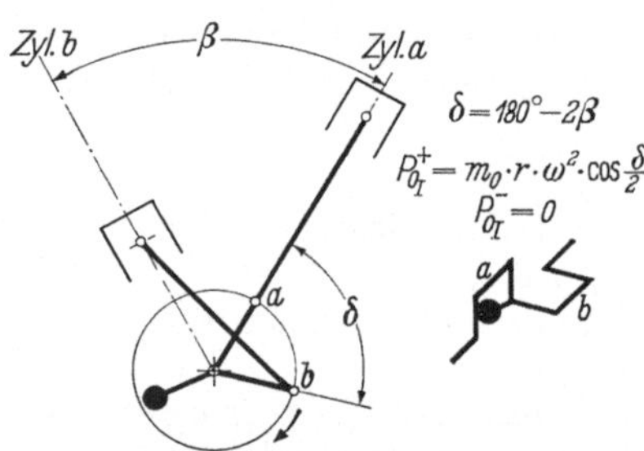

Abb. 6.5 V-Motor mit Doppelkröpfungspaaren für vollständigen Ausgleich 1. Ordnung.

vorhanden. Die gesamte freie Massenwirkung 1. Ordnung ergibt sich in diesem Falle aus der Überlagerung der beiden gegenläufigen Vektoren zu einem elliptischen Verlauf, deren Maximalwert immer größer ist als beim Normalausgleich.

Der zusätzliche Massenausgleich mit einer oder mehreren Ausgleichswellen ist die konstruktive Anwendung des angegebenen Verfahrens. Dabei ist zu beachten, daß durch die gewählte Zusatz-Einrichtung keine weiteren freien Kräfte oder Momente auftreten.

Beim V-Motor mit 90° V-Winkel zeigt Abb. 6.2, daß der negativ-umlaufende Vektor 1. Ordnung verschwindet. Es verbleibt eine konstante, durch Gegengewichte an der Kurbelwelle vollständig ausgleichbare Massenwirkung 1. Ordnung. Dies gilt nicht für zentrisch-unsymmetrische Anordnungen mit nebeneinanderliegenden Pleuelstangen.

Beim V-Motor mit Doppelkröpfungspaaren kann man die Forderung nach vollständigem Ausgleich 1. Ordnung allein durch Gegengewichte an der Kurbelwelle auch bei beliebigem V-Winkel erfüllen. Nach Abb. 6.2 wird der negativ-umlaufende und daher durch Gegengewichte an der Welle nicht ausgleichbare Vektor

$$\mathfrak{P}_{o_1}^- = P_{o_1} \cdot \cos\gamma_1^- = P_{o_1} \cdot \cos\frac{360° - 2\beta - \delta}{2}$$

dann zu Null, wenn

$$\gamma_1^- = \frac{360° - 2\beta - \delta}{2} = 90°$$

wird. Abb. 6.5 zeigt das Ergebnis mit der Gleichung $\delta = 180° - 2\beta$. Der V-90°- und der Boxermotor entsprechen dieser Forderung. Eine Einschränkung ist auch hierbei zu beachten:

Bei nicht zentrisch-symmetrischem Kröpfungsstern tritt ein Moment 1. Ordnung infolge des vorhandenen Pleuelversatzes auf.

Beispiel 1

4-Zylinder-Viertakt-Motor mit Doppelkröpfungen ($\delta = 120°$; $\beta = 60°$; Ford 12 M). Der 4-Zylinder-V-Motor der Firma Ford (Abb. 6.8) besitzt eine vierfach gekröpfte Kurbelwelle entsprechend der Abb. 6.6. Man kann diese Kröpfungsanordnung aus der ebenen Welle des 4-Zylinder-Reihenmotors ableiten, bei welchem die Zylinder 2 und 4 zusammen mit ihren Kröpfungen um 60° aus der Reihen-Ebene herausgedreht wurden. Dadurch bleibt die gleichmäßige

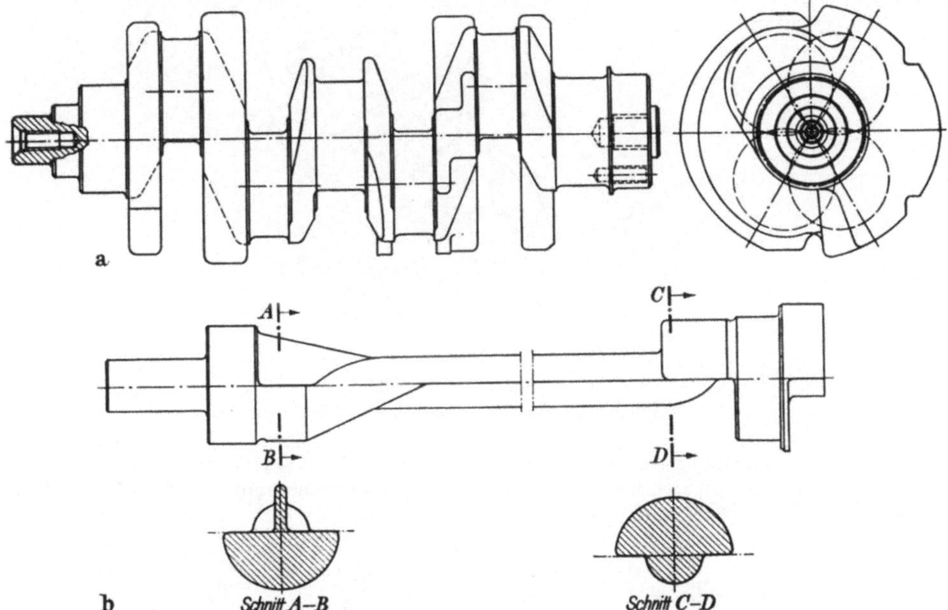

Abb. 6.6 Kurbelwelle (a) und Ausgleichswelle (b) Ford 12 M.

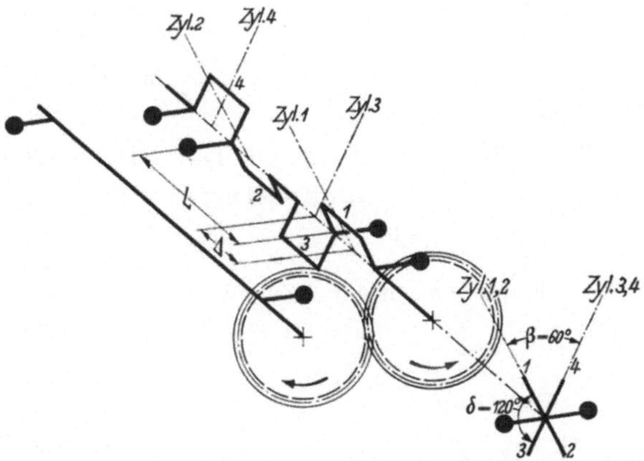

Abb. 6.7 Vierzylinder-60° V-Motor mit Doppelkröpfungen und Momentenausgleichswelle 1. Ordnung (Ford 12 M).

Zündfolge mit Zündabständen von 180° erhalten. Es wurde also dem gleichförmigen Drehmoment gegenüber den freien Massenwirkungen der Vorzug gegeben. Die Letzteren erfordern – wie aus dem Folgenden hervorgeht – einen zusätzlichen Aufwand zum vollständigen Ausgleich 1. Ordnung.

Aus der schematischen Darstellung der Kurbelwelle nach Abb. 6.7 erkennt man, daß die Welle aus zwei Doppelkröpfungspaaren aufgebaut ist, die zueinander um 180° versetzt und im

Abstand L angeordnet sind. Das Doppelkröpfungselement mit dem Versatz Δ hat den Kröpfungswinkel $\delta = 120°$ bei einem V-Winkel $\beta = 60°$. Damit sind die Vektoren aus Abb. 6.2 zu bestimmen. Die Koeffizienten für die Massenwirkungen des ganzen Motors entnimmt man der

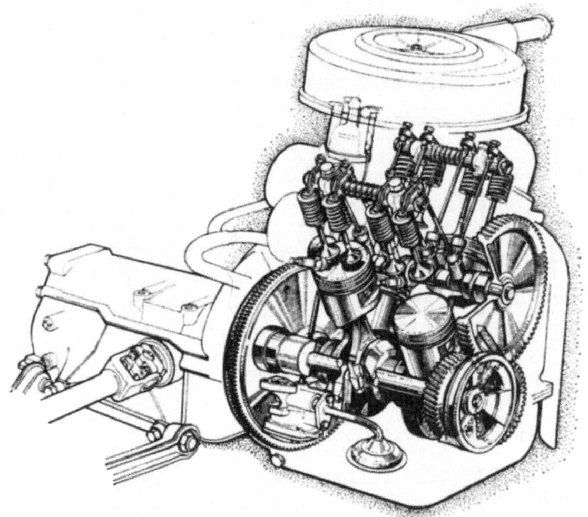

Abb. 6.8 Vierzylinder-V-Motor (Ford 12 M).

Tab. 6.1 in der Spalte für die 2-fach-gekröpfte Welle mit 180° Versatz. Denn bei V-Motoren mit Doppelkröpfungen ist der Kröpfungsstern *einer* Zylinderreihe maßgebend. Ohne Berücksichtigung der Phasenlagen erhält man:

1. Ordnung

$$\mathfrak{P}_{o_1}^{+} = \frac{1}{2} \cdot P_{o_1} \qquad \mathfrak{P}_{o_1}^{-} = \frac{1}{2} \cdot P_{o_1}$$

$$\mathfrak{M}_{o_1}^{+} = \frac{\sqrt{3}}{4} \cdot P_{o_1} \cdot \Delta \qquad \mathfrak{M}_{o_1}^{-} = \frac{\sqrt{3}}{4} \cdot P_{o_1} \cdot \Delta$$

$$a_1 = 1 \qquad c_1 = 0$$

2. Ordnung

$$\mathfrak{P}_{o_2}^{+} = \frac{\sqrt{3}}{2} \cdot P_{o_2} \qquad \mathfrak{P}_{o_2} = \frac{\sqrt{3}}{2} \cdot P_{o_2}$$

$$\mathfrak{M}_{o_2}^{+} = \frac{1}{4} \cdot P_{o_2} \cdot \Delta \qquad \mathfrak{M}_{o_2} = \frac{1}{4} \cdot P_{o_2} \cdot \Delta$$

$$a_2 = 0 \qquad c_2 = 2$$

Damit ergeben sich für die freien Massenwirkungen des ganzen Motors:

1. Ordnung: Freie Kraft:

$$\mathfrak{P}_{\text{res}_1}^{+} = \mathfrak{P}_{o_1}^{+} \cdot c_1 = 0 \qquad \mathfrak{P}_{\text{res}_1}^{-} = \mathfrak{P}_{o_1}^{-} \cdot c_1 = 0$$

Freies Moment durch Kröpfungsversatz Δ:

$$\mathfrak{M}_{\text{res}_{\Delta_1}}^{+} = \mathfrak{M}_{o_1}^{+} \cdot c_1 = 0 \qquad \mathfrak{M}_{\text{res}_{\Delta_1}}^{-} = \mathfrak{M}_{o_1}^{-} \cdot c_1 = 0$$

Freies Moment durch Zylinderversatz L:

$$\mathfrak{M}_{\text{res}_{L_1}}^{+} = \mathfrak{P}_{o1}^{+} \cdot L \cdot a_1 = \frac{1}{2} \cdot P_{o_1} \cdot L \qquad \mathfrak{M}_{\text{res}_{L_1}} = \mathfrak{P}_{o_1} \cdot L \cdot a_1 = \frac{1}{2} \cdot P_{o_1} \cdot L$$

2. Ordnung: Freie Kraft:

$$\mathfrak{P}_{\text{res}_2}^{+} = \mathfrak{P}_{o_2}^{+} \cdot c_2 = \sqrt{3} \cdot P_{o_2} \qquad \mathfrak{P}_{\text{res}_2} = \mathfrak{P}_{o_2} \cdot c_2 = \sqrt{3} \cdot P_{o_2}$$

Freies Moment durch Kröpfungsversatz Δ:

$$\mathfrak{M}_{\text{res}_{\Delta_2}}^{+} = \mathfrak{M}_{o_2}^{+} \cdot c_2 = \frac{1}{2} \cdot P_{o_2} \cdot \Delta \qquad \mathfrak{M}_{\text{res}_{\Delta_2}} = \mathfrak{M}_{o_2} \cdot c_2 = \frac{1}{2} \cdot P_{o_2} \cdot \Delta$$

Freies Moment durch Zylinderversatz L:

$$\mathfrak{M}_{\text{res}_{L_2}}^{+} = \mathfrak{P}_{o_2}^{+} \cdot L \cdot a_2 = 0 \qquad \mathfrak{M}_{\text{res}_{L_2}}^{-} = \mathfrak{P}_{o_2}^{-} \cdot L \cdot a_2 = 0$$

In der 1. Ordnung besitzt der Motor also ein freies Moment infolge des Zylinderversatzes, das sich aus zwei gleich großen, gegenläufigen Vektoren bestimmt. Der positiv umlaufende Anteil wurde durch 4 Gegengewichte an den äußeren Kurbelwangen voll ausgeglichen. Diese Gegengewichte sind so groß ausgeführt, daß sie gleichzeitig das Moment der rotierenden Pleuelanteile sowie das der rotierenden Kröpfungsmassen ausgleichen. Der negativ-umlaufende Anteil ist nur durch die Anwendung einer zusätzlichen Ausgleichswelle (Abb. 6.6 bis 6.8) mit zwei entgegengerichteten Unwuchten mit möglichst großem Längsabstand auszugleichen. Die Anordnung dieser Welle im Motor kann beliebig gewählt werden.

In der 2. Ordnung besitzt der Motor eine freie Kraft, die sich aus der Überlagerung der entsprechenden Vektoren ergibt. Es ist eine in der Motor-Hochrichtung oszillierende Kraft mit der Maximalamplitude $2 \cdot \sqrt{3} \cdot P_{o_2}$. Im Vergleich dazu hat der Reihenmotor eine freie Kraft $4 \cdot P_{o_2}$. Zusätzlich besitzt der Motor ein, wenn auch kleines Kippmoment 2. Ordnung mit dem Maximalwert $P_{o_2} \cdot \Delta$, welches um die Motor-Querachse wirkt.

Beispiel 2

6-Zylinder-Viertakt-Motor mit 60° V-Winkel G M C Toro Flow. Dieser Motor weist eine Kröpfungsanordnung nach Abb. 6.9 auf. Diese Anordnung ergibt eine gleichmäßige Zündfolge. Gleichzeitig entspricht der Doppelkröpfungswinkel $\delta = 60°$ beim V-Winkel $\beta = 60°$ der Forderung nach vollem Ausgleich 1. Ordnung allein durch Gegengewichte an der Kurbelwelle, wie

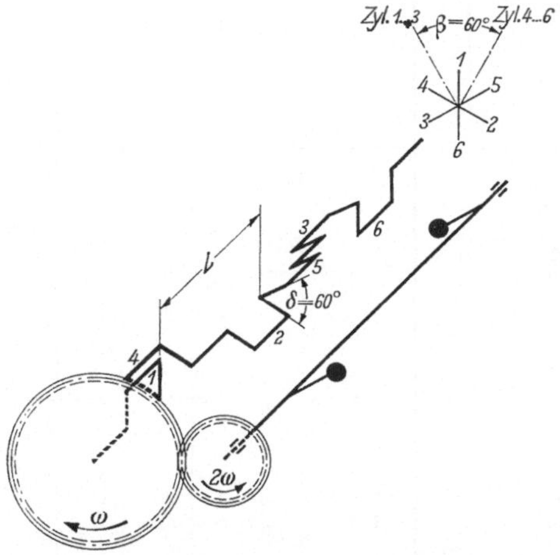

Abb. 6.9 Sechszylinder-60° V-Motor mit Doppelkröpfungen und Momentenausgleichswelle 2. Ordnung (GMC Toro Flow).

in Abb. 6.5 gezeigt. Es verbleiben also nur Massenwirkungen 2. Ordnung. In der Tab. 6.1 findet man beim Kröpfungsstern *einer* Zylinderreihe die Koeffizienten $c_2 = 0$ und $a_2 = \sqrt{3}$. Aus Abb. 6.2 entnimmt man die Vektoren $\mathfrak{P}_{o_2}^{+} = 0$ und $\mathfrak{P}_{o_2}^{-} = \frac{\sqrt{3}}{2} \cdot P_{o_2}$. Das freie Moment 2. Ordnung durch den Zylinderversatz L hat die Größe $\mathfrak{P}_{o_2}^{-} = L \cdot a_2 = \frac{3}{2} \cdot \mathfrak{P}_{o_2} \cdot L$ und läuft mit doppelter Drehzahl negativ um. Durch Anwendung einer zusätzlichen Ausgleichswelle (Abb. 6.9) wurde dieses Moment vollständig ausgeglichen.

c) Die freien Massenkräfte und -momente der gebräuchlichsten Motorbauarten

In den Tab. 6.2 bis 6.6 (S. 58—62) sind für die gebräuchlichsten Bauarten die Kröpfungsanordnungen sowie die freien Kräfte und Momente 1. Ordnung ohne Gegengewichte und bei Normalausgleich zusammengestellt. Weiter sind die freien Kräfte und Momente der höheren Ordnungen angegeben. Daneben enthalten diese Tabellen auch die Zündabstände und die Erregerordnungen des freien Drehmomentes.

Tabelle 6.2 *Zwei- und Dreizylinder-Motoren*

Freie Kraft; Freies Moment; oszillierend; positiv umlaufend; negativ umlaufend; umlaufend mit wechselnder Amplitude		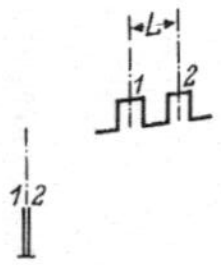	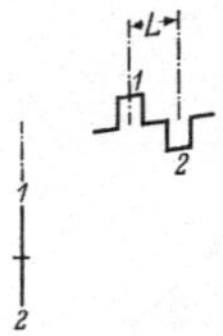		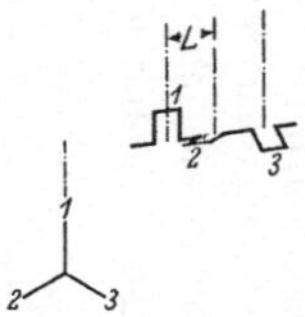
ohne Gegengewichte	Freie Kräfte, 1. Ordnung	$2 \cdot P_{01}$	0	0	0
	Freie Momente, 1. Ordnung	0	$P_{01} \cdot L$	$P_{01} \cdot \Delta$	$\sqrt{3} \cdot P_{01} \cdot L$
mit Normal-Ausgleich	Freie Kräfte, 1. Ordnung	P_{01}	0	0	0
	Freie Momente, 1. Ordnung	0	$\frac{1}{2} \cdot P_{01} \cdot L$	$\frac{1}{2} \cdot P_{01} \cdot \Delta$	$\frac{1}{2} \cdot \sqrt{3} \cdot P_{01} \cdot L$
Freie Kräfte	2. Ordnung	$2 \cdot P_{02}$	$2 \cdot P_{02}$	0	0
Freie Momente	2. Ordnung	0	0	$P_{02} \cdot \Delta$	$\sqrt{3} \cdot P_{02} \cdot L$
Freie Kräfte	höherer Ordnung	$2 \cdot (P_{04} + P_{06} + \cdots)$	$2 \cdot (P_{04} + P_{06} + \cdots)$	0	$3 \cdot P_{06}$
Freie Momente	höherer Ordnung	0	0	$(P_{04} + P_{06} + \cdots) \cdot \Delta$	$\sqrt{3} \cdot P_{04} \cdot L$
Bemerkungen					
Zündabstände		360° – 360°	180° – 540°	360° – 360°	240° – 240° – 240°
Erregerordnungen des freien Drehmomentes		1.; 2.; 3.	0,5.; 1,5.; 2.; 2,5.	1.; 2.; 3.	1,5.; 3.; 4,5. ....

Tabelle 6.3 *Vierzylinder-Motoren*

Zeichenerklärung: Freie Kraft; Freies Moment; oszillierend; positiv umlaufend; negativ umlaufend; umlaufend mit wechselnder Amplitude

		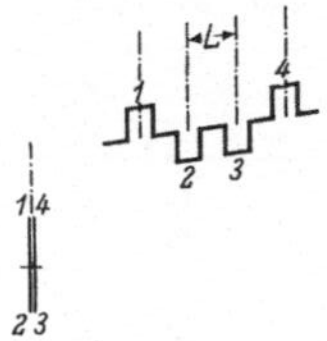	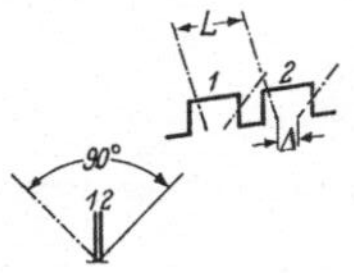 90°	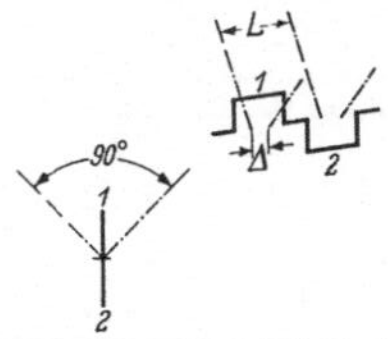 90°	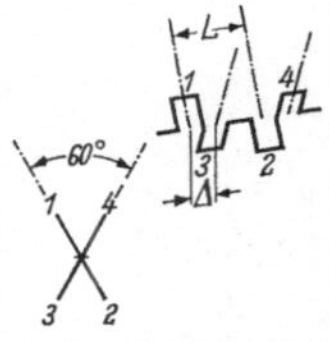 60°	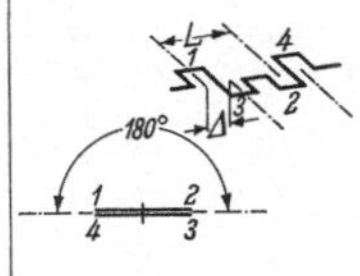 180°	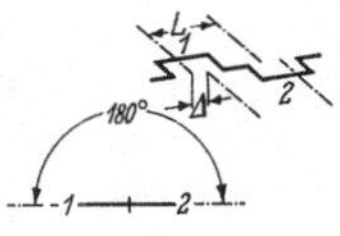 180°
ohne Gegengewichte	Freie Kräfte, 1. Ordnung	0	$2 \cdot P_{01}$	0	0	0	0
	Freie Momente, 1. Ordnung	0	$P_{01} \cdot \Delta$	$P_{01} \cdot L$	$P_{01} \cdot L$	0	$2 \cdot P_{01} \cdot L$
mit Normal-Ausgleich	Freie Kräfte, 1. Ordnung	0	0	0	0	0	0
	Freie Momente, 1. Ordnung	0	$P_{01} \cdot \Delta$	0	$\frac{1}{2} \cdot P_{01} \cdot L$ *	0	$P_{01} \cdot L$ *
Freie Kräfte 2. Ordnung		$4 \cdot P_{02}$	$2 \sqrt{2} \cdot P_{02}$	$2 \sqrt{2} \cdot P_{02}$	$2 \sqrt{3} \cdot P_{02}$	0	0
Freie Momente 2. Ordnung		0	$\sqrt{2} \cdot P_{02} \cdot \Delta$	$\sqrt{2} \cdot P_{02} \cdot \Delta$	$P_{02} \cdot \Delta$	$2 \cdot P_{02} \cdot \Delta$	$2 \cdot P_{02} \cdot \Delta$
Freie Kräfte höherer Ordnung		$4 \cdot (P_{04} + P_{06})$	$2 \sqrt{2} \cdot P_{04}$ $2 \sqrt{2} \cdot P_{06}$	$2 \sqrt{2} \cdot P_{04}$ $2 \sqrt{2} \cdot P_{06}$	$2 \sqrt{3} \cdot (P_{04} + P_{06})$	0	0
Freie Momente höherer Ordnung		0	$\sqrt{2} \cdot P_{04} \cdot \Delta$ $\sqrt{2} \cdot P_{06} \cdot \Delta$	$\sqrt{2} \cdot P_{04} \cdot \Delta$ $\sqrt{2} \cdot P_{06} \cdot \Delta$	$(P_{04} + P_{06}) \cdot \Delta$	$2 \cdot (P_{04} + P_{06}) \cdot \Delta$	$2 \cdot (P_{04} + P_{06}) \cdot \Delta$
Bemerkungen					0 durch zus. Momenten-ausgleich 1. Ordnung *		0 durch zus. Momenten-ausgleich 1. Ordnung *
Zündabstände		180°–180°–180°–180°	90°–270°–90°–270°	90°–180°–270°–180°	180°–180°–180°–180°	180°–180°–180°–180°	180°–180°–180°–180°
Erregerordnungen des freien Drehmomentes		2.; 4.; 6.	1.; 3.; 4.; 5.	0,5.; 1,5.; 2,5.; 3,5.; 4.	2.; 4.; 6.	2.; 4.; 6.	2.; 4.; 6. ....

Tabelle 6.4 *Sechszylinder-Motoren*

Freie Kraft Freies Moment oszillierend positiv umlaufend negativ umlaufend umlaufend mit wechselnder Amplitude		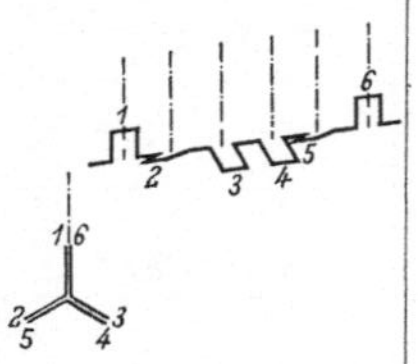	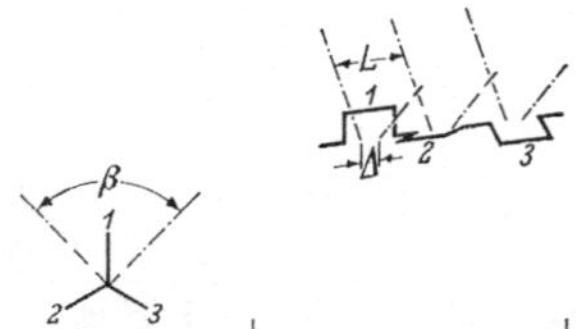 $\beta = 90°$	$\beta = 120°$	$\beta = 180°$	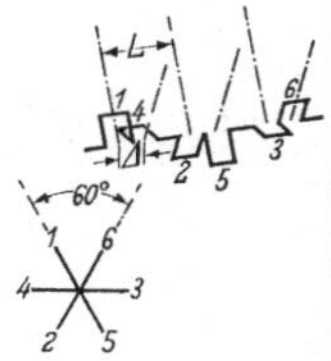	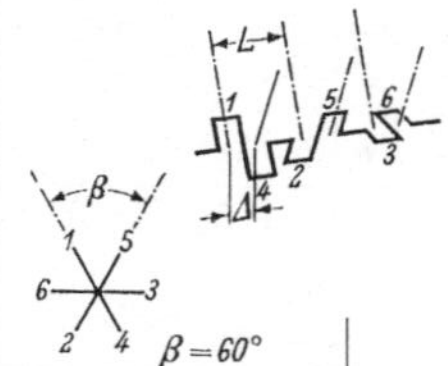 $\beta = 60°$	$\beta = 180°$
ohne Gegengewichte	Freie Kräfte, 1. Ordnung	0	0	0	0	0	0	0
	Freie Momente, 1. Ordnung	0	$\sqrt{3}\cdot P_{01}\cdot L$	$(1\pm 1/2)\cdot\sqrt{3}\cdot P_{01}\cdot L$	$2\cdot\sqrt{3}\cdot P_{01}\cdot L$	$3/2\cdot P_{01}\cdot L$	$3/2\cdot P_{01}\cdot L$	0
mit Normal-Ausgleich	Freie Kräfte, 1. Ordnung	0	0	0	0	0	0	0
	Freie Momente, 1. Ordnung	0	0	$1/2\cdot\sqrt{3}\cdot P_{01}\cdot L$ *	$\sqrt{3}\cdot P_{01}\cdot L$ *	0	$3/2\cdot P_{01}\cdot L$ *	0
Freie Kräfte 2. Ordnung		0	0	0	0	0	0	0
Freie Momente 2. Ordnung		0	$\sqrt{6}\cdot P_{02}\cdot L$	$(1\pm 1/2)\cdot\sqrt{3}\cdot P_{02}\cdot L$	0	$3/2\cdot P_{02}\cdot L$ *	$3/2\cdot P_{02}\cdot L$	0
Freie Kräfte höherer Ordnung		$6\cdot P_{06}$	$3\cdot\sqrt{2}\cdot P_{06}$	$3\cdot P_{06}$	0	$3\cdot\sqrt{3}\cdot P_{06}$	$3\cdot\sqrt{3}\cdot P_{06}$	$3\cdot\sqrt{2}\cdot P_{06}$
Freie Momente höherer Ordnung		0	$\sqrt{6}\cdot P_{04}\cdot L$ $3/2\sqrt{2}\cdot P_{06}\cdot\Delta$	$(1\pm 1/2)\sqrt{3}\cdot P_{04}\cdot L$ $3/2\sqrt{3}\cdot P_{06}\cdot\Delta$	$3\cdot P_{06}\cdot\Delta$	$3/2\cdot P_{04}\cdot L$ $3/2\cdot P_{06}\cdot\Delta$	$3/2\cdot P_{04}\cdot L$ $3/2\cdot P_{06}\cdot\Delta$	$\sqrt{6}\cdot P_{04}\cdot L$ $3/2\sqrt{2}\cdot P_{06}\cdot\Delta$
Bemerkungen				* 0 durch zus. Momenten-ausgleich 1. Ordnung	* 0 durch zus. Momenten-ausgleich 1. Ordnung	* 0 durch zus. Momenten-ausgleich 2. Ordnung	* 0 durch zus. Momenten-ausgleich 1. Ordnung	
Zündabstände		120° – 120° – 120°	150°–90°–150°–90°....	120° – 120° – 120°	120°–120°–60°–120° – 120° – 180°	120° – 120° – 120°	120° – 120° – 120°	– 120° – 120° – 120° ....
Erregerordnungen des freien Drehmomentes		3.; 6.; 9.	1,5.; 3.; 4,5.; 6....	3.; 6.; 9.	0,5.; 1,5.; 2,5.; 3,5.; 4,5.; 5,5.; 6. ...	3.; 6.; 9.	3.; 6.; 9.	3.; 6.; 9. ....

Tabelle 6.5 *Achtzylinder-Motoren*

Freie Kraft; Freies Moment; oszillierend; positiv umlaufend; negativ umlaufend; umlaufend mit wechselnder Amplitude		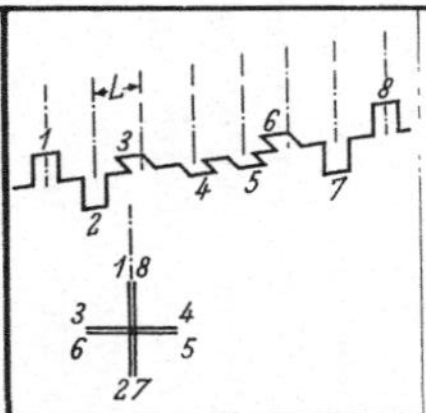	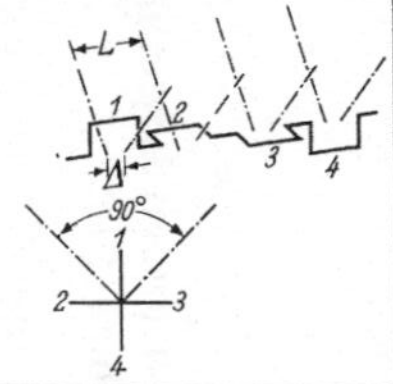	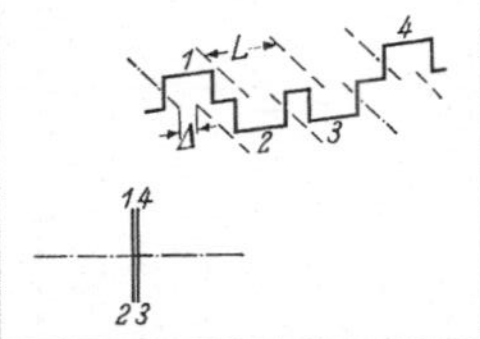	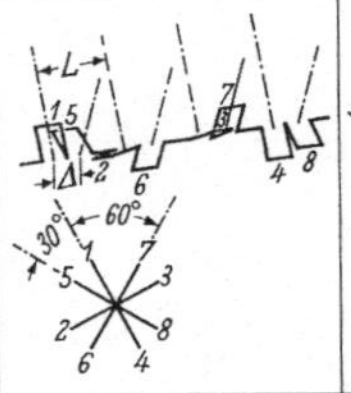	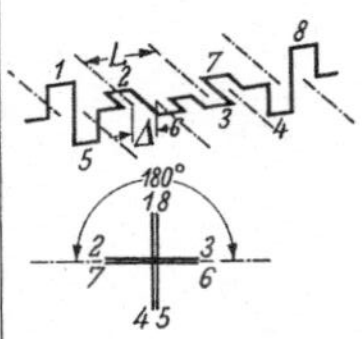
ohne Gegengewichte	Freie Kräfte, 1. Ordnung	0	0	0	0	0
	Freie Momente, 1. Ordnung	0	$\sqrt{10}\cdot P_{01}\cdot L$	0	$(3{,}054 \pm 0{,}818)\cdot P_{01}\cdot L$	0
mit Normal-Ausgleich	Freie Kräfte, 1. Ordnung	0	0	0	0	0
	Freie Momente, 1. Ordnung	0	0	0	$0{,}818\cdot P_{01}\cdot L$	0
Freie Kräfte 2. Ordnung		0	0	0	0	0
Freie Momente 2. Ordnung		0	0	$4\cdot P_{02}\cdot \Delta$	0	0
Freie Kräfte höherer Ordnung		$8\cdot P_{08}$	$4\cdot\sqrt{2}\cdot P_{04}$	0	$\sqrt{3}\cdot P_{04}$	$4\cdot\sqrt{2}\cdot P_{04}$
Freie Momente höherer Ordnung		0	$2\cdot\sqrt{2}\cdot P_{04}\cdot \Delta$	$4\cdot(P_{04}+P_{06})\cdot \Delta$	$2\cdot P_{04}\cdot \Delta$	$2\cdot\sqrt{2}\cdot P_{04}\cdot \Delta$
Bemerkungen						
Zündabstände		90°–90°–90°....	90°–90°–90°....	180°–180°–180°–180° Doppelzündungen	90°–90°–90°....	90°–90°–90°....
Erregerordnungen des freien Drehmomentes		4.; 8.; 12.	4.; 8.; 12.	2.; 4.; 6.	4.; 8.; 12.	4.; 8.; 12. ....

Tabelle 6.6 *Zehn- und Zwölfzylinder-Motoren*

Freie Kraft; Freies Moment; oszillierend; positiv umlaufend; negativ umlaufend; umlaufend mit wechselnder Amplitude		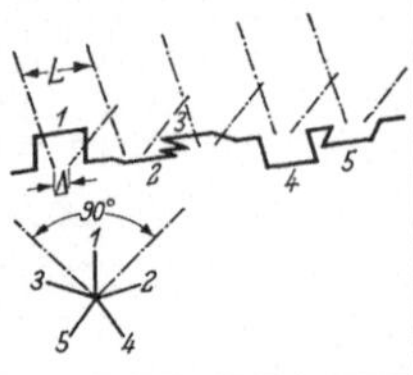 L, Δ, 1–5, 90°	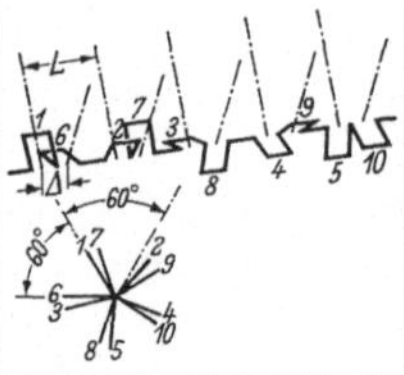 L, Δ, 1–10, 60°	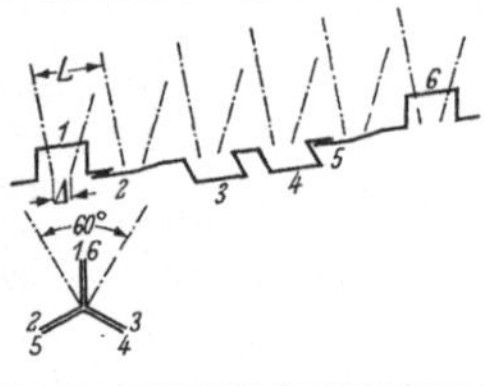 L, Δ, 1–6, 60°
ohne Gegengewichte	Freie Kräfte, 1. Ordnung	0	0	0
	Freie Momente, 1. Ordnung	$4{,}980 \cdot P_{01} \cdot L$	$4{,}305 \cdot P_{01} \cdot L$	0
mit Normal-Ausgleich	Freie Kräfte, 1. Ordnung	0	0	0
	Freie Momente, 1. Ordnung	0	0	0
Freie Kräfte 2. Ordnung		0	0	0
Freie Momente 2. Ordnung		$0{,}634 \cdot P_{02} \cdot L$	$0{,}388 \cdot P_{02} \cdot L$	0
Freie Kräfte höherer Ordnung		$5 \cdot \sqrt{2} \cdot P_{010}$	$2{,}5 \cdot \sqrt{3} \cdot P_{010}$	$6 \cdot \sqrt{3} \cdot P_{06}$
Freie Momente höherer Ordnung		$7{,}04 \cdot P_{04} \cdot L$ $7{,}04 \cdot P_{06} \cdot L$	$4{,}32 \cdot P_{04} \cdot L$ $8{,}64 \cdot P_{06} \cdot L$	$3 \cdot P_{06} \cdot \Delta$
Bemerkungen				
Zündabstände		54° – 90° – 54° – 90°	96° – 48° – 96° – 48°	60° – 60° – 60° ....
Erregerordnungen des freien Drehmomentes		2,5.; 5.; 7,5.	2,5.; 5.; 7,5.	6.; 12 ....

d) Ausgleich der freien Massenwirkungen durch Gegengewichte und zusätzliche Ausgleichswellen

Durch Gegengewichte an der Kurbelwelle sind nur die freien Massenwirkungen aus den rotierenden Massen sowie der Anteil der oszillierenden Massen 1. Ordnung ausgleichbar, welcher sich aus den positiv-umlaufenden Vektoren ergibt. Wenn damit die freien Massenwirkungen 1. Ordnung vollständig auszugleichen sind, wird man die Gegengewichte stets in der dafür erforderlichen Größe ausführen.

Bei der Auswahl der Gegengewichtsgrößen und deren Anordnung an der Kurbelwelle muß man unterscheiden zwischen dem vollständigen Ausgleich einer freien Kraft 1. Ordnung und dem eines freien Moments 1. Ordnung.

Zum Ausgleich einer freien Kraft müssen die Gegengewichte in ihrer resultierenden Wirkung die freie Kraft gerade aufheben ohne ein zusätzliches Moment zu erzeugen. Es müssen also die folgenden Bedingungen erfüllt sein:

$$\vec{\sum} (m \cdot y)_{G_i} \cdot \omega^2 = \mathfrak{P}_{\mathrm{rot}_{\mathrm{res}}} \vec{+} \mathfrak{P}^{+}_{o_{1_{\mathrm{res}}}} \qquad \vec{\sum} (m \cdot y)_{G_i} \cdot l_{G_i} \cdot \omega^2 = 0$$

Zur Beseitigung eines durch Gegengewichte vollständig ausgleichbaren Momentes 1. Ordnung darf durch die gewählte Anordnung keine zusätzliche freie Kraft entstehen. Die Forderungen sind:

$$\vec{\sum} (m \cdot y)_{G_i} \cdot l_{G_i} \cdot \omega^2 = \mathfrak{M}_{\mathrm{rot}_{\mathrm{res}}} \vec{+} \mathfrak{M}^{+}_{\mathrm{res}_{\Delta_1}} \vec{+} \mathfrak{M}^{+}_{\mathrm{res}_{L_1}} \qquad \vec{\sum} (m \cdot y)_{G_i} \cdot \omega^2 = 0$$

Besitzt der Motor sowohl eine freie Kraft wie auch ein Moment 1. Ordnung, welche durch Gegengewichte an der Kurbelwelle ausgleichbar sind, so muß bei der

Festlegung der Gegengewichtsgröße und -anordnung sowohl das Kräftegleichgewicht wie auch das Momentengleichgewicht beachtet werden.

Beim Ausgleich eines Momentes 1. Ordnung erhält man dann die kleinste Gegengewichtsgröße, wenn man gleich große Gegengewichte paarweise um 180° versetzt in der Momentenebene und an möglichst großem Hebelarm, also an den Wellenenden anordnet. Dabei kann grundsätzlich ein Gegengewichtspaar auch außerhalb der Außenlager fliegend angeordnet werden. Man sollte jedoch besonders bei schnellaufenden Motoren diese Möglichkeit nicht zu extrem ausnutzen. Dies gilt genauso für die Anordnung aller Gegengewichte in der Momentenebenen. Beschreitet man diese Wege, so wird der innere Ausgleich (vgl. Abschn. 10d) vernachlässigt. Mit zunehmender Schnelläufigkeit erscheint es immer mehr zweckmäßiger zu sein, den weitgehend örtlichen Ausgleich je Kurbelkröpfung anzustreben. Dadurch werden die auch bei vollständigem Ausgleich 1. Ordnung vorhandenen inneren Massenwirkungen klein gehalten, so daß die Verformung der Kurbelwelle mit ihren entsprechenden Rückwirkungen auf das Kurbelgehäuse verringert wird. In der Praxis wird man oft einen Kompromiß zwischen den beiden Extremen wählen müssen.

Bei Bauformen mit vollständigem Ausgleich 1. Ordnung wird die Kurbelwelle dennoch mit Gegengewichten versehen, um eben den inneren Ausgleich zu verbessern. Durch die dann gewählte Anordnung der Gegengewichte darf keine zusätzliche freie Kraft und kein zusätzliches freies Moment entstehen. Die Bedingung dafür ist die gleiche wie die für die Wahl einer in der 1. Ordnung vollständig ausgeglichenen Welle: Die Anordnung der Gegengewichte muß zentrisch- oder längssymmetrisch sein. Dabei ist die zentrische Symmetrie auch dann erreicht, wenn bei paarweise ungleich großen Gegengewichten die resultierende Kraftwirkung aller Gegengewichte zu Null wird.

Bei einer systematischen Untersuchung der möglichen Gegengewichtsanordnungen einer nach außen kräfte- und momentenfreien Welle geht man mit Vorteil von einer Anordnung mit weitgehend örtlichem Ausgleich aus. Dies bedeutet, daß man je Kurbelwange entgegen der Kröpfungsrichtung ein Gegengewicht anordnet, dessen Größe konstruktiv vertretbar und kleiner als die Hälfte der je Kröpfung ausgleichbaren rotierenden und $^1/_2$ oszillierenden Massen gewählt wird. Durch eine paarweise Zusammenfassung benachbarter Gegengewichte zu einem einzelnen — soweit das resultierende Gegengewicht unterzubringen ist — und bei Beachtung der Längssymmetrie erhält man mehrere Möglichkeiten der Gegengewichtsanordnungen. Im Extremfall besitzt die Welle nur noch vier Gegengewichte, die in einer Ebene paarweise gegenüberliegend angeordnet sind. Die endgültige Auswahl aus diesen Möglichkeiten trifft man durch Vergleich dieser Anordnungen mit denen bekannter Motoren ähnlicher Bauart nach der Theorie der inneren Momente sowie der daraus sich ergebenden Wellenverformung (Abschn. 10d).

Bauarten, deren freie Massenwirkungen 1. Ordnung durch Gegengewichte allein nicht auszugleichen sind, besitzen oft einen vom Normalausgleich abweichenden Grad des Ausgleichs. Beim Unterausgleich überwiegt die freie Massenwirkung in Richtung der Zylinderachse, während beim Überausgleich die Erregung in Richtung der Motor-Querachse dominiert. Die Höhe des Ausgleichs richtet sich dann nach dem Verwendungszweck und der Art der Motoraufstellung.

Mit der konstruktiven Anwendung des in Abschn. 6a gezeigten Vektoren-Verfahrens ergibt sich die Möglichkeit, durch Verwendung von zusätzlichen Ausgleichswellen die Massenwirkung 1. Ordnung auch in solchen Fällen zu eliminieren, wo dies durch Gegengewichte allein nicht möglich ist. Ihre Anwendung hängt von den Anforderungen an den Motor ab. Für den Ausgleich eines freien Momentes

1. Ordnung ist eine einzelne Ausgleichswelle ausreichend, die mit Kurbelwellendrehzahl in der Gegendrehrichtung umläuft und zwei um 180° versetzte Unwuchten besitzt von entsprechender Größe und entsprechendem Längsabstand. Ihre Anordnung im Motor ist frei wählbar, wie Abb. 6.10 zeigt. Der Ausgleich einer freien Massenkraft 1. Ordnung erfordert jedoch zwei solcher Wellen mit gegenläufigem Drehsinn, wenn man keine zusätzliche Erregung um die Motor-Längsachse in Kauf nehmen will. Diese beiden Wellen müssen dann symmetrisch zur Motor-Hochachse angeordnet sein. Eine einzelne Ausgleichswelle außerhalb der Kurbelwellenachse ergibt zusätzlich ein mit der 1. Ordnung veränderliches Drehmoment um die Motor-Längsachse. Durch entsprechende Anordnung dieser einzelnen Ausgleichswelle im Motor kann die Größe und Phasenlage dieses Drehmomentes beeinflußt werden. Man kann diese Eigenschaft benutzen und einen Drehmomentenausgleich zu den freien Drehmomenten 1. Ordnung des Motors schaffen. Da jedoch die freien Drehmomente aus den Gas- und Massenkräften (vgl. Kap. 7) nicht die gleiche Drehzahl-Abhängigkeit haben wie die Unwucht, ist der Drehmomentenausgleich nur in einem Lastpunkt vollkommen. Eine einzelne Ausgleichswelle ist bei dem KHD-Motor nach Abb. 6.11 ausgeführt.

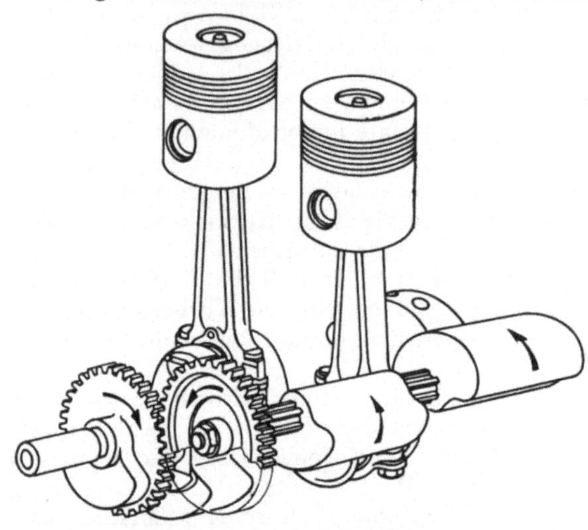

Abb. 6.10 Zweizylindermotor mit zusätzlichem Momentenausgleich 1. Ordnung.

Der zusätzliche Massenausgleich für freie Kräfte 2. Ordnung, der besonders beim 4-Zylinder-Reihenmotor häufig erwünscht wäre, ist als Lanchester-Ausgleich bekannt geworden. Erforderlich sind dazu zwei, zur Motor-Hochachse und -Längsachse symmetrisch angeordnete Wellen, welche mit doppelter Kurbelwellen-Drehzahl jeweils im Gegendrehsinn rotieren (Abb. 6.12). Seine praktische Anwendung ist wegen des beträchtlichen Aufwands jedoch recht selten. Der Ausgleich des freien Momentes 2. Ordnung ist bei dem GMC-Motor Toro Flow (Abb. 6.9) ausgeführt. In diesem speziellen Fall ist eine einzelne Ausgleichswelle ausreichend, wie in Abschn. 6b gezeigt wurde.

In allen diesen Fällen bestimmt sich die Größe der erforderlichen Gegengewichte bzw. Unwuchten nach den Gesetzen der Statik. Es muß die Summe aller Kräfte und Momente, soweit sie vollkommen ausgleichbar sind, zu Null werden. Die Phasenlage der Unwuchten an der Ausgleichswelle ergibt sich in einfacher Weise bei Anwendung des in Abschn. 6a angegebenen Vektoren-Verfahrens.

Wellen mit nicht-längssymmetrischer Anordnung der Kröpfungen ergeben immer ein Kippmoment. Solche Anordnungen sind bei ungerader Kröpfungszahl z nicht zu vermeiden. Die zentrische Anordnung wird dabei symmetrisch gewählt werden, damit man eine gleichmäßige Zündfolge erhält. Als Folge davon sind auch die Kröpfungssterne aller höheren Ordnungen bis zur $(2 \cdot z)$. Ordnung zentrisch-symmetrisch und deswegen kräftefrei.

Durch die Verwendung ungleicher Kröpfungsabstände kann das Kippmoment einer bestimmten Ordnung zum Verschwinden gebracht werden [*B 10*]. Man wird dies im allgemeinen für die niederste Ordnung mit freiem Moment praktizieren, welche sich im allgemeinen auf die Laufruhe des Motors am ungünstigsten auswirkt. Damit diese ungleichen Kröpfungsabstände konstruktiv noch vertretbar sind, sollte der Kröpfungsstern dieser Ordnung bei gleichmäßigen Kröpfungsabständen

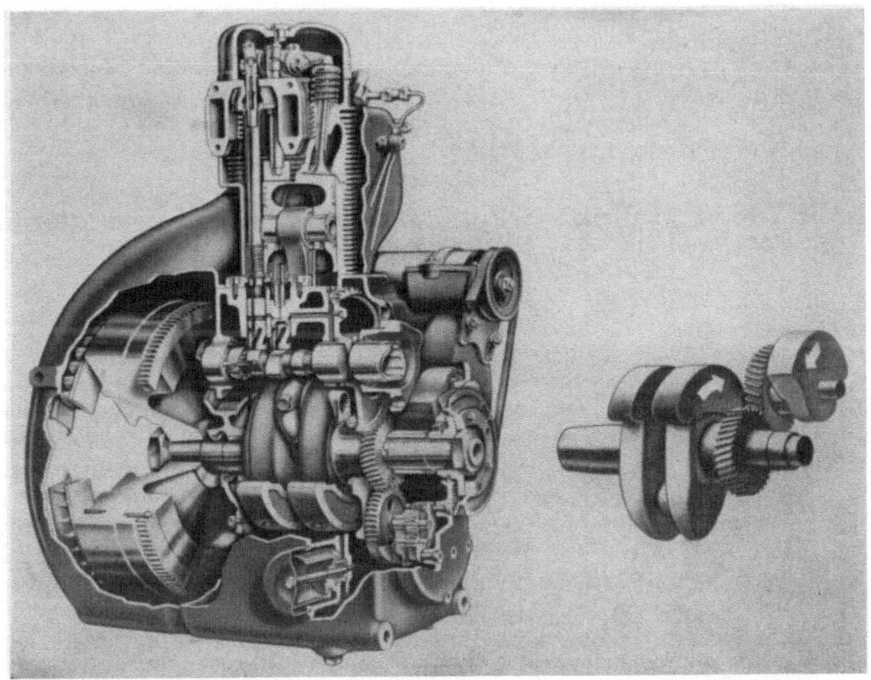

Abb. 6.11 Einzylindermotor mit zusätzlichem Massenausgleich 1. Ordnung (KHD F 1/612).

nur einen kleinen Momentenvektor besitzen. Für einen 5-Zylinder-Reihenmotor wird man also eine Kröpfungsanordnung nach Abb. 6.13 wählen. Dieser Stern weist nach Tab. 6.1 in der 1. Ordnung den kleinsten Kippmomenten-Koeffizienten $a_1 = 0{,}449$ von allen 5-fach-Sternen auf. Mit der in Abb. 6.13 angegebenen Längsverteilung der Kröpfungen verschwindet das Kippmoment 1. Ordnung vollständig.

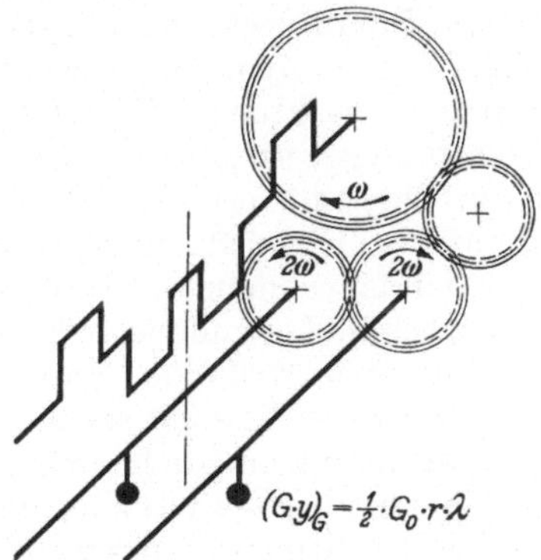

Abb. 6.12 Vierzylinder-Reihenmotor mit Lanchester-Ausgleich.

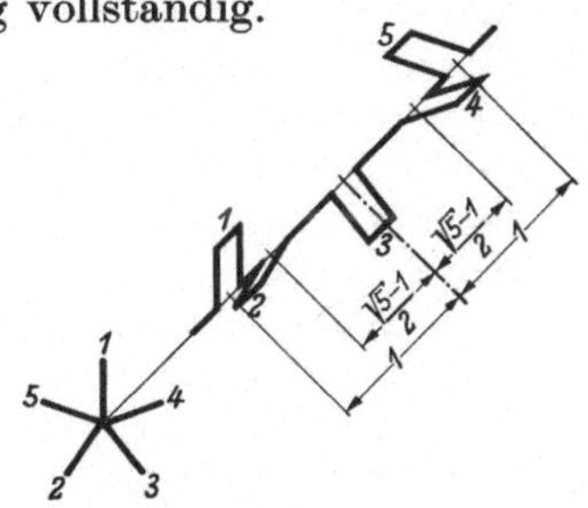

Abb. 6.13 5fach gekröpfte Kurbelwelle mit ungleichen Längsabständen für vollständigen Momentenausgleich.

Bei einem 10-Zylinder-V-Motor mit 90°-V-Winkel und 5fach gekröpfter Kurbelwelle ist das Kippmoment 1. Ordnung durch Gegengewichte vollkommen ausgleichbar. Dagegen verbleibt ein freies Moment 2. Ordnung. Man kann in diesem Fall die Kröpfungsanordnung nach Abb. 6.14 wählen. In der 2. Ordnung ergibt sich ein Stern, welcher genau der Abb. 6.13 entspricht. Mit der beschriebenen Längsverteilung der Kröpfungen wird das Kippmoment 2. Ordnung auch beim 10-Zylinder-V-90°-Motor zu Null. Dieses Prinzip der ungleichen Längsverteilung der Kröpfungen zum vollständigen Kippmomenten-Ausgleich ist auch für andere Kröpfungszahlen und andere Ordnungen anwendbar. In der Praxis wird jedoch wegen der größeren Baulänge kaum Gebrauch davon gemacht.

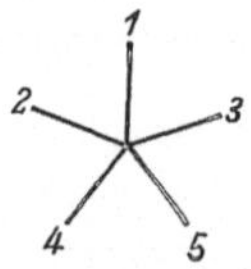

1 2 3 4 5

Abb. 6.14 Kröpfungsstern für einen Zehnzylinder-90° V-Motor.

7. Die freien Gaskraftwirkungen von Verbrennungsmotoren

[*A 10*], [*B 4*], [*G 1*] bis [*G 29*]

a) Drehkraftverlauf

Aus Abschn. 5d ist der Tangentialkraft-Verlauf eines Einzeltriebwerkes bekannt. Diese Drehkraft zeigt einen stark ungleichmäßigen Charakter mit Nulldurchgängen in allen Totlagen eines Arbeitsspieles. Durch den Einfluß der oszillierenden Massen werden die Gasdrehkraftspitzen etwas abgebaut. Für eine arbeitsleistende Maschine ist jedoch der Drehmomentenverlauf noch zu ungleichförmig. Man setzt deshalb mehrere Arbeitszylinder zu einem Vollmotor zusammen. Dabei wird man danach streben, neben einem guten Massenausgleich auch einen möglichst gleichförmigen, resultierenden Drehkraftverlauf zu erreichen. Zu diesem Zweck werden die Zündzeitpunkte der einzelnen Zylinder zeitlich so gegeneinander versetzt, daß sie möglichst gleichmäßig über die Grundperiode eines Arbeitsspieles verteilt sind. Die zeitliche Aufeinanderfolge der einzelnen Zylinder, dargestellt durch die Zündfolge, erfordert eine bestimmte zentrische Verteilung der Kröpfungen im Kröpfungsstern. Dabei ist zu beachten, daß beim Viertakt-Motor die Kurbelwelle innerhalb eines Arbeitsspieles zwei Umdrehungen ausführen muß. Beim Zweitakt-Motor zünden alle Zylinder während einer Umdrehung der Kurbelwelle. Die Kröpfungen – in ihrer zentrischen Anordnung entsprechend dem Kröpfungsstern – durchlaufen innerhalb einer vollen Umdrehung nacheinander die Zylinderachse. In den oberen Totlagen erfolgt die Zündung. Einfacher ergibt sich die Zündfolge dadurch, daß man das System umdreht, d. h. den Kurbelstern festhält und die Zylinderachse entgegen dem Drehsinn rotieren läßt. So läßt sich also beim Zweitakter die Zündfolge durch einen einmaligen negativen Umlauf um den Kröpfungsstern ablesen. Beim Viertakt-Motor sind dazu zwei Umläufe im negativen Drehsinn erforderlich. In jedem Umlauf tritt je Kröpfung eine obere Totlage auf, der Überschneidungs-OT oder der Zünd-OT. Zur Bestimmung der Zündfolge müssen daher im ersten Umlauf einzelne Totlagen übersprungen werden, um auch im zweiten Umlauf noch Zündungen zu erhalten. Dieses abwechselnde Auslassen einzelner Zylinder kann in unterschiedlicher Weise erfolgen. Dadurch ergeben sich zu jeder Kröpfungsanordnung beim Viertakter mehrere Zündfolgen, und zwar erhält man beim Reihenmotor mit z Kröpfungen insgesamt $2^{(z/2-1)}$ Zündfolgen. Um eine eindeutige Darstellung der Zündfolge eines Viertakt-Motors in der Form eines Phasenrichtungssternes zu erhalten, muß man die zwei Umdrehungen des Viertakt-Arbeitsspieles auf eine Umdrehung reduzieren, indem man die Phasenwinkel halbiert. Man bezeichnet das Ergebnis als den Richtungsstern 0,5. Ordnung. Bezieht man sich also auf die Grundperiode von einer Umdrehung, so ist die Gleichförmigkeit der Zündabstände beim

Viertakt-Motor im Richtungsstern 0,5. Ordnung, beim Zweitakt-Motor im Richtungsstern 1. Ordnung ersichtlich. Der Richtungsstern 1. Ordnung ist identisch mit dem Kröpfungsstern. Den Kröpfungsstern 0,5. Ordnung (Abb. 7.1) erhält man, indem man die Zündwinkel aller Zylinder — bezogen auf einen Bezugszylinder — halbiert und damit einen Phasenrichtungsstern zeichnet, so daß man die Zündfolge des Viertakt-Motors in einem Umlauf ablesen kann. Da diese Art der Darstellung zusammen mit der harmonischen Analyse des Drehkraftverlaufes auch für die Behandlung von Schwingungsproblemen sehr anschaulich ist, wendet man sie auch auf die höheren Ordnungen an. Dabei treten beim Zweitakt-Motor nur die ganzzahligen, beim Viertakt-Motor auch die halben Ordnungen auf. Die Richtungssterne höherer Ordnung entstehen aus dem Richtungsstern niedrigster Ordnung durch entsprechende Vervielfachung aller Phasenwinkel der Sternstrahlen im Verhältnis Ordnungszahl : Ordnungszahl der niedrigsten Ordnung. Die Richtungssterne geben die zeitliche Phasenlage der harmonischen Anteile der einzelnen Zylinder an, wobei die Drehkraftamplituden einer bestimmten Ordnung für alle Zylinder eines homogenen Motors gleich groß sind. Solange die Richtungssterne eine zentrisch-symmetrische Anordnung aufweisen, besitzt der Drehkraftverlauf keinen harmonischen Wechselanteil dieser Ordnungen. Alle Ordnungen mit unsymmetrischem Richtungsstern jedoch ergeben einen Anteil zur Drehkraftschwankung.

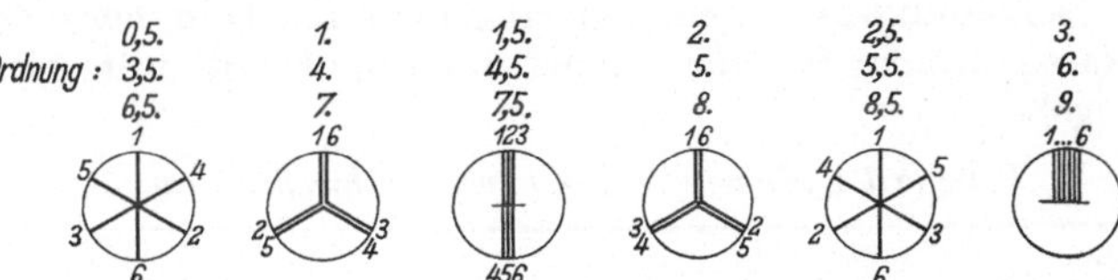

Abb. 7.1 Richtungssterne eines Sechszylinder-Viertakt-Reihenmotors mit der Zündfolge 1-5-3-6-2-4-1.

Der Drehkraftverlauf eines 6-Zylinder-Viertakt-Reihenmotors mit gleichmäßiger Zündfolge ist nach Abb. 7.2 schon recht gleichmäßig. Er zeigt pro Umdrehung drei sinus-förmige Schwankungen, welche eine Periode von 120° haben. Nach Abb. 7.1 ist der niederste unsymmetrische Richtungsstern auch von der 3. Ordnung. Daneben sind noch die Richtungssterne 6., 9. usw. Ordnung unsymmetrisch. Diese Anteile sind im resultierenden Drehkraft-Verlauf ebenfalls enthalten. Sie sind jedoch klein, da die Erregerdrehkräfte mit steigender Ordnung stark abnehmen (vgl. Abb. 5.16 bis 5.18).

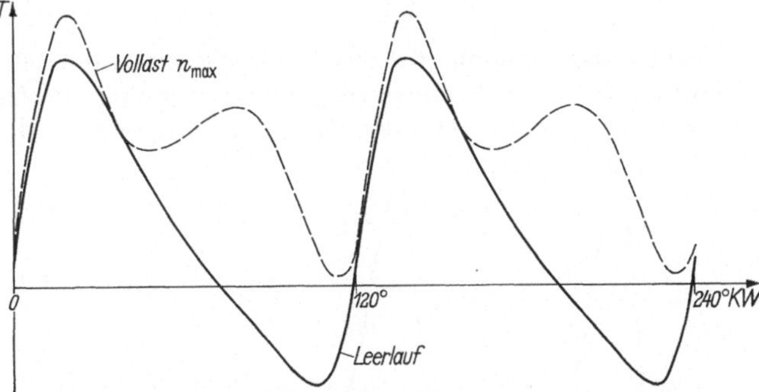

Abb. 7.2 Drehkraftverlauf eines Sechszylinder-Viertakt-Reihenmotors.

Der Drehmomentenverlauf eines Mehrzylindermotors könnte auch aufgezeichnet werden durch die Überlagerung aller sin-Funktionen jener Ordnungen, deren Zündsterne eine Vektorsumme ungleich Null ergeben. Dabei müssen die Amplituden und Phasenlagen der einzelnen Anteile aus der harmonischen Analyse der Einzylinder-Drehkraft berücksichtigt werden. Dies ist die Umkehrung der Analyse; die Synthese.

Beim Aufzeichnen der Drehkraftverläufe von Mehrzylindermotoren und insbesonders von Baureihen ist es zweckmäßig, die Gas- und Massenkraftanteile getrennt zu behandeln. Die Gasdrehkraft eines einzelnen Zylinders wird entsprechend der Zylinderzahl bzw. der Zündabstände mehrfach versetzt überlagert. Bei den Massendrehkräften ergeben einzelne Harmonische je nach Zylinderzahl keinen Anteil zum resultierenden Drehmoment, da sie sich durch die entsprechende Phasenverschiebung zwischen den einzelnen Kurbeln herausheben. In Tab. 7.1 sind die Massendrehkräfte für Mehrzylindermotoren mit gleichmäßiger Zündfolge angegeben.

Tabelle 7.1 *Massendrehkräfte von Mehrzylindermotoren mit gleichmäßiger Zündfolge*

Zylinderzahl	Viertakt	Zweitakt
2	$m_0 \cdot r \cdot \omega^2 \cdot \left(\frac{\lambda}{2} \cdot \sin\varphi - \sin 2\varphi - \frac{3}{2} \cdot \lambda \cdot \sin 3\varphi\right)$	$m_0 \cdot r \cdot \omega^2 \cdot \left(-\sin 2\varphi - \frac{\lambda^2}{2} \cdot \sin 4\varphi\right)$
3	$m_0 \cdot r \cdot \omega^2 \cdot \left(-\frac{9}{4} \cdot \lambda \cdot \sin 3\varphi + \frac{9}{32} \cdot \lambda^4 \cdot \sin 6\varphi\right)$	$m_0 \cdot r \cdot \omega^2 \cdot \left(-\frac{9}{4} \cdot \lambda \cdot \sin 3\varphi + \frac{9}{32} \cdot \lambda^4 \cdot \sin 6\varphi\right)$
4	$m_0 \cdot r \cdot \omega^2 \cdot \left(-2 \cdot \sin 2\varphi - \lambda^2 \cdot \sin 4\varphi + \frac{3}{4} \cdot \lambda^4 \cdot \sin 6\varphi\right)$	$m_0 \cdot r \cdot \omega^2 \cdot (-\lambda^2 \cdot \sin 4\varphi)$
5	$m_0 \cdot r \cdot \omega^2 \cdot \frac{25}{32} \cdot \lambda^3 \cdot \sin 5\varphi$	$m_0 \cdot r \cdot \omega^2 \cdot \frac{25}{32} \cdot \lambda^3 \cdot \sin 5\varphi$
6	$m_0 \cdot r \cdot \omega^2 \cdot \left(-\frac{9}{2} \cdot \lambda \cdot \sin 3\varphi + \frac{9}{16} \cdot \lambda^4 \cdot \sin 6\varphi\right)$	$m_0 \cdot r \cdot \omega^2 \cdot \frac{9}{16} \cdot \lambda^4 \cdot \sin 6\varphi$
8	$-m_0 \cdot r \cdot \omega^2 \cdot 2 \cdot \lambda^2 \cdot \sin 4\varphi$	—

Das Reaktionsmoment des Gehäuses ist zu jedem Zeitpunkt dem Drehmomentenverlauf an der Kurbelwelle entgegengesetzt gleich und hat daher denselben ungleichmäßigen Verlauf der Drehkraftlinie. Die Erregung der elastischen Lagerung des

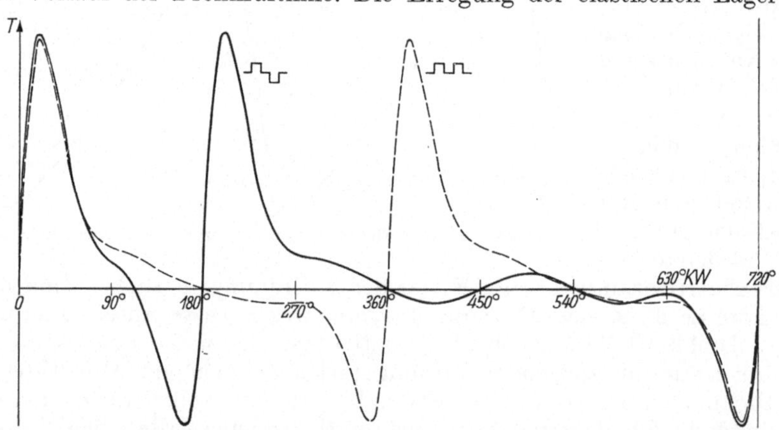

Abb. 7.3 Drehkraftverlauf des Zweizylinder-Viertakt-Reihenmotors mit 180°- und 360°-Kurbelwelle.

Motors erfolgt deshalb auch in den Ordnungen, deren Zündsterne eine Vektorsumme ungleich Null aufweisen.

Im allgemeinen wird man also den Motor mit gleichmäßiger Zündfolge auslegen. Dies ist bei Reihenmotoren immer der Fall. Eine Ausnahme bildet der Zweizylinder-

Viertakt-Motor, dessen Kurbelwelle häufig mit zwei um 180° versetzten Kurbeln ausgeführt wird. Der Grund dafür ist, daß dabei das Pumpen im Kurbelgehäuse entfällt und das Massenkippmoment 1. Ordnung vom Fundament oft besser aufgenommen werden kann als die freie Massenkraft 1. Ordnung. Dabei nimmt man den ungleichförmigen Drehkraftverlauf nach Abb. 7.3 mit einem Anteil der 0,5. Ordnung in Kauf.

Auch bei V-Motoren erhält man den resultierenden Drehkraftverlauf durch die entsprechend der gewählten Zündabstände phasenverschobenen Überlagerung der Einzylinder-Drehkraftkurve. Ist der Zündabstand β^* zwischen den beiden Zylindern am gleichen Hubzapfen bei allen Kröpfungen eines Motors gleich groß und sind damit auch die beiden Reihenzündfolgen gleich, dann ist es von Vorteil, zunächst die resultierende Drehkraft eines V-Elementes zu bestimmen, um diese dann entsprechend der Reihenzündfolge mehrfach zu überlagern. Dieser Zündabstand-im-V β^* kann bei zentrischer Anordnung der Pleuelstangen auf dem Kurbelzapfen je nach Orientierung der Zylinderachsen und je nach Drehsinn der Kurbelwelle betragen $\beta^* = \pm\beta$ und bei Viertakt-Motoren noch $\beta^* = 360° \pm \beta$. Bei der Darstellung der Drehkräfte durch die harmonischen Erregerdrehkräfte C'_K können deshalb V-Motoren mit konstantem Zündabstand-im-V als Reihenmotoren aufgefaßt werden, wenn man die einzelnen Erregeranteile eines V-Elementes zu einer resultierenden $C'_{K_{\text{res}}}$ zusammenfaßt. Der Phasenwinkel zwischen den beiden Anteilen beträgt für die i. Ordnung $i \cdot \beta^*$. Die resultierende Amplitude ist $C'_{K_{\text{res}}} = 2 \cdot C'_K \cdot \cos\left(i \cdot \frac{\beta^*}{2}\right)$.

Aus dem Faktor $2 \cdot \cos\left(i \cdot \frac{\beta^*}{2}\right)$ läßt sich auch der V-Winkel bestimmen, der einem Motor mit gleichmäßiger Reihenzündfolge auch eine gleichförmige Gesamtzündfolge gibt. Setzt man für i die niederste Ordnung des freien Drehmomentes einer Zylinderreihe ein und fordert, daß der Faktor $2 \cdot \cos\left(i \cdot \frac{\beta^*}{2}\right) = 0$ bzw. $i \cdot \beta^* = 180°, 540°$ usw. wird, so erhält man für die möglichen Zündabstände-im-V $\beta^* = \frac{180°}{i}$ usw. Da die niederste Ordnung des freien Drehmomentes einer Zylinderreihe mit gleichmäßiger Zündung in einem festen Zusammenhang steht mit der Zylinderzahl

$$i = \frac{z}{2} \text{ beim Viertakt und } i = z \text{ beim Zweitakt,}$$

bestimmen sich die Zündabstände-im-V für eine gleichförmige Gesamtzündfolge zu

$$\beta^* = \frac{360°}{z}, \frac{1080°}{z} \quad \text{usw. beim Viertakt- und}$$

$$\beta^* = \frac{180°}{z}, \frac{540°}{z} \quad \text{usw. beim Zweitakt-Verfahren.}$$

In vielen Fällen, so z. B. bei Baureihen, ist man jedoch gezwungen, bei V-Motoren auch unregelmäßige Zündfolgen in Kauf zu nehmen. Man wird jedoch auch dann immer versuchen, die Zündabstände weitgehend gleichmäßig zu gestalten. Dies erreicht man bei V-Motoren mit zentrischer Anordnung der Pleuelstangen dann, wenn man die Reihenzündfolgen gleichförmig und den Zündabstand-im-V so wählt, daß die Zündabstände der einzelnen Reihenzylinder so gut wie möglich halbiert werden. Dies zeigt Abb. 7.4 am Beispiel des 6-Zylinder-Viertakt-V-Motors mit 90° V-Winkel. Der dreifache Kröpfungsstern und die Anordnung der Zylinderreihen ist der Darstellung *a* zu entnehmen.

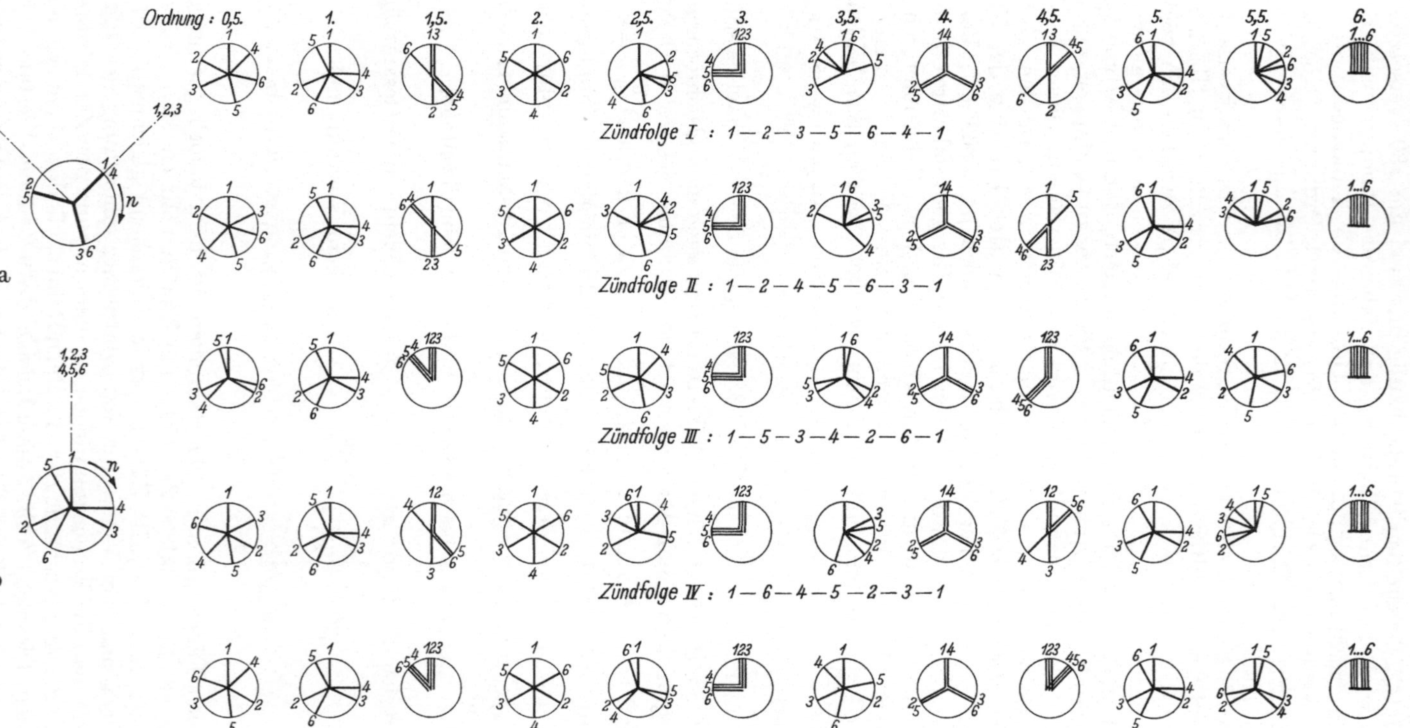

Abb. 7.4 Sechszylinder-Viertakt-90° V-Motor; Kröpfungsstern und Zylinderanordnung, Zündfolgen und zugehörige Richtungssterne.

Die Reihenzündfolgen sind durch zweimaligen Umlauf in Gegendrehsinn abzulesen

$$\begin{matrix} 1 & — & 3 & — & 2 & — & 1 \\ 4 & — & 6 & — & 5 & — & 4 \\ & 240° & & 240° & & 240° & \end{matrix}$$

Die möglichen Zündabstände-im-V sind $\beta^* = 360° - 90° = 270°$ und $\beta^* = 720° - 90° = 630°$. Die zugehörigen Gesamtzündfolgen lauten

$$\begin{matrix} 1 & — & 6 & — & 3 & — & 5 & — & 2 & — & 4 & — & 1 \\ & 150° & & 90° & & 150° & & 90° & & 150° & & 90° & \end{matrix} \quad \text{bei } \beta^* = 630° \text{ und}$$

$$\begin{matrix} 1 & — & 5 & — & 3 & — & 4 & — & 2 & — & 6 & — & 1 \\ & 30° & & 210° & & 30° & & 210° & & 30° & & 210 & \end{matrix} \quad \text{bei } \beta^* = 270°$$

Die Gleichförmigkeit ist bei der oberen Zündfolge besser. Dies zeigt auch der Vergleich der beiden Drehkraftverläufe nach den Abb. 7.5 und 7.6. Stellt man nicht die Forderung nach gleichen Reihenzündfolgen, so ergeben sich neben diesen beiden Zündfolgen noch drei weitere Möglichkeiten. Sie sind aus der Darstellung b der Abb. 7.4 abzulesen, welche in folgender Weise entstand:

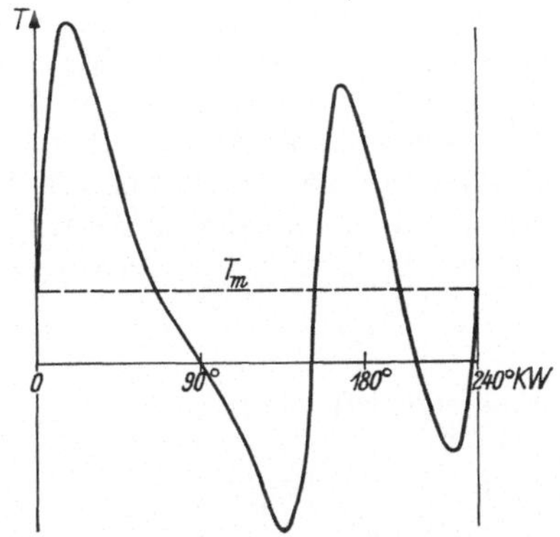

Abb. 7.5 Drehkraftverlauf eines Sechszylinder-Viertakt-90° V-Motors mit den Zündabständen 150—90°.

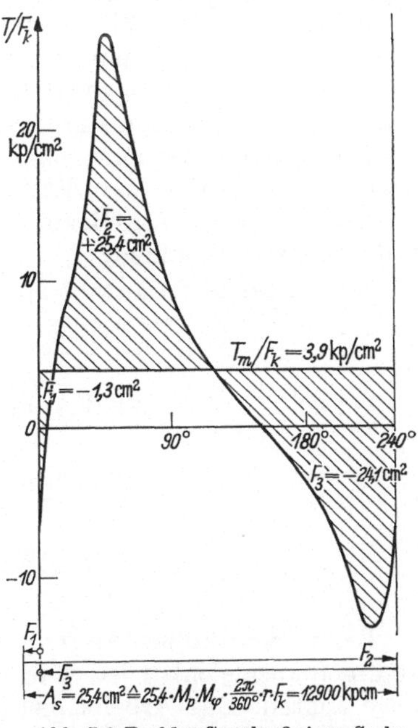

Abb. 7.6 Drehkraftverlauf eines Sechszylinder-Viertakt-90° V-Motors mit den Zündabständen 30—210°.
$M_p = 2\,kp \cdot cm^{-2}$; $M_\varphi = 20°$: $r = 7$ cm; $F_K = 103{,}9\,cm^2$; $\Theta = 25{,}5$ cm kp · s²; $n = 600$ U/min; $\delta = \frac{A_s}{\Theta \cdot \omega^2} = \frac{1}{7{,}84}$.

Man reduziert den V-Motor nach Darstellung a auf einen Reihenmotor, indem man in der zentrischen Anordnung des Kröpfungssternes zunächst die zweite Zylinderreihe um den V-Winkel dreht, so daß sich beide Zylinderreihen decken. Dasselbe muß anschließend mit den zugehörigen Kröpfungen der zweiten Zylinderreihe geschehen. So erhält man den Kröpfungsstern b. Durch zweimaligen Umlauf im Gegendrehsinne können dann die nachstehenden Zündfolgen mit nicht all zu großer Ungleichförmigkeit abgelesen werden:

$$\text{I.} \quad \begin{matrix} 1 & — & 2 & — & 3 & — & 5 & — & 6 & — & 4 & — & 1 \\ & 120° & & 120° & & 150° & & 120° & & 120° & & 90° & \end{matrix}$$

$$\text{II.} \quad \begin{matrix} 1 & — & 2 & — & 4 & — & 5 & — & 6 & — & 3 & — & 1 \\ & 120 & & 150° & & 120° & & 120° & & 90° & & 120° & \end{matrix}$$

III. 1 — 5 —— 3 — 4 —— 2 — 6 —— 1 ($\beta^* = 270° =$ konstant)
30° 210° 30° 210° 30° 210°

IV. 1 —— 6 —— 4 —— 5 —— 2 —— 3 —— 1
150° 120° 120° 90° 120° 120°

V. 1 —— 6 —— 3 —— 5 —— 2 —— 4 —— 1 ($\beta^* = 630° =$ konstant)
150° 90° 150° 90° 150° 90°

Nur die beiden angegebenen Zündfolgen mit konstantem Zündabstand-im-V haben als niederste Ordnung im freien Drehmoment die 1,5. Ordnung. Außerdem haben sie den konstruktiven Vorteil gleicher Ein- und Auslaßbeaufschlagung sowie gleicher Steuerwellen und Einspritzpumpen je Zylinderreihe. Alle übrigen Zündfolgen weisen zusätzlich einen wenn auch kleinen Anteil 0,5. Ordnung im freien Drehmoment auf, wie die Richtungssterne in Abb. 7.4 zeigen. Auch eine relativ kleine Erregung 0,5. Ordnung ist bei der Auslegung einer elastischen Lagerung zu beachten. Zusammen mit der ebenfalls vorhandenen Erregung 1,5. Ordnung ist das Auftreten wenigstens einer Resonanz im Betriebsdrehzahlbereich unvermeidlich.

Ersetzt man die Fläche zwischen der resultierenden Drehkraftkurve und der Abszissenachse durch ein flächengleiches Rechteck mit der gleichen Abszissenlänge, so stellt die Höhe die mittlere indizierte Drehkraft T_m dar. Wie Abb. 7.6 zeigt, braucht man dabei nur die Grundperiode des resultierenden Drehkraftverlaufes zu berücksichtigen. Bezieht man die mittlere indizierte Drehkraft auf die Kolbenfläche F_K, so erhält man eine nicht mit dem mittleren indizierten Druck zu verwechselnde Größe t_{mi}. Beide Größen sind durch die bekannten Leistungsformeln miteinander verbunden.

So gilt für den Viertakt-Motor:

$$N_i\,[\mathrm{PS}] = \frac{F_K\,[\mathrm{cm}^2] \cdot p_{mi}\,[\mathrm{kp \cdot cm^{-2}}] \cdot s\,[\mathrm{cm}] \cdot n\,[\mathrm{U/min}] \cdot z}{60 \cdot 75 \cdot 2 \cdot 100}$$

$$= \frac{V\,[\mathrm{ltr}] \cdot p_{mi}\,[\mathrm{kp \cdot cm^{-2}}] \cdot n\,[\mathrm{U/min}]}{900}$$

$$= \frac{M_{Dmi}\,[\mathrm{cm \cdot kp}] \cdot n\,[\mathrm{U/min}]}{71620}$$

$$= \frac{t_{mi}\,[\mathrm{kp \cdot cm^{-2}}] \cdot F_K\,[\mathrm{cm}^2] \cdot r\,[\mathrm{cm}] \cdot n\,[\mathrm{U/min}] \cdot 4\pi}{60 \cdot 75 \cdot 2 \cdot 100} \qquad t_{mi} = \frac{z}{2\pi} \cdot p_{mi}$$

Beim Kreiskolben-Motor, der bezüglich der freien Massenwirkungen vollkommen ausgleichbar ist, wird man noch mehr auf die Gleichförmigkeit der Zündfolge achten. Das Arbeitsspiel erstreckt sich wie beim Zweitakt-Motor über eine Umdrehung der Exzenterwelle. Die niederste Erregerordnung ist also bei der Einscheibenmaschine die 1. Ordnung (Abb. 5.20). Bei Mehrscheibenanordnungen versetzt man die Exzenter so gegeneinander, daß das Grundarbeitsspiel von 360° entsprechend der Scheibenanzahl in gleiche Teile geteilt wird. Die niederste Ordnung im freien Drehmoment entspricht also wie beim Zweitakt-Motor immer der Scheibenzahl z.

b) Ungleichförmigkeitsgrad des starren Systems

Während das von der Kolbenmaschine abgegebene Drehmoment je nach Zylinderzahl einen mehr oder weniger ungleichförmigen Verlauf zeigt, kann man bei der Mehrzahl der von Motoren angetriebenen Arbeitsmaschinen eine konstante Leistungsaufnahme voraussetzen. Sieht man von den Reibungsverlusten ab, so nimmt die Arbeitsmaschine ein konstantes Drehmoment auf, welches dem mittleren indizierten Drehmoment entspricht. Die Drehkraftschwankung der Kolbenmaschine bewirkt, daß bei einem Überschuß an Drehkraft eine Beschleunigung des gesamten Systems eintritt und umgekehrt. Dies bedeutet aber, daß die Winkelgeschwindigkeit der Kurbelwelle um den Mittelwert ω_m mit den Extremwerten $\omega_{\max}$ und $\omega_{\min}$ schwankt. Diese Drehzahlschwankung wird durch den Ungleichförmigkeitsgrad δ gekennzeichnet:

$$\delta = \frac{\omega_{\max} - \omega_{\min}}{\omega_m}$$

Die Größe der Drehzahlschwankung ergibt sich aus dem Gleichgewicht der Arbeiten. Der momentane Überschuß im Drehkraftverlauf wird in kinetische Energie der Schwungmassen des gesamten Systems umgesetzt. Bezeichnet man die Schwankung der zugeführten Arbeit als Arbeitsüberschuß A_s, so ist dieser gleich der Änderung der kinetischen Energie zwischen $\omega_{\max}$ und $\omega_{\min}$:

$$A_s = \frac{1}{2} \cdot \Theta \cdot (\omega_{\max}^2 - \omega_{\min}^2) = \frac{1}{2} \cdot \Theta \cdot (\omega_{\max} + \omega_{\min}) \cdot (\omega_{\max} - \omega_{\min})$$

Setzt man näherungsweise $\omega_m = \frac{1}{2} \cdot (\omega_{\max} + \omega_{\min})$, so erhält man damit die Bestimmungsgleichung für den Ungleichförmigkeitsgrad

$$A_s = \Theta \cdot \omega_m \cdot \frac{\omega_{\max} - \omega_{\min}}{\omega_m} \cdot \omega_m = \Theta \cdot \delta \cdot \omega_m^2$$

$$\delta = \frac{A_s}{\Theta \cdot \omega_m^2}$$

In Abb. 7.6 stellen die oberhalb der mittleren Drehkraft liegenden Flächen die den Schwungmassen zugeführte Arbeit, die darunter liegenden Flächen die entzogene Arbeit dar. Man bestimmt die einzelnen Flächeninhalte entsprechend ihrer Lage zur T_m-Linie und trägt sie als Strecken nach der positiven oder negativen Seite an. Der Streckenzug muß wieder zum Nullpunkt zurückführen. Dies ist die Kontrolle, daß die T_m-Linie und die Überschußflächen richtig bestimmt wurden. Bei Drehkraftverläufen, die eine größere Zahl von Schwankungen aufweisen, findet man so am einfachsten die maximalen Anteile des Arbeitsüberschusses. Der Unterschied zwischen dem größten positiven und größten negativen Wert stellt den Arbeitsüberschuß A_s dar, der dafür verantwortlich ist, daß das System nach einer nicht unbedingt regelmäßigen Gesetzmäßigkeit zwischen $\omega_{\max}$ und $\omega_{\min}$ pendelt. Die Dimension des Arbeitsüberschusses ist die einer Arbeit, also [cmkp].

Ist das Drehkraftdiagramm mit den Maßstäben

für die Ordinate 1 cm entspricht M_p kp

für die Abszisse 1 cm entspricht M_φ °KW

gezeichnet, so ist der Arbeitsüberschuß aus dem maximalen Flächenunterschied $\Delta F_{\max}$ wie folgt zu berechnen:

$$A_s = \Delta F_{\max} \cdot M_p \cdot M_\varphi \cdot r \cdot \frac{2\pi}{360°}$$

Bezieht man die Drehkräfte auf die Kolbenfläche, so muß noch mit dieser multipliziert werden.

In vielen Fällen ist es ausreichend, die Drehkraftschwankung eines Vollmotors allein durch den harmonischen Anteil der niedersten, im resultierenden Drehkraftverlauf enthaltenen Ordnung zu ersetzen. Dieser Drehmomentenanteil stellt sich unter Verwendung der Erregerkräfte aus der harmonischen Analyse wie folgt dar:

$$M_{d(i)} = \frac{\vec{\Sigma} a_i}{a_1} C'_K \cdot F_K \cdot r \cdot \sin(i \cdot \omega_m \cdot t)$$

Der resultierende Drehkraftverlauf ist bei Mehrzylindermotoren aus den entsprechend der Zündfolge und den Zündabständen zeitlich phasenverschobenen Anteilen der einzelnen Zylinder zusammengesetzt. Dies gilt in entsprechender Weise auch für die harmonischen Erregerdrehkräfte der verschiedenen Ordnungen, wobei die harmonischen Anteile der einzelnen Zylinder um den i-fachen Betrag des Zündwinkels phasenverschoben sind. Für jede Ordnung sind die Vektorsummen zu bilden, was in einfacher Weise mit Hilfe der Richtungssterne geschieht. Wie in Abschn. 7a gezeigt, werden die Vektorsummen der meisten Richtungssterne zu Null, ausgenommen bei denjenigen, deren Ordnungszahl mit der Zylinderzahl in einem bestimmten Verhältnis stehen, sofern die Zündfolge eine gewisse Gleichmäßigkeit aufweist. Die Vektorsumme $\vec{\Sigma} a_i$ ist also die Resultierende des Richtungssternes i. Ordnung, wobei jedem Strahl des Richtungssternes die Amplitude a_1 zugeordnet ist. Bei gleichmäßigen Zündabständen ergibt sich für die Haupterregende bei

Viertakt-Motoren in der Ordnung $i = \frac{z}{2} : \frac{\vec{\Sigma} a_i}{a_1} = z$

Zweitakt-Motoren in der Ordnung $i = z : \frac{\vec{\Sigma} a_i}{a_1} = z$

Das mit der Erregerfrequenz $i \cdot \omega_m$ wechselnde Erregermoment $M_{d_{(i)}}$ erzeugt eine mit der gleichen Frequenz verlaufende Drehzahlschwankung entsprechend einem Winkelausschlag um einen Mittelwert

$$\varphi = \varphi_{\max} \cdot \sin(i \cdot \omega_m \cdot t) \quad \text{und} \quad \dot{\varphi} = i \cdot \omega_m \cdot \varphi_{\max} \cdot \cos(i \cdot \omega_m \cdot t)$$

Die kinetische Energie $\frac{1}{2} \cdot \Theta \cdot i^2 \cdot \omega_m^2 \cdot 2 \cdot \varphi_{\max}$ wird unter Verwendung der Definition des Ungleichförmigkeitsgrades

$$\delta = \frac{\omega_{\max} - \omega_{\min}}{\omega_m} = \frac{2 \cdot i \cdot \omega_m \cdot \varphi_{\max}}{\omega_m} = 2 \cdot i \cdot \varphi_{\max}$$

mit der Erregerarbeit gleichgesetzt:

$$\frac{\Theta \cdot i^2 \cdot \omega_m^2 \cdot \delta}{2i} = \frac{\vec{\Sigma} a_i}{a_1} \cdot C'_{K_i} \cdot F_K \cdot r$$

Daraus erhält man die Formel zur näherungsweisen Bestimmung des Ungleichförmigkeitsgrades unter Berücksichtigung der niedersten Haupterregenden allein

$$\delta = \frac{F_K \cdot r}{\Theta \cdot \omega_m^2} \cdot \frac{2}{i} \cdot \frac{\vec{\Sigma} a_i}{a_1} C'_{K_i}$$

Bei regelmäßigen Zündabständen vereinfacht sich die Formel

$$\delta = \frac{F_K \cdot r}{\Theta \cdot \omega_m^2} \cdot 4 \cdot C'_{K_{i=\frac{z}{2}}} \qquad \text{bei Viertakt-Motoren}$$

$$\delta = \frac{F_K \cdot r}{\Theta \cdot \omega_m^2} \cdot 2 \cdot C'_{K_{i=z}} \qquad \text{bei Zweitakt-Motoren}$$

Die tatsächliche Überschußarbeit wird durch den Anteil der niedersten Haupterregenden allein nicht vollständig erfaßt. Meist ist jedoch der Anteil der höheren Haupterregenden schon sehr klein. In den Fällen mit stärkeren Ungleichmäßigkeiten in der Zündfolge und bei kleinen Zylinderzahlen wendet man aber besser das zuerst behandelte Verfahren an.

Das polare Massenträgheitsmoment Θ ist aus den Drehmassen des gesamten Systems zu bilden. Dabei wird das Schwungrad den größten Anteil ergeben bzw. es wird zur Erzielung eines angestrebten Ungleichförmigkeitsgrades entsprechend auszulegen sein. Eine ausreichende Schwungradgröße ist auch erforderlich zur Erleichterung des Anlassens, zur Stabilität der Regelung und zur Energiespeicherung bei stoßartiger Belastung des Motors.

Diese beiden Berechnungsverfahren gelten aber nur so lange, als auch sämtliche Massen die gleiche Bewegungsänderung ausführen. Das System ist als starr zu betrachten und man bezeichnet diesen Zustand deshalb auch als den Ungleichförmigkeitsgrad des starren Systems. Der Wert des starren Ungleichförmigkeitsgrades ist bei schnellaufenden Motoren auf den Leerlaufbereich beschränkt. Bei Fahrzeugmotoren findet man bei Leerlaufdrehzahl den Wert $\delta \leqq \frac{1}{6}$. Treten in dem System jedoch schon Drehschwingungen auf, dann sind die Winkelausschläge der einzelnen Massen so unterschiedlich, daß die Berechnung nicht mehr in der angegebenen Weise erfolgen kann. Darauf wird in Abschn. 7c noch näher eingegangen.

Die in der Literatur noch zu findenden Verfahren von Wittenbauer (Massen-Wucht-Diagramm) oder Proeger (Trägheits-Energie-Diagramm) werden in der Praxis schnellaufender Motoren nicht mehr verwendet. Diese Verfahren berücksichtigen noch die Änderung der Massenkräfte infolge der nicht gleichförmigen Winkelgeschwindigkeit und zum Teil benützen sie auch die exakte Aufteilung der Pleuelmassen. Im Betriebsdrehzahlbereich schnellaufender Motoren ist die Ungleichförmigkeit so gering, daß man die Veränderlichkeit der Massenwirkungen vernachlässigen kann. An Motoren mit mehr als 4 Zylindern treten heute auch im allgemeinen Drehschwingungen auf, so daß das System nicht mehr als starr zu bezeichnen ist. Im Leerlaufbetrieb sind die Zündungen der einzelnen Zylinder häufig so ungleich, daß der erhöhte Aufwand dieser Verfahren nicht gerechtfertigt ist. Neben diesen übertrieben exakten Verfahren findet man aber auch stark vereinfachte Faustformeln. Ihre Gültigkeit ist in höchstem Maße begrenzt, stammen sie doch vorwiegend aus dem Großmaschienbau mit kleinen Drehzahlen und niederen Mitteldrücken.

c) Dynamische Ungleichförmigkeit und Drehschwingungen

Bei schnellaufenden, mehrzylindrigen Motoren und besonders bei der heute vielfach üblichen elastischen Koppelung zwischen Motor und Arbeitsmaschine treten auch im normalen Betriebsdrehzahlbereich Drehschwingungen auf. Auch wenn diese für die Kurbelwelle, Kupplung usw. noch ungefährlich sind, so kann doch nicht mehr vorausgesetzt werden, daß alle Massen des Schwingungssystems die gleichen Bewegungsänderungen machen. Da eine ausführliche Behandlung der dabei auftretenden Probleme den vorliegenden Rahmen sprengen würde, kann nur ein kurzer Überblick gegeben werden, wobei nur die wichtigsten Gesichtspunkte für die Auslegung eines Motors behandelt werden. Für eine intensivere Beschäftigung mit diesem Gebiet wird auf die recht zahlreiche Literatur hingewiesen ([*G 1*] bis [*G 6*]).

Das einfachste Schwingungssystem ist ein 2-Massen-Schwinger. Das 1-Massen-System ist nur ein Sonderfall mit einer sehr großen Masse an der Einspannstelle. Der 2-Massen-Drehschwinger besteht aus den beiden Massen Θ_1 und Θ_2, welche durch die Drehfederkonstante c_{12} elastisch miteinander verbunden sind. Dieses System hat auch bei Mehrzylindermotoren einen realen Sinn. Erfolgt der Antrieb der Arbeitsmaschine über eine elastische Kupplung, so liegt die tiefste Eigenfrequenz des Aggregates so niedrig, daß der Motor als Einzelmasse aufgefaßt werden kann, da so weit unterhalb der Eigenfrequenz des Motors selbst die Drehschwingungsausschläge der einzelnen Kröpfungen praktisch gleich sind. Ein 2-Massen-Schwinger hat die Eigenfrequenz

$$n_e = \frac{30}{\pi} \cdot \sqrt{\frac{c_{12}}{\Theta_1} + \frac{c_{12}}{\Theta_2}} \quad \text{[Schwingungen/min]}$$

mit welcher das System z. B. bei einmaligem Anstoßen weiterschwingt. Dabei schwingen die beiden Massen gegeneinander mit Ausschlägen a, die im umgekehrten Verhältnis stehen wie die Massen

$$a_2 : a_1 = \Theta_1 : \Theta_2$$

Eine verhältnismäßig große Masse führt also kleine Ausschläge aus und umgekehrt. Durch die Anwendung von Zusatzmassen am Motor oder an der angetriebenen Maschine und zwar vorwiegend bei kleinen Zylinderzahlen nützt man diese Tatsache aus, um ein günstiges Drehschwingungsverhalten zu erzielen. Außerdem wird die Eigenfrequenz des Aggregates dadurch erniedrigt, wodurch der Betriebsdrehzahlbereich in das überkritische Gebiet zu liegen kommt.

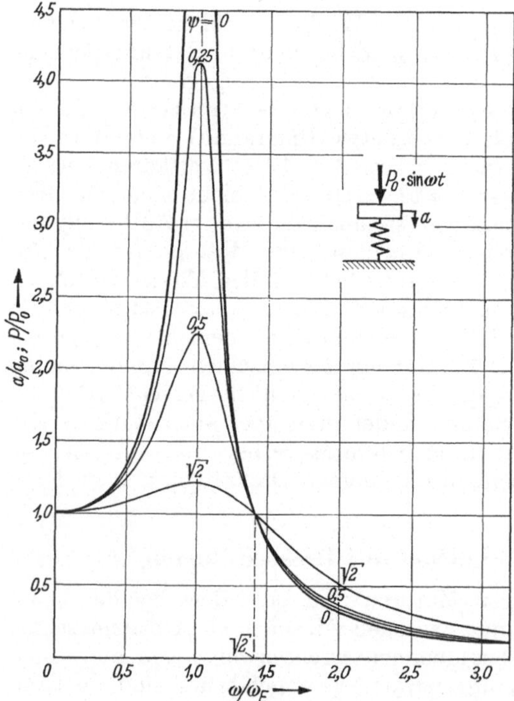

Abb. 7.7 Amplitudenfunktion (Vergrößerungskurve) eines Schwingers mit Werkstoffdämpfung bei konstanter Erregung.

Erregt man den 2-Massen-Schwinger mit verschiedenen Erregerfrequenzen n und konstantem Erregermoment, so ergeben sich in Abhängigkeit vom Frequenzverhältnis n/n_e Schwingungsausschläge entsprechend Abb. 7.7. Man bezeichnet diese Amplitudenfunktion auch als Resonanz- oder Vergrößerungskurve, da beginnend bei der statischen Erregung bei $n/n_e = 0$ mit der Vergrößerung 1, die Kurve zur Resonanz bei $n/n_e = 1$ asymptotisch ansteigt und beim ungedämpften Schwinger gegen Unendlich geht. Dies ist der unterkritische Bereich. Oberhalb der Resonanz verläuft die Kurve aus dem Unendlichen kommend bei $n/n_e = \sqrt{2}$ durch die Vergrößerung 1 hindurch, um darüber dann gegen Null zu gehen. In diesem überkritischen Bereich erhält man also die besten Betriebsbedingungen.

Die Erregung der Drehschwingungen erfolgt durch die Drehmomentschwankungen. Diese Schwankungen setzen sich je nach Zylinderzahl vorwiegend aus den harmonischen Anteilen bestimmter Ordnungen zusammen, den Haupterregenden.

Die Erregung *i*. Ordnung besitzt pro Umdrehung *i* volle, sinusförmige Schwankungen, d. h. die Erreger-Schwingungszahl ist das *i*-fache der Drehzahl. In der Resonanz fallen Erregerfrequenz und Eigenfrequenz zusammen. Die zugehörige Betriebsdrehzahl ist die kritische Drehzahl

$$n_{kr} = \frac{n_e}{i}$$

Da die Drehmomentenschwankung mehrere haupterregende Ordnungen enthalten kann, kann eine Eigenfrequenz auch von all diesen Ordnungen, also mehrfach in Resonanz erregt werden.

Da sich die Schwingungsausschläge der einzelnen Massen nach dem Gesetz der Vergrößerungskurve mit den Frequenzverhältnissen ändern, wird auch der Ungleichförmigkeitsgrad davon stark beeinflußt. An Stelle des starren Ungleichförmigkeitsgrades δ_{Starr} des gesamten Systems tritt der elastische Ungleichförmigkeitsgrad

$$\delta_{el} = \delta_{\text{Starr}} \cdot V_G = \delta_{\text{Starr}} \cdot \frac{a}{a_0}$$

welcher im überkritischen Bereich wesentlich besser ist. Besondere Anforderungen bezüglich Ungleichförmigkeit werden an Generator-Aggregate zur Erzeugung von flimmerfreiem Licht gestellt ([*G 13*] bis [*G 15*]). Durch die Verwendung von elastischen Kupplungen versucht man die kritische Drehzahl der niedrigsten im Drehmoment enthaltenen Ordnung genügend weit unter die Betriebsdrehzahl zu legen ([*G 10*] bis [*G 12*]).

Neben dieser niedersten Eigenfrequenz des elastisch gekoppelten Aggregates, häufig auch Anfahrkritische genannt, treten aber auch höhere Eigenfrequenzen auf. Theoretisch hat ein System mit z Massen $(z - 1)$ Eigenfrequenzen. Von Bedeutung sind jedoch nur noch die nächste oder übernächste Eigenfrequenz, welche bei elastischer Kupplung von der angetriebenen Maschine kaum beeinflußt werden. Sie sind vorwiegend durch den Motor allein bestimmt und werden deshalb als Motorkritische bezeichnet. Jede Eigenfrequenz hat eine bestimmte Schwingungsform. Während in der 1. Eigenfrequenz $n_{e_{\text{I}}}$, auch I. Grad genannt, der Motor praktisch als starre Masse gegen die angetriebene Maschine schwingt und damit in der elastischen Kupplung ein Schwingungsknoten liegt, tritt im II. Grad auch im Motor selbst ein weiterer Schwingungsknoten auf, so daß die einzelnen Motormassen recht unterschiedliche Ausschläge ausführen. Die Bezeichnung der Schwingungsgrade – man verwendet im allgemeinen hierfür römische Zahlen – entspricht der Anzahl der Schwingungsknoten im System. Jede Eigenfrequenz kann durch mehrere Erregerordnungen erregt werden. Die einzelnen Resonanzen liegen bei den kritischen Drehzahlen, gekennzeichnet durch den Schwingungsgrad und die Erregerordnung.

In Abb. 7.8 ist das Schwingungsschema und das Resonanzbild für einen 6-Zylinder-4-Takt-Reihenmotor dargestellt. Die Schwingungsrechnung bzw. die torsiographische Messung ergibt die Ausschläge der vordersten Motormasse. Die Ausschläge der übrigen Massen des Motors und des Abtriebs-Systems verhalten sich innerhalb des gleichen Grades immer ähnlich. Bei der Bestimmung der Eigenfrequenz z. B. nach dem Verfahren von Holzer/Tolle [*G 2*] löst man das aus den dynamischen Bewegungsgleichungen aller Massen gebildete Gleichungssystem in der Weise, daß man ausgehend vom Ausschlag $a_1 = 1$ der ersten Masse mit der angenommenen Frequenz das ganze Gleichungssystem ohne Dämpfung durchrechnet. Ist die angenommene Frequenz gleich der Eigenfrequenz des Systems, so ergibt sich eine vollkommene Lösung. Im anderen Falle muß die angenommene Frequenz so lange variiert werden, bis eine exakte Lösung erreicht wird. Dabei ergeben sich relativ zum angenommenen Ausschlag a_1 der ersten Masse auch die Ausschläge a_i der übrigen Massen. Diese Relativ-Ausschläge werden meist über dem Schwingungssystem aufgetragen, wie in Abb. 7.8 dargestellt. Diese relative Ausschlagkurve gilt für alle Resonanzen eines Schwingungsgrades. Kennt man den tatsächlichen Winkelausschlag a_1° der vordersten Masse, so ergeben sich die wirklichen Ausschläge der übrigen Massen zu $a_i^\circ = a_1^\circ \cdot \frac{a_i}{a_1}$. Der Differenzausschlag zwischen zwei benachbarten Massen ergibt die Wechselbeanspruchung des Wellenstückes. Die maximalen

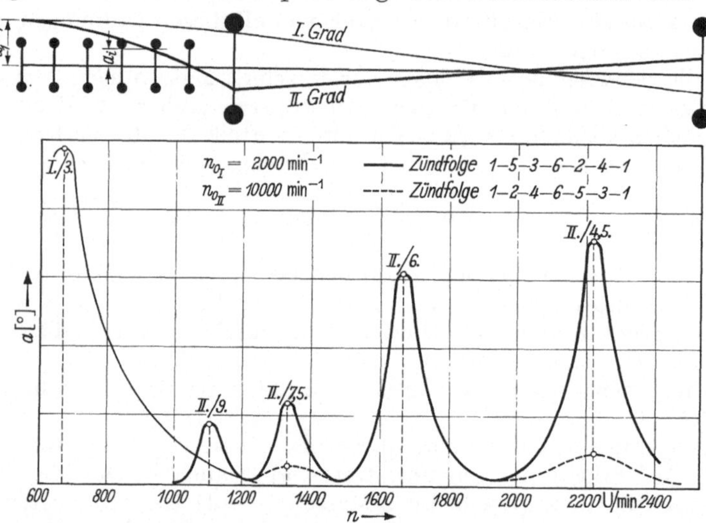

Abb. 7.8 Schwingungsschema mit Relativausschlägen a_i und Resonanzbild eines Sechszylinder-Viertakt-Reihenmotors mit elastischer Kupplung; Einfluß der Zündfolge.

Wechselmomente treten immer an den Knotenstellen auf. Die Größe der Drehschwingungsausschläge in der Resonanz ist allein abhängig vom Gleichgewicht zwischen Erregungs- und Dämpfungsarbeit. Die Motordämpfung resultiert aus der Reibungs- und Werkstoffdämpfung der Kurbelwelle und ist konstruktiv wenig zu beeinflussen. Gußwellen aus Kugelgraphitguß ([*N 4*] bis [*N 7*]) besitzen eine höhere Dämpfung als Stahlwellen, ihre Elastizität ist jedoch bei gleichen Abmessungen größer infolge des niedrigeren Gleitmoduls, so daß ihre Eigenfrequenz tiefer liegt. Durch die Verwendung von Drehschwingungsdämpfern sind auch Motoren mit starken Drehschwingungen zu beherrschen ([*G 18*] bis [*G 20*]). Eine bei der Auslegung häufig angewandte Möglichkeit die Erregerarbeit zu beeinflussen, ist die Wahl der Zündfolge. Die Erregerarbeit ist die phasenrichtige Vektorsumme aus dem Produkt Erregerkraft × Ausschlag der einzelnen Massen. Die Erregerdrehkräfte sind aus der harmonischen Analyse bekannt und für alle Zylinder eines homogenen Motors gleich. Die phasenrichtige Zuordnung der Einzelausschläge geben die Richtungssterne für die verschiedenen Ordnungen an. Die Ausschlagsamplituden sind aus den Relativ-Ausschlägen bekannt. Sie müssen für sämtliche Kröpfungen auf den entsprechenden Richtungsstern übertragen werden. Dann kann die Vektorsumme $\overrightarrow{\Sigma a_i}$ gebildet und mit der für alle Zylinder gleichen Erregerkraft multipliziert werden. In der Motoreigenfrequenz liegt der Schwingungsknoten schon innerhalb des Motors, so daß die Einzelausschläge eine recht unterschiedliche und zum Teil auch eine negative Amplitude besitzen. Durch eine Umstellung der Zündfolge können die Richtungssterne bestimmter Ordnungen beeinflußt werden, so daß sich zusammen mit den unterschiedlichen Schwingungsausschlägen der Kröpfungen die Möglichkeit ergibt, die Vektorsumme $\vec{\Sigma} a_i$ klein zu halten. Die Hauptkritischen selbst sind durch eine Änderung der Zündfolge nicht zu beeinflussen. Dies sind bei regelmäßiger Zündfolge die Ordnungen

$$i = k \cdot \frac{z}{2} \quad \text{beim Viertakt und} \qquad (k = 1, 2, 3 \ldots)$$

$$i = k \cdot z \quad \text{beim Zweitakt,}$$

deren Zündsterne lauter gleichgerichtete Strahlen aufweisen. Dagegen können besonders die 1. Nebenkritischen

$$i = k \cdot \frac{z}{4} \quad \text{beim Viertakt und}$$

$$i = k \cdot \frac{z}{2} \quad \text{beim Zweitakt}$$

durch die Wahl der Zündfolge verändert werden. Diese Richtungssterne zeichnen

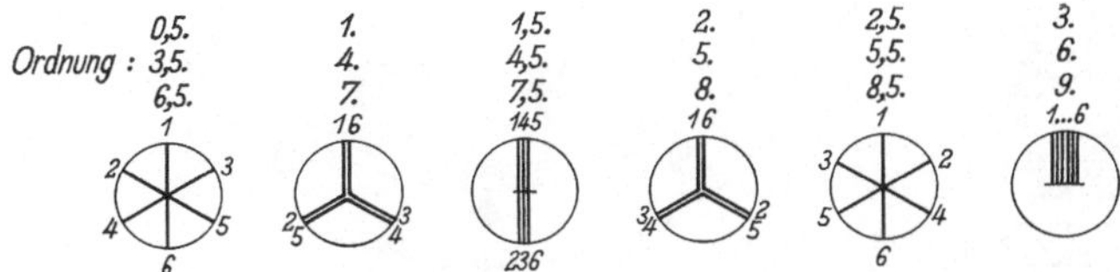

Abb. 7.9 Richtungssterne eines Sechszylinder-Viertakt-Reihenmotors mit der Zündfolge 1-2-4-6-5-3-1.

sich durch um 180° versetzte Strahlenpaare aus. In Abb. 7.9 sind die Richtungssterne für die Zündfolge 1—2—4—6—5—3—1 und in Abb. 7.1 für die Zündfolge 1—5—3—6—2—4—1 des 6-Zylinder-Viertakt-Reihenmotors dargestellt. In der Motoreigenfrequenz, dem II. Grad nach Abb. 7.8 zeigen diese beiden Zündfolgen als Folge ihre sehr unterschiedlichen Vektorsumme $\vec{\Sigma} a_i$ in den 1. Nebenkritischen 4,5. und 7,5. Ordnung einen wesentlichen Unterschied. Die Hauptkritischen 6. und 9. Ordnung sind bei beiden Zündfolgen gleich.

Schwingungsdämpfer wirken außer durch energieverzehrende Dämpfung, welche in Erwärmung umgesetzt wird, im wesentlichen noch durch eine Systemverstimmung. Beim Reibungsdämpfer (Abb. 7.10) wird die Dämpfermasse bei Annäherung an die Resonanz und Überschreitung des etwas unsicher einzustellenden Reibmomentes abgekoppelt, so daß das System seine Eigenfrequenz ändert und momentan außer Tritt fällt. Gummischwingungsdämpfer (Abb. 7.11) und andere elastisch gekoppelte Dämpfer spalten durch die Ankopplung einer etwa auf die gleiche Frequenz abgestimmten Masse die Eigenfrequenz des Motors in zwei Teilfrequenzen auf. Dies gilt auch für elastisch

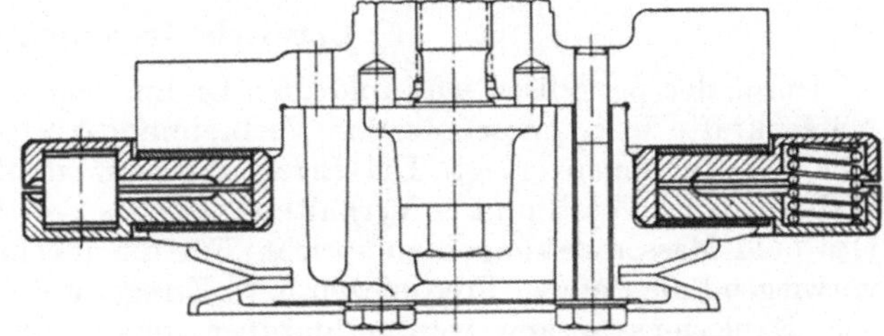

Abb. 7.10 Reibschwingungsdämpfer (nach BENSINGER/MEIER [A 6]).

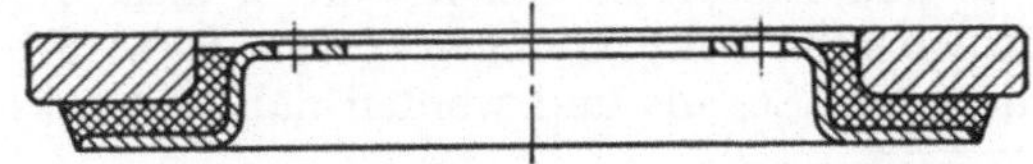

Abb. 7.11 Gummischwingungsdämpfer (nach BENSINGER/MEIER [A 6]).

gekoppelte Viskosedämpfer ([*G 20*] und [*G 22*]). Reine Viskosedämpfer wirken zusätzlich durch die Zähigkeit eines temperatur-unempfindlichen Silikonoeles dämpfend, welches mit engen Spalten die Sekundärmasse vollkommen umschließt. Um eine Erregerordnung bei sämtlichen Eigenfrequenzen zu eliminieren, müßte ein Zusatzschwinger mit drehzahlabhängiger Eigenfrequenz angekoppelt werden. Diese Eigenschaft besitzen die unter Fliehkraftwirkung stehenden Tilger, bei

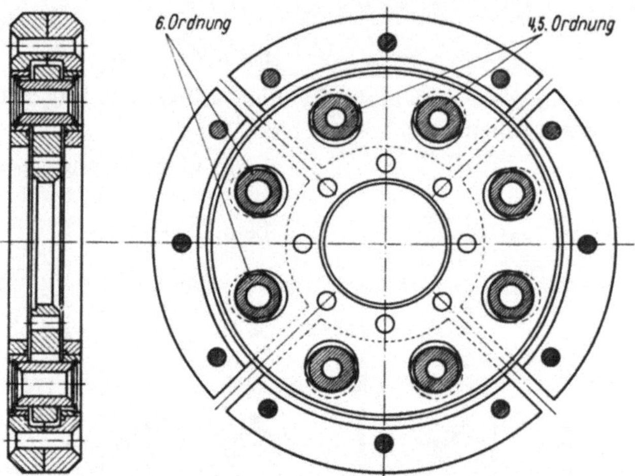

Abb. 7.12 Tilger mit Fliehkraft-Pendeln (Sarazin).

welchen die außerhalb der Drehachse angeordneten Pendelgewichte mit genau abgestimmter Pendellänge eine gleitende Eigenfrequenz ergeben ([*G 23*] bis [*G 29*]). Ein solches Fliehkraftpendel in der Ausführung nach Sarazin ist in Abb. 7.12 dargestellt. Da der Tilgungsbereich von der Größe der Pendelmasse abhängig ist, konnten sich die einfachen Salomontilger mit Einzelrolle in der Praxis nicht durchsetzen. Die Anwendung des Sarazin-Pendels ist auf größere Motoren beschränkt.

8. Die Folgen der freien Massen- und Gaskraftwirkungen für die Laufruhe des Motors und Maßnahmen zur Verbesserung[1]

[*J 1*] bis [*J 17*]

a) Elastische Lagerung

Durch den periodisch schwankenden Drehmomentenverlauf und durch die freien Massenkräfte bzw. -momente von Verbrennungskraftmaschinen werden mechanische Schwingungen erregt. Die Erregerfrequenz steht mit der Drehfrequenz der Welle in einem bestimmten Verhältnis, welches den Erregerordnungen der freien Gas- und Massenwirkungen entspricht. Für die mechanischen Schwingungen sind vorwiegend die tieferen Frequenzen bzw. Erregerordnungen von Bedeutung. Durch den Explosionsvorgang werden darüber hinaus die Wandungen des Zylinder-Kurbelgehäuses, durch die stoßartigen Kraftübertragungen z. B. im Ventiltrieb oder in den Einspritzorganen werden diese Aggregate und deren Umgebung zu hochfrequenten Schwingungen erregt. Diese Frequenzen liegen bereits im Bereich des hörbaren Schalls und werden daher akustische Schwingungen genannt. Auch

[1] Dieses Kapitel wurde von Dipl.-Ing. Helmut Fischer bearbeitet.

diese Schwingungen werden über die Befestigungs- bzw. Verbindungselemente des Motors übertragen und rufen Erschütterungen und Körperschall im Fundament und dessen Umgebung hervor. Ein Teil der akustischen Schwingungen wird direkt als Luftschall abgestrahlt.

Um diese Störungen einzudämmen, stellt man Verbrennungsmaschinen elastisch auf. Hierfür wird hauptsächlich der Werkstoff Gummi verwendet, der durch Vulkanisation fest mit Metall verbunden werden kann. Solche Gummi-Metallelemente werden heute fast ausschließlich beim Einbau schnellaufender Motore verwendet. Nur für niederfrequente Lagerungen mit schweren Betonfundamenten z. B. bei Prüfständen kommen auch noch Stahlfedern zur Anwendung. Die elastisch gelagerte Maschine unterliegt schwingungstechnischen Gesetzen. Die dabei auftretenden Grundprobleme sind schon bei der Auslegung eines Verbrennungsmotors zu beachten, so daß eine dem vorliegenden Rahmen entsprechende Darstellung der Theorie der elastischen Lagerung notwendig erscheint.

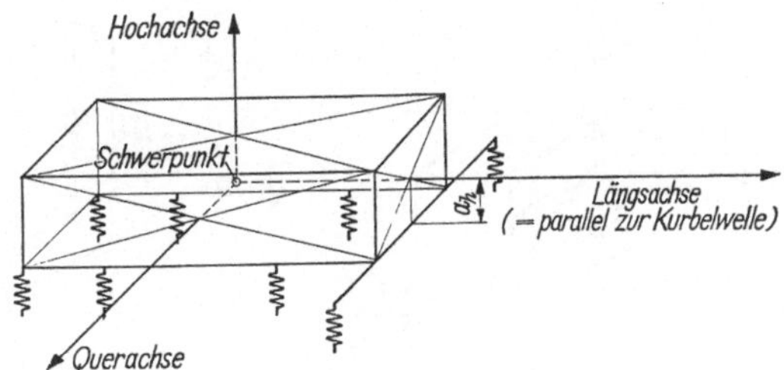

Abb. 8.1 Räumliche Darstellung einer elastischen Lagerung.

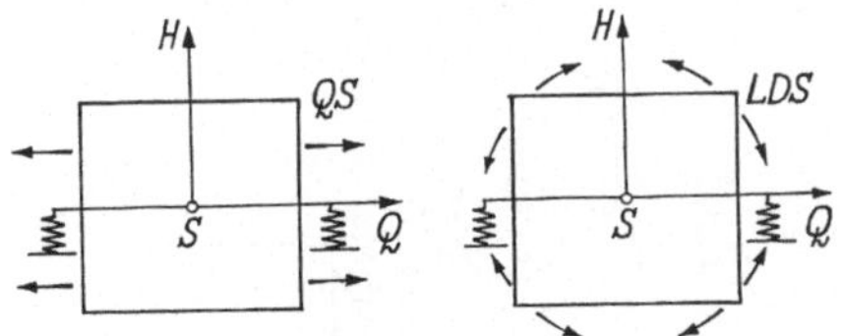

Abb. 8.2 Entkoppelte Schwingungen; reine Schiebe- und Drehschwingung; Federschwerpunkt = Massenschwerpunkt.

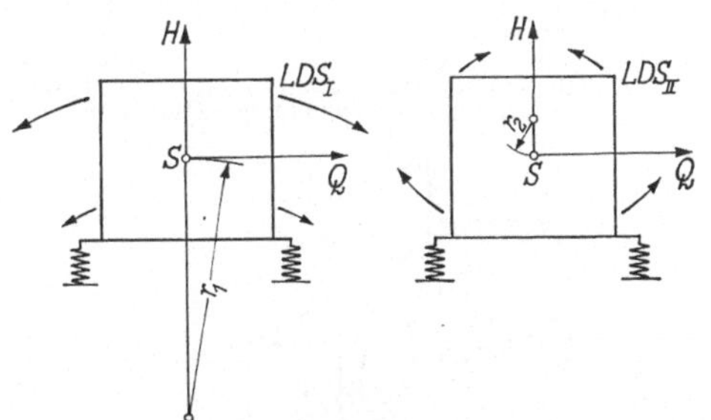

Abb. 8.3 Gekoppelte Schwingungen; Drehschwingungen I. und II. Grades; Federschwerpunkt ≠ Massenschwerpunkt.

Als räumliches Gebilde mit den drei Raumachsen in Hoch-, Quer- und Längsrichtung (Abb. 8.1), die sich im Massenschwerpunkt schneiden, hat eine elastisch gelagerte Maschine 6 Freiheitsgrade der Bewegung. Die Maschine kann in Richtung der drei Achsen Verschiebungen und um diese Achsen Drehungen ausführen. Den 6 Freiheitsgraden sind 6 Eigenschwingungszahlen des elastisch gelagerten Aggregates zugeordnet. Ob diese Schwingungen voneinander unabhängig oder ob einzelne Schwingungen miteinander gekoppelt sind, hängt von der Lage der Federungselemente zu den Raumachsen ab (Abb. 8.2 und 8.3). Bei der Auslegung elastischer Lagerungen von Motoren bzw. Motoraggregaten wird es in den seltensten Fällen möglich sein, daß der Federschwerpunkt – durch die meist konstruktiv bedingte Anordnung der Federelemente – mit dem Massenschwerpunkt zusammenfällt. Andererseits läßt sich durch eine gewisse Symmetrie in der Anordnung der Federelemente erreichen, daß der Federschwerpunkt in die Hochachse zu liegen kommt. Damit bleiben als ungekoppelte Schwingungen die Schiebeschwingung in Richtung der Hochachse (HS) und eine Drehschwingung um diese Achse (HDS). Darüber hinaus gibt es noch zwei Längsdrehschwingungen (LDS) um 2 zur Längsachse parallele Achsen und 2 Querdrehschwingungen (QDS) um 2 zur Querachse parallele Achsen. Die parallelen Achsen sind dabei nach oben (LDS II bzw. QDS II) oder unten (LDS I bzw. QDS I) verschoben.

Die Abb. 8.4 bis 8.8 zeigen diese Schwingungsformen des elastisch gelagerten Motors und die entsprechenden Erregerkräfte bzw. -momente. Für die Berechnung der Eigenfrequenzen und der Schwingungsausschläge wird auf die Arbeit von WAAS [*J 1*] und die einschlägige Fachliteratur [*J 2*] bis [*J 8*] verwiesen.

Die Erregung durch die freien Gas- und Massenwirkungen erfolgt mit der Erregerschwingungszahl $n \cdot i$ entsprechend dem Produkt aus Drehzahl und Erregerordnung. Trifft die Erregerschwingungszahl mit der Eigenschwingungszahl n_e der

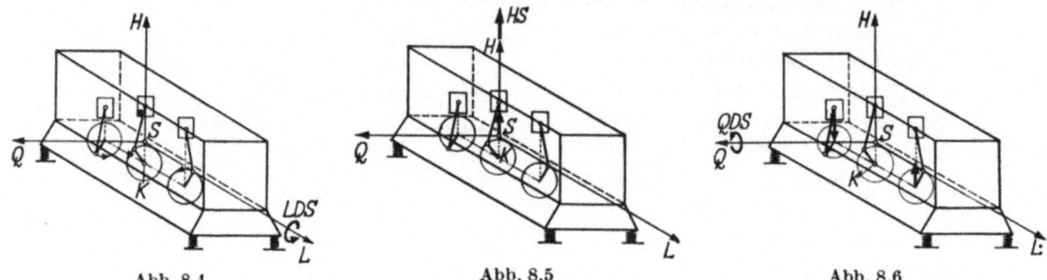

Abb. 8.4 Freies Drehmoment erregt Längsdrehschwingungen (LDS) um die Längsachse (L).
Abb. 8.5 Freie Massenkräfte (Resultierende im Schwerpunkt angreifend) erregen Hochschwingungen (HS) in Richtung der Hochachse (H).
Abb. 8.6 Hin- und hergehende freie Kippmomente in der lotrechten Längsebene erregen Querdrehschwingungen (QDS) um die Querachse (Q). [Hin- und hergehende freie Kippmomente in der horizontalen Längsebene erregen Hochdrehschwingungen (HDS) um die Hochachse (H).]

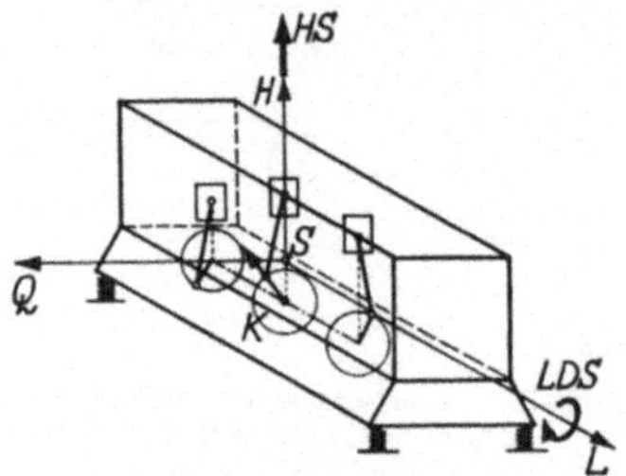

Abb. 8.7 Unwuchten im Punkt K, dem Schnittpunkt der Hochachse mit der Kurbelwellenachse angreifend erregen Hochschwingungen (HS) und Längsdrehschwingungen (LDS).

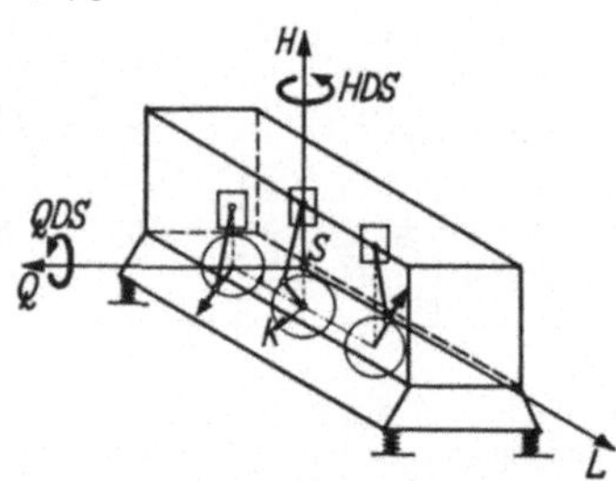

Abb. 8.8 Umlaufende freie Kippmomente erregen Hochdrehschwingungen (HDS) und Querdrehschwingungen (QDS).

Abb. 8.4 bis 8.8 Schwingungserregungen und zugehörige Schwingungsformen elastisch-gelagerter Verbrennungsmotoren.

dadurch angeregten Schwingungsform zusammen, so wird das System in Resonanz erregt. Diese kritischen Drehzahlen $n_{kr} = \frac{n_e}{i}$ sind unbedingt zu vermeiden. Um die Laufruhe der Maschine noch weiter zu verbessern, muß eine gute Abstimmung der elastischen Lagerung angestrebt werden. Unter der Abstimmung einer elastischen Lagerung versteht man das Verhältnis Betriebsdrehzahl n : Kritische Drehzahl n_{kr}. In Abb. 8.9, der sog. Resonanzkurve ist für konstante Erregung, was für das freie Drehmoment hinreichend genau zutrifft, der Zusammenhang zwischen dem Verhältnis P_F/P_E, d. h. der in das Fundament übertragenen Kraft zur Erregerkraft über n/n_{kr} dargestellt. Das Verhältnis P_F/P_E ist beim werkstoffgedämpften Schwinger identisch mit dem Verhältnis der Schwingwege a/a_E des Motors bezogen auf den statischen Ausschlag unter der Erregung. Bei Massenkrafterregung wächst die Amplitude der Erregerkraft quadratisch mit der Drehzahl. Da im Grenzfall $n \to 0$ auch der Ausschlag $a \to 0$ geht, bezieht man hier zweckmäßig auf die im Grenzfall $n/n_{kr} \to \infty$ sich einstellende Amplitude. Diese Amplitude a_∞ ist abhängig vom Massenverhältnis Erregermasse m : Motormasse M. Abb. 8.10 stellt diese Verhältnisse bei Massenkrafterregung am Schwinger mit Werkstoffdämpfung dar. Bei Massenmomenterregung gilt die Resonanzkurve entsprechend für den Winkelausschlag φ. Der sich im Grenzfall einstellende Ausschlag φ_∞ ist außer vom Erregermoment auch vom Massenträgheitsmoment Θ des Motors abhängig, wobei Θ für die Achse einzusetzen ist, um welche die Schwingbewegung erfolgt.

Bei $n/n_{kr} = 1$ tritt beim ungedämpften Schwinger der Resonanzfall ein, d. h. theoretisch werden beim ungedämpften System die Ausschläge und die in das Fundament durchkommenden Kräfte unendlich groß. Praktisch jedoch ergeben sich zwar sehr große aber endliche Werte, bedingt durch die Dämpfung des Federwerkstoffes. Es ist aber möglichst zu vermeiden, daß kritische Drehzahlen in den Drehzahlbereich der Maschine zu liegen kommen, in dem längere Zeit gefahren wird.

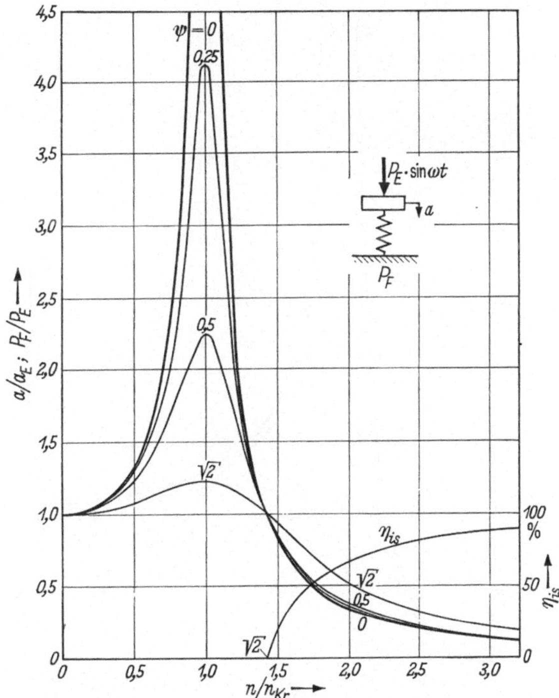

Abb. 8.9 Resonanzkurve und Isolierwirkungsgrad eines Schwingers mit Werkstoffdämpfung ψ und konstanter Erregung.

Elastische Lagerungen mit einer Abstimmung $n/n_{kr} > 1$ werden als überkritisch bezeichnet. Alle Betriebsdrehzahlen liegen dann über den kritischen Drehzahlen. Eine gewisse Erschütterungsisolierung — nämlich eine Verminderung der Fundamentkräfte gegenüber den Erregerkräften — tritt erst bei einer Abstimmung $n/n_{kr} > \sqrt{2}$ auf. In der Praxis werden elastische Lagerungen von Motoren bzw. Motoraggregaten, die im ganzen Drehzahlbereich gefahren werden, auf die Leerlaufdrehzahl abgestimmt, d. h. $n_{\min}/n_{kr} > \sqrt{2}$. Beim Anfahren und Abstellen müssen dann zwar die kritischen Drehzahlen durchfahren werden, dies geschieht jedoch so schnell, daß die Maschine keine Zeit findet, sich zum vollen Resonanzausschlag aufzuschaukeln. Das schnelle Durchfahren des Resonanzgebietes beim Anfahr- und Abstellvorgang verursacht lediglich kurzfristig starke Schüttelschwingungen der Maschine und Erschütterungen der Umgebung. Beim Durchfahren des Resonanzgebietes wirken sich Federungselemente mit hoher Dämpfung besonders vorteilhaft aus. In dieser Hinsicht sind Gummi-Elemente den Stahlfedern überlegen. Bei Stahlfedern, deren Werkstoffdämpfung sehr gering ist, sind oft noch zusätzliche Dämpfer erforderlich.

In Abb. 8.9 ist zusätzlich noch die Kurve für den Isolierwirkungsgrad des ungedämpften Schwingers $\eta_{is} = \frac{P_E - P_F}{P_E} \cdot 100\ [\%]$ über der Abstimmung aufgezeichnet. Aus ihr läßt sich der Prozentsatz der durch die elastische Lagerung absorbierten Erregerkraft ablesen.

Bei vielen Bauarten können mehrere Erregerarten verschiedener Ordnung gemeinsam auftreten. Es ist ohne weiteres verständlich, daß die überkritische

Auslegung einer elastischen Lagerung um so schwieriger ist, je mehr Schwingungsformen vom Motor erregt werden und je niedriger die Erregerordnungen sind. Motorbauformen mit solch ungünstigen Voraussetzungen erfordern extrem weiche Lagerungen oder sie sind nur als Aggregate, z. B. mit einem schweren Generator zusammen auf einem gemeinsamen Grundrahmen elastisch zu lagern. Die Weichheit der elastischen Lagerung ist aber begrenzt. Die Ausschläge des Motors beim An- und Abstellen, die Auslenkungen durch das mittlere Drehmoment — besonders wenn der Abtrieb über ein Getriebe erfolgt — und durch die Beschleunigungen und Verzögerungen im Fahrzeug müssen den Einbauverhältnissen angepaßt sein. Auspuffanlagen, Kühlwasserverbindungen, Regel- und Schaltgestänge und schließlich die Abtriebswelle selbst schränken die Bewegungsmöglichkeit des Motors ein. Gerade diese Verbindungen ergeben oft eine zusätzliche Fesselung des Motors, wodurch die Eigenfrequenzen der elastischen Lagerung erhöht werden.

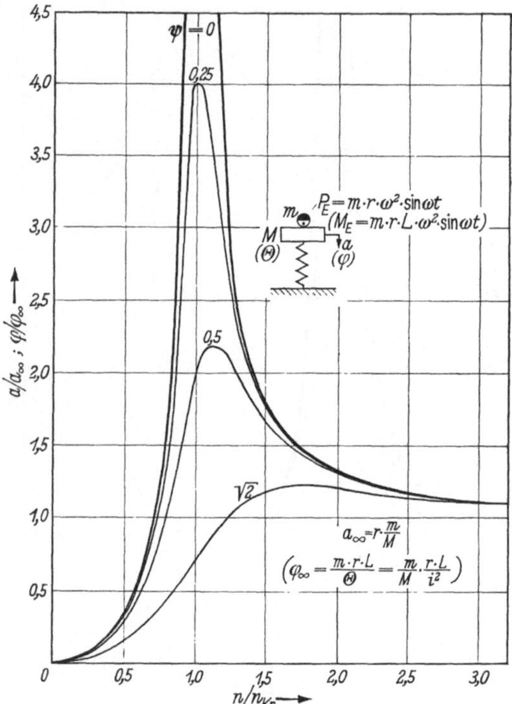

Abb. 8.10 Resonanzkurve eines Schwingers mit Werkstoffdämpfung ψ unter Massenkrafterregung bzw. Massenmomentenerregung.

Neben diesen Schwingungen, die der Motor als starre Masse ausführt, können noch Schwingungen einzelner Anbauteile auftreten. Ihre Erregung kann sowohl eine Folge der freien Gas- und Massenwirkungen sein, als auch durch die periodischen und stoßartigen inneren Beanspruchungen erfolgen. Störend und gefährlich werden sie aber in den meisten Fällen durch die zu weiche Befestigung dieser Anbauteile am Motor, falls es sich nicht um eine gewollte elastische Ankoppelung handelt. Es hat dann wenig Sinn die Erregung verringern zu wollen. Weit wirkungsvoller ist die Versteifung der Befestigung. Flansche und Konsolen für größere und stark überhängende Anbauteile müssen möglichst steif ausgebildet werden. Membranartige, dünne Wände sind nicht die richtige Basis für solche Anbauteile. Dies gilt auch für die Verbindung Motor-Kupplungsgehäuse-Getriebe. Durch die mit der Kurbelwelle umlaufenden inneren Momente (vgl. Abschn. 10d) wird auch das Kurbelgehäuse durchgebogen. Dadurch kann der Motor-Getriebe-Block zu Biegeschwingungen angeregt werden, und zwar besonders dann, wenn durch nicht ausreichend steife Verbindungen zwischen Motor und Getriebe die niederste Biegeeigenfrequenz des Blockes in der Nähe des Drehzahlbereiches liegt.

b) Körperschall

Der Körperschall wird durch die metallischen Motorteile und mehr oder weniger auch durch das Gummi-Element in das Fundament übertragen. Er ist wie die mechanischen Schwingungen eine Schwingungserscheinung. Für die Körperschalldämmung gilt somit grundsätzlich das Gleiche wie für die Schüttelschwingungen. Die Resonanzkurve in Abb. 8.9 läßt sich demnach sinngemäß auch auf den Bereich hoher Frequenzen von 16 bis etwa 16000 Hz anwenden, in dem sich alle Schallvorgänge abspielen, die das menschliche Ohr wahrnimmt.

Wird in Abb. 8.9 an Stelle des Verhältnisses P_F/P_E bzw. a/a_E, die den Schalldrücken p proportionale Schalldämmung $D = 20 \cdot \lg p_1/p_2$ eingeführt, so erhält man aus der Resonanzkurve die entsprechende Dämmkurve eines Masse-Feder-Systems nach Abb. 8.11. Wie bei den Schüttelschwingungen tritt eine Dämmung erst ober-

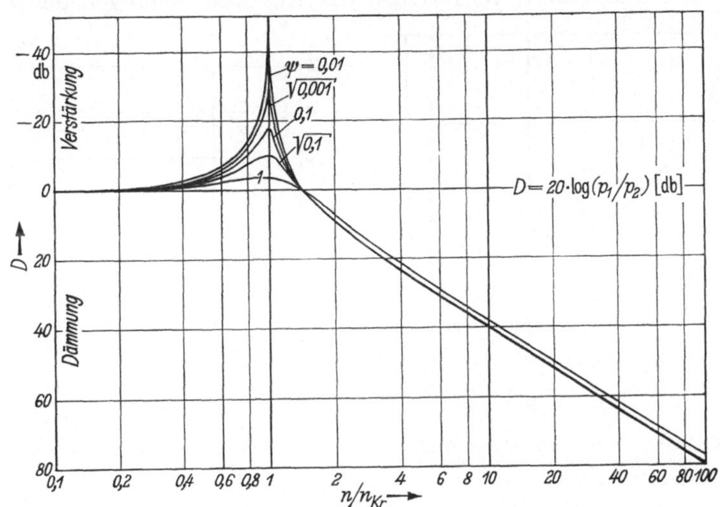

Abb. 8.11 Schalldämmkurve eines Masse-Feder-Systems.

halb einer Abstimmung $n/n_{kr} > \sqrt{2}$ auf, und auch hier ist der Einfluß der Werkstoffdämpfung nur im Gebiet der Resonanz von Bedeutung.

Von Bedeutung für die Körperschallisolierung sind aber noch zusätzlich die Schwingungseigenschaften der Federelemente selbst. Bei diesen können nämlich hochfrequente Eigenschwingungen, sogenannte Verdichtungsschwingungen auftreten. Die akustische Schwingung pflanzt sich mit der dem Federwerkstoff eigenen Schallgeschwindigkeit fort. An den Übergangsflächen zum benachbarten Werkstoff findet eine teilweise Reflexion statt. Die dadurch im Werkstoff hin- und zurücklaufenden Schallwellen überlagern sich im Resonanzfall. Deshalb wird die Körperschalldämmung in der Resonanz der Grund- und Oberschwingungen dieser sog. $\frac{\lambda}{2}$-Schwingung verschlechtert.

In Gummi ist die Schallgeschwindigkeit $v_D = \sqrt{\frac{E}{\varrho^*}} = \sqrt{\frac{h^2 \cdot c}{m^*}}$ bei Druck und $v_s = \sqrt{\frac{G}{\varrho^*}}$ bei Schubbeanspruchung.

E Elastizitätsmodul $[\mathrm{kp \cdot cm^{-2}}]$
G Schubmodul $[\mathrm{kp \cdot cm^{-2}}]$
ϱ^* Dichte $[\mathrm{kp \cdot s^2 \cdot cm^{-4}}]$
h Gummihöhe [cm]
m^* Masse* $[\mathrm{kp \cdot s^2 \cdot cm^{-1}}]$
c Federsteife $[\mathrm{kp \cdot cm^{-1}}]$

Im Resonanzfall ist $\lambda/2$ gleich der Gummihöhe h für die Grundschwingung. Da Stahlfedern ebenfalls longitudinale Eigenschwingungen ausführen können, ist auch für sie obige Frequenzgleichung anwendbar, solange die Wellenlänge noch nicht die Größenordnung der Windungsabstände erreicht.

Den Einfluß der Verdichtungsschwingungen an Federelementen zeigt Abb. 8.12. Hier ist für verschiedene Werkstoffdämpfungen und für ein Verhältnis $n_{ev}/n_{kr} = 10$ die Dämmung über der Abstimmung n/n_{kr} aufgetragen. Durch die Eigenschwingung der Federelemente wird der bekannte Verlauf der Dämmkurve gestört, wobei Einbrüche bei der $\frac{\lambda}{2}$-Frequenz n_{ev} und bei ihren ganzzahligen Vielfachen, den Oberschwingungen auftreten. Diese Einbrüche stören besonders dann, wenn auf der Fundamentseite Resonanzkörper vorhanden sind, die auf diese Frequenz ansprechen. Bei Stahlfedern verursachen die Eigenschwingungen der Feder wegen

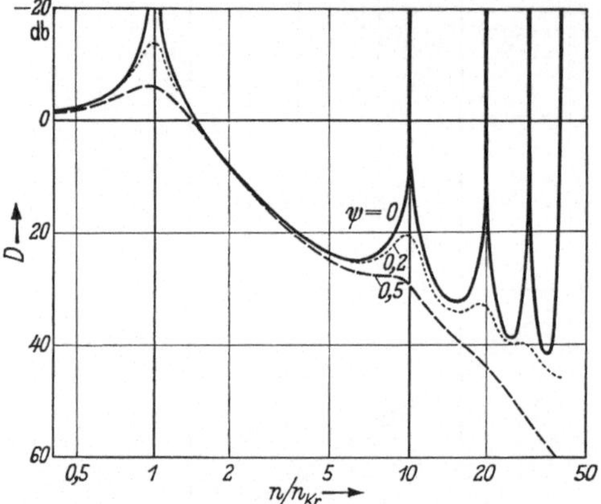

Abb. 8.12 Schalldämmkurve eines Masse-Feder-Systems mit Einbrüchen der $\lambda/2$-Schwingung für verschiedene Werkstoffdämpfungen ψ.

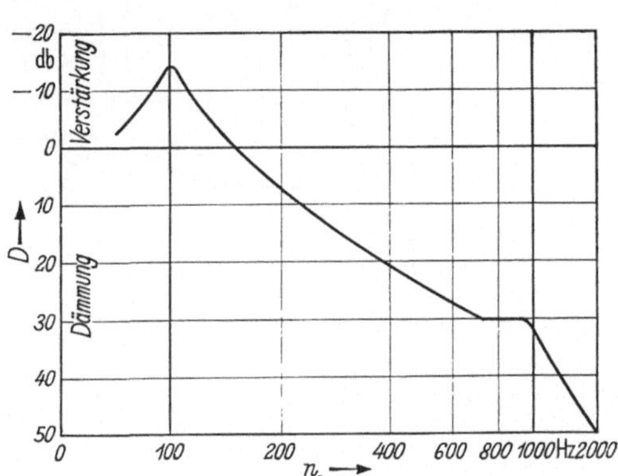

Abb. 8.13 Schalldämmkurve einer Gummifeder.

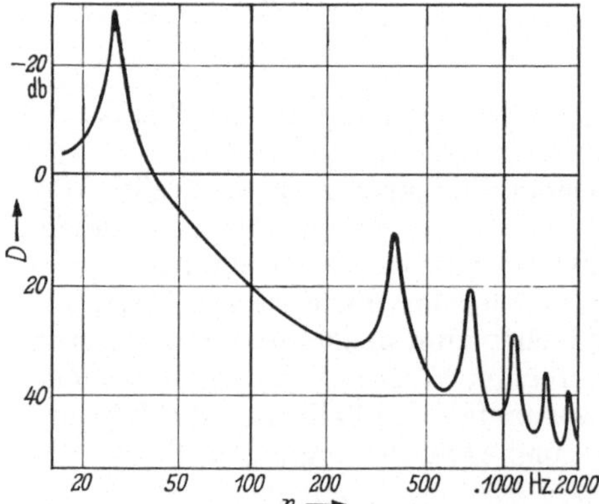

Abb. 8.14 Schalldämmkurve einer Stahlfeder.

der sehr kleinen Werkstoffdämpfung viel tiefere Einbrüche in die Dämmkurve, als dies bei Gummi-Elementen der Fall ist. Gummifedern haben eine ungefähr 10mal so große Materialdämpfung. Außerdem liegt die $\frac{\lambda}{2}$-Frequenz bei Stahlfedern wesentlich tiefer als bei Gummifedern — gleiche Federkonstanten vorausgesetzt —, so daß bei der Stahlfeder auf ein bestimmtes Frequenzgebiet auch mehr Eigenfrequenzen fallen als bei Gummifedern. In den Abb. 8.13 und 8.14 sind die für Gummi und Stahlfedern typischen Dämmkurven dargestellt.

c) Auswuchten

Auswuchten erfolgt mit dem Ziel, die Laufruhe der Maschine so zu verbessern, daß sie den gestellten Anforderungen unter Anwendung eines wirtschaftlich vertretbaren Aufwandes gerecht wird. Durch den Auswuchtprozeß wird versucht, den Schwerpunkt eines Wuchtkörpers in seine geometrische, konstruktiv erzwungene Rotationsachse zu legen (Abb. 8.15). Dies erfolgt bei einem scheibenförmigen Körper durch das statische Wuchten. Der Körper wird in seiner Rotationsachse drehbar gelagert und muß im ausgewuchteten Zustand in jeder Winkellage, ohne sich weiterzudrehen, stehen bleiben (Abb. 8.16). Rotoren mit größerer axialer Ausdehnung müssen dynamisch gewuchtet werden. Ein solcher Körper kann ein Unwuchtpaar besitzen, das statisch im Gleichgewicht ist (Abb. 8.17). Rotiert der Körper jedoch, so erzeugt das Unwuchtpaar ein umlaufendes Moment. Kurbelwellen, die über ihre ganze Länge eine Vielzahl von Einzelunwuchten haben können, müssen daher grundsätzlich dynamisch gewuchtet werden (Abb. 8.18a). Dabei werden diese Einzelunwuchten auf die beiden Ausgleichsebenen I und II gemäß den Regeln der Statik aufgeteilt (Abb. 8.18b) und zu den Resultierenden U_I und U_{II} zusammengefaßt (Abb. 8.18c). Bei modernen Auswuchtmaschinen lassen sich die resultierenden Unwuchten je Ausgleichsebene U_I und U_{II} unmittelbar nach Größe und Winkellage ablesen.

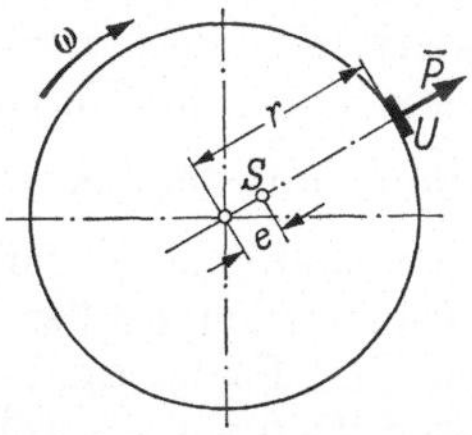

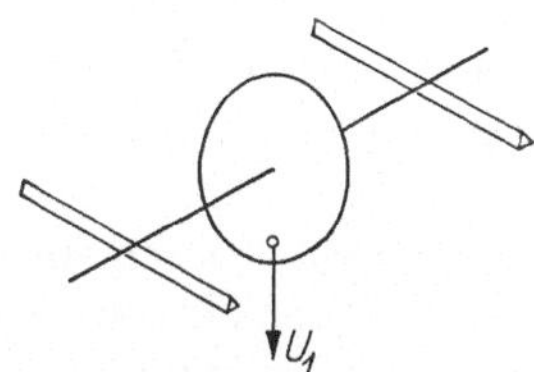

Abb. 8.15 Wuchtkörper mit Einzelunwucht U am Radius r entsprechend einer resultierenden Schwerpunktsexzentrizität e erzeugt bei Rotation eine Fliehkraft $\overline{P}$.

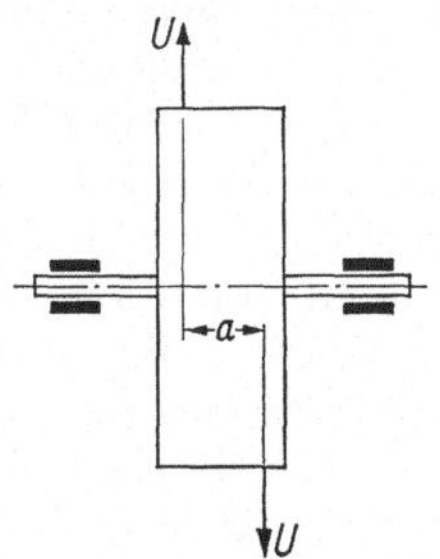

Abb. 8.16 Dünner, scheibenartiger Wuchtkörper mit Einzelunwucht U_1, die durch statisches Auswuchten gefunden wird.

Abb. 8.17 Scheibe größerer Dicke mit Unwuchtpaar, das statisch im Gleichgewicht ist und nur durch dynamisches Wuchten gefunden werden kann.

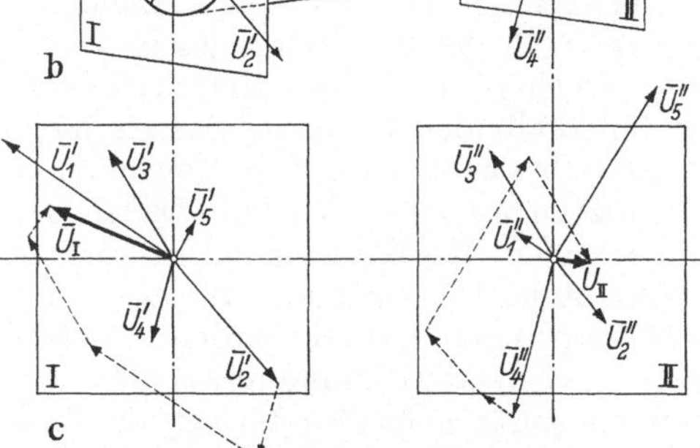

Abb. 8.18 Zusammenfassung aller Einzelunwuchten eines Wuchtkörpers zu den resultierenden Unwuchten in den Auswuchtebenen I und II.
a) Wuchtkörper mit Einzelunwuchten; b) Aufteilung der Einzelunwuchten auf die Auswuchtebenen I und II; c) Vektorielle Zusammenfassung der Unwuchtanteile in den Auswuchtebenen zu den resultierenden Unwuchten U_I und U_{II}.

Schnellaufende Motoren werden nahezu ausschließlich elastisch aufgestellt (Abschn. 8a). So erreicht man bei Betrieb im überkritischen Bereich die angestrebte Laufruhe und eine Verringerung der wechselnden Kräfte, die in das Fundament weitergeleitet werden. Die Motorbauform wird man nach Möglichkeit so wählen, daß nur Erregungen höherer Ordnung auftreten, so daß eine günstige Auslegung der elastischen Lagerung möglich ist. Zusätzlich treten in einem Motor durch die fertigungsbedingten Unwuchten noch Erregungen 1. Ordnung auf. Dadurch ist auch außerhalb der Resonanz eine Beeinträchtigung der Laufruhe zu erwarten. Andererseits sollte die Auswuchtgüte nur so weit getrieben werden, wie es wirtschaftlich vertretbar und für die praktische Anwendung notwendig ist. Es muß daher eine Restunwucht zugelassen werden, für die in der Praxis noch die Dimension [cm·g] verwendet wird. Der Entwurf zur VDI-Richtlinie 2060 regt eine Umstellung auf die Dimension [mmg] an, und zwar aus folgendem Grund: Bezieht man die Unwucht auf das Wuchtkörpergewicht, dann ist eine bezogene Unwucht mit der Dimension $\frac{\text{mm} \cdot \text{g}}{\text{kg}} = \frac{1}{1000}\,\text{mm} = 1\,\mu\text{m}$ gleichbedeutend mit der Schwerpunktexzentrizität eines scheibenförmigen Körpers. Diese anschauliche Größe ergibt auch einen gemeinsamen Maßstab zur Beurteilung verschieden großer Wuchtkörper. Die vom Unterausschuß Auswuchttechnik in der VDI Fachgruppe Schwingungstechnik als Entwurf herausgegebene VDI-Richtlinie 2060 für die Auswuchtgüte verwendet diese Größe. Sie gibt Richtwerte für Kurbelwellen, die jedoch nur als Anhaltswerte gedacht sind, um grobe Mängel ebenso zu vermeiden wie übertriebene oder nicht realisierbare Forderungen. Dabei wird die lineare Abhängigkeit der zulässigen Restunwucht von der Drehzahl berücksichtigt, die sich aus statistischen Auswertungen von praktischen Erfahrungen an Rotoren gleicher Art ergab (Abb. 8.19). Beim dynamischen Auswuchten von Kurbelwellen gilt je Auswuchtebene die Hälfte der angegebenen Werte.

Die für die Kurbelwelle erforderliche Auswuchtgüte ist jedoch auch unter Beachtung des Einflusses der übrigen Triebwerkteile wie Pleuelstangen, Kolben, Schwungmassen und Dämpfer festzulegen. Beim Zusammensetzen von zwei Drehkörpern, z. B. des Schwungrades und der Kurbelwelle, können sich nicht nur die Restunwuchten der beiden Einzelteile vektoriell addieren, sondern es treten durch den innerhalb der Passungstoleranz möglichen exzentrischen Zusammenbau zusätzliche Unwuchten auf. Den Gewichten der Pleuel und Kolben muß ebenfalls eine Toleranz zugestanden werden. Dabei ist grundsätzlich zwischen zwei Fällen zu unterscheiden. Bei Bauformen, die auch ohne Gegengewichte einen vollkommenen Massenausgleich 1. Ordnung aufweisen, können die Pleuelstangen und Kolben nach Gewichtsgruppen sortiert werden. In einen Motor baut man nur solche Teile ein, deren Gewichtsabweichung innerhalb einer vorgegebenen Toleranz liegen. Dadurch kann eine zusätzliche Bearbeitung der Teile vermieden und das Gesenk länger verwendet werden. Dagegen erfordern die Bauformen, die einen Vollausgleich 1. Ordnung nur durch die Verwendung genau abgestimmter Gegengewichte an der Kurbelwelle erreichen, ein Auswuchten der Kurbelwelle mit Meistergewichten auf den Hubzapfen. Die Meisterringe stellen das Gewicht der rotierenden Pleuelmassen und die Hälfte der oszillierenden Massen je Kurbelzapfen dar. Dazu werden die Pleuelstangen und Kolben auf ein dem Meisterring entsprechendes Sollgewicht innerhalb einer gewissen Toleranz bearbeitet. Man sieht dafür Gewichtsausgleiche vor, die mit einfachen Bearbeitungsverfahren die Einhaltung des Sollgewichtes ermöglichen. In jedem Falle treten durch die Verteilung der Triebwerksteile im Motor, auch wenn sie innerhalb einer vorgesehenen Toleranz liegen, zusätzliche Unwuchten auf, die den Auswuchtzustand beeinflussen. Je nach Verteilung der Gewichtstoleranzen auf die einzelnen Hübe ergeben sich freie Kräfte oder Momente unterschiedlicher Größe. Da die Wahl der Gewichtstoleranzen auch von den Fertigungsbedingungen abhängen, was ebenso für die Zentrierung der Anbauteile wie Schwungrad usw. gilt, ist es zweckmäßig, diese Einflüsse des gesamten Triebwerkes auf den Auswuchtzustand zusammenzufassen. Dabei müssen die ungünstigsten Kombinationen aus den Unwuchten der Einzelteile, aus deren exzentrischen Anbau und aus den

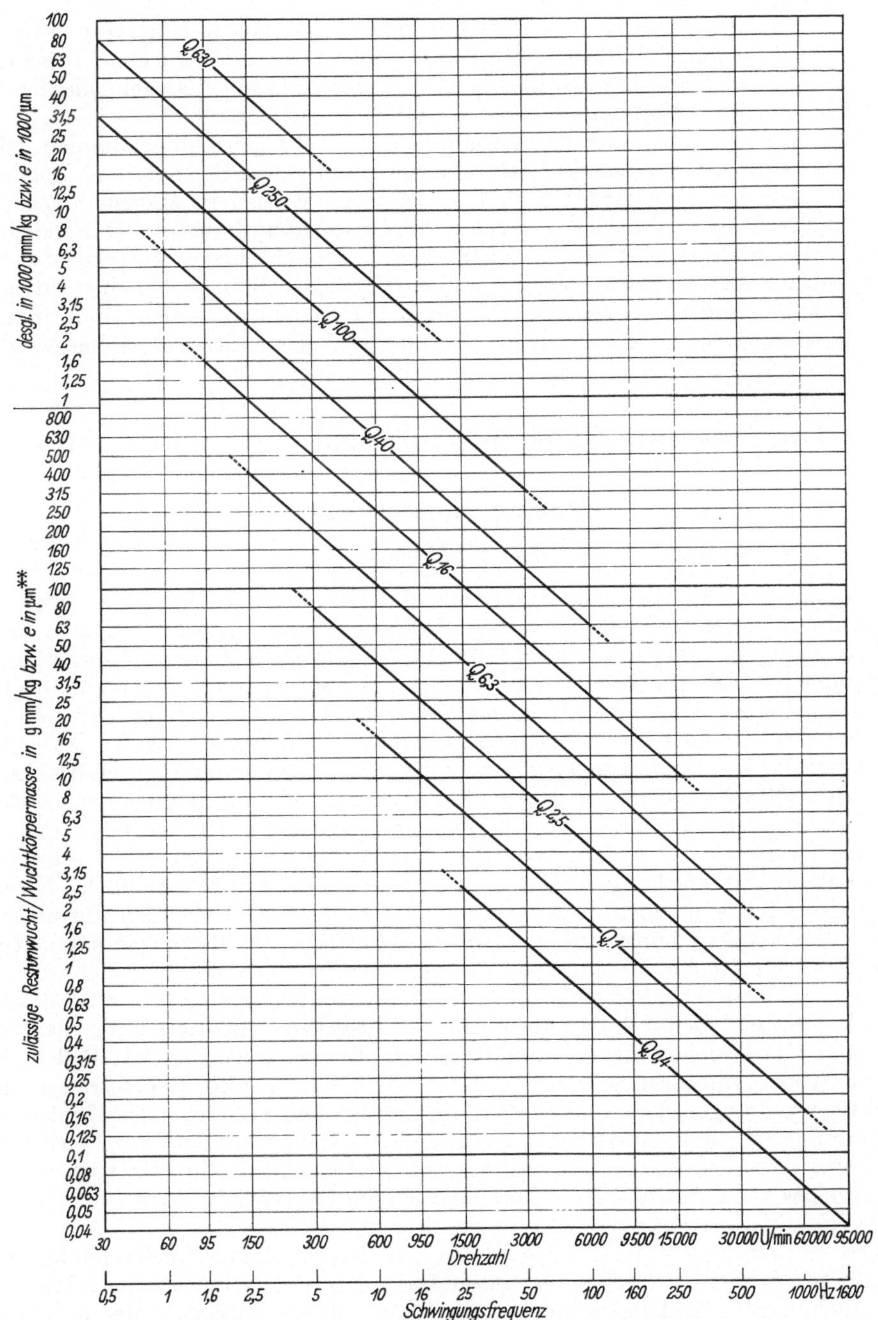

Abb. 8.19 Auswucht-Gütestufen nach Entwurf VDI-Richtlinie 2060. Zulässige bezogene Unwuchten für verschiedene Gütestufen Q in Abhängigkeit von der höchsten Betriebsdrehzahl.

Für starre Wuchtkörper mit zwei Ausgleichsebenen gilt im Allgemeinen die Hälfte des betreffenden Richtwertes für scheibenförmige Wuchtkörper gilt der volle Richtwert.

Gewichtstoleranzen in bezug auf ihre Reaktion an den Aufnahmelagern bestimmt werden. Wird der halbe Wert der in Abb. 8.19 angegebenen Gütestufe Q 40 von der so für die ungünstigste Kombination ermittelten Gesamtunwucht je Aufnahmelager nicht überschritten, so ist nach praktischen Erfahrungen an schnellaufenden, elastisch gelagerten Motoren die erzielte Laufruhe befriedigend.

Zum Auswuchten werden die Kurbelwellen in zwei Lagern aufgenommen. Diese wählt man so aus, daß die statische Durchbiegung unter dem Eigengewicht möglichst klein ist. Lange Wellen werden deshalb nicht an den Endlagern aufgenommen. Die Auswuchtdrehzahl wird niedrig angesetzt, um Unwuchten infolge der Durchbiegung unter dem inneren Moment zu vermeiden. Bei extrem hochtourigen Motoren ist es teilweise angebracht, den ganzen Motor hochtourig auszuwuchten, wobei auch Unwuchten durch die elastische Verformung im Motor berücksichtigt werden. Dabei müssen von außen zugängliche Nacharbeitsstellen an den Wellenenden vorgesehen werden.

Die inneren Massen- und Gaskraftwirkungen

9. Lagerbelastungen

[*E 7*], [*F 1*] bis [*F 17*]

Die Lager eines Verbrennungsmotors, die Grund- und Pleuellager sowie die Kolbenbolzenlager unterliegen verschiedenartigen Belastungsformen. Eine in Größe und Richtung konstante Belastung tritt praktisch an keinem dieser Lager auf. Die Belastung ist vielmehr instationär, d. h. die Belastung wechselt innerhalb eines Arbeitsspieles ihre Größe und Richtung. Sie setzt sich zusammen aus den rotierenden und oszillierenden Massenkräften sowie aus den Gaskräften. Bei der Auslegung solcher Lager als Gleitlager wird stets die vollständige Trennung der das Lager bildenden Gleitflächen durch das Schmiermittel angestrebt. Durch neuere theoretische Arbeiten ([*F 1*], [*F 3*] bis [*F 6*]) auf dem Gebiet der hydrodynamischen Schmierfilmtheorie bei instationär belasteten Gleitlagern, welche auch durch experimentelle Untersuchungen [*F 2*] bestätigt werden, ist eine verläßliche Berechnung dieser Lager möglich. Neben diesem unbedingt anzustrebenden Zustand der reinen Flüssigkeitsreibung wird beim An- und Abstellen des Motors ein kurzzeitiger Betrieb im Gebiet der Mischreibung und gar der Festkörperreibung nicht zu umgehen sein. Für den normalen Betrieb muß zur Vermeidung von Verschleiß das Lager entsprechend der Schmierfilmtheorie so ausgelegt sein, daß unter den auftretenden Belastungen keine Berührung der Lageroberflächen stattfindet. Die konstruktiven Anforderungen an das Lager sind dabei exakte Geometrie, geringe Rauhtiefe von Lagerschale und Zapfen, die richtige und ausreichende Schmierstoffversorgung des Lagers sowie eine ausreichende Festigkeit des Gleitlagerwerkstoffes gegenüber den recht hohen und wechselnden Ölfilmdrücken. Zur Herabsetzung des Verschleißes beim An- und Abstellen benötigt die Lagerschale eine Oberfläche mit guten Notlaufeigenschaften.

Die Verwendung von Wälzlagern in den Triebwerken schnellaufender Verbrennungsmotoren ist weniger verbreitet. Die Kenntnis des Belastungsverlaufes ist aber auch hier für die Dimensionierung und konstruktive Auslegung des Wälzlagers erforderlich.

Die Berechnung des Belastungsverlaufes der Triebwerkslager und besonders die Anwendung der Gleitlagertheorie erfordert schon einen beträchtlichen Aufwand, so daß sie vorwiegend mit Elektronenrechnern betrieben wird.

In der Praxis des Konstrukteurs sind daneben auch noch sehr vereinfachte Berechnungsmethoden üblich, denen aber nur eine beschränkte Gültigkeit zugebilligt werden kann. Sie sind nur für eine erste Kontrolle der Entwurfsabmessungen geeignet. Dies gilt jedoch nur, wenn die dazu vorhandenen Vergleichswerte von ausgeführten Lagern eine weitgehende Ähnlichkeit in der Größe und dem zeitlichen Verlauf der Belastung, im Breitenverhältnis und in der Umfangsgeschwindigkeit haben. Diese Voraussetzungen treffen noch am besten bei Pleuellagern zu, während die Grundlagerbelastungen selbst bei gleicher Zylinderzahl durch die Wahl der Zündfolge und die Anordnung und Größe der Gegengewichte wesentlich zu beeinflussen sind. Die Vergleichsbeanspruchung für die Lagerbelastung wird als Flächenpressung unter der Gaskraft allein bestimmt. In der Praxis findet man bei den üblichen Breitenverhältnissen B/D zwischen 0,35 und 0,5 folgende Richtwerte unter betriebsähnlichen Zünddrücken:

Flächenpressungen [$\mathrm{kp\cdot cm^{-2}}$] *unter Gaskraft allein*

	Fahrzeugmotoren		Hochleistungs-Dieselmotoren
	Ottomotoren	Dieselmotoren	
Pleuellager	150···250	200···350	350···500
Grundlager	100···150	150···200	200···250
Kolbenbolzenlager im Pleuel	350···450	400···500	500···750
Kolben	350···400	350···450	350···500

Einen vollständigen Einblick in die Belastungsart des Lagers erhält man jedoch nur aus dem polaren Belastungsverlauf über ein volles Arbeitsspiel. Er zeigt die tatsächlichen Kräfte auf die Lagerschale bzw. auf den Lagerzapfen. Aus ihm läßt sich schon die konstruktive Anordnung der Ölnuten im Lager und der Ölbohrungen im Lagerzapfen ermitteln. Bei der Berechnung der Lagerkonstruktion selbst, des Lagerdeckels und der Schrauben geht man ebenfalls besser von den genauen Kräften auf das Lager aus.

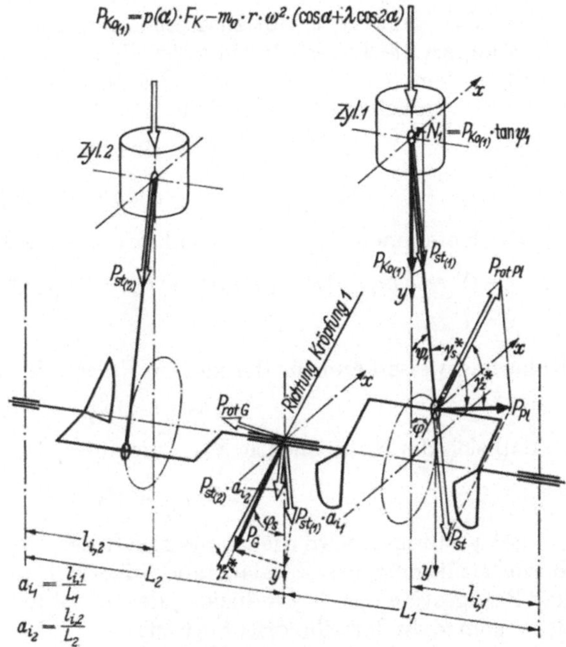

Abb. 9.1 Lagerkräfte im Triebwerk eines Verbrennungsmotors; Darstellung im Koordinatensystem x—y.

a) Pleuellager

Die Bestimmung der Kräfte erfolgt am besten rechnerisch in einem rechtwinkligen Koordinatensystem $x - y$, das in geeigneter Weise ausgewählt wird. Die Orientierung dieses Koordinatensystems kann gehäusefest, wellenfest oder auch pleuelstangenfest angenommen werden. Das nach der Pleuelstangenrichtung festgelegte System wäre nur für die Pleuellagerbelastung günstig. Im wellenfesten System legt man die Koordinatenachsen in die radiale und tangentiale Richtung, so daß man mit den Radial- und Tangentialkräften arbeiten kann. Dieses Bezugssystem ist besonders für Kreiskolbenmotoren geeignet (Abschn. 5e). Für den Hubkolbenmotor ist wohl das gehäusefeste Koordinatensystem besser geeignet, welches nach Abb. 9.1 in Zylinderachsrichtung und senkrecht dazu orientiert ist.

Die Aufteilung in Kolbenkraft (Gaskraft und oszillierende Massenkraft) und in rotierende Massenkraft liegt auf der Hand. Entsprechend dem Kräftefluß der Kolbenkräfte empfiehlt sich die Aufteilung des Rechnungsablaufes in der Folge Kolbenbolzen — Pleuellager — Grundlager. Die Komponenten der Kolbenbolzenkraft im $x-y$-System entsprechen dann der Kolbenkraft P_{Ko} und der Gleitbahnkraft N nach den bekannten Beziehungen aus Abschn. 5c. Die Kolbenbolzenkraft ist identisch mit der Stangenkraft P_{St}, welche für die Kräftebestimmung in die Pleuellager- und Grundlagerachse verschoben werden kann. Ebenso wird das gewählte Koordinatensystem parallel in das jeweils betrachtete Lager verschoben.

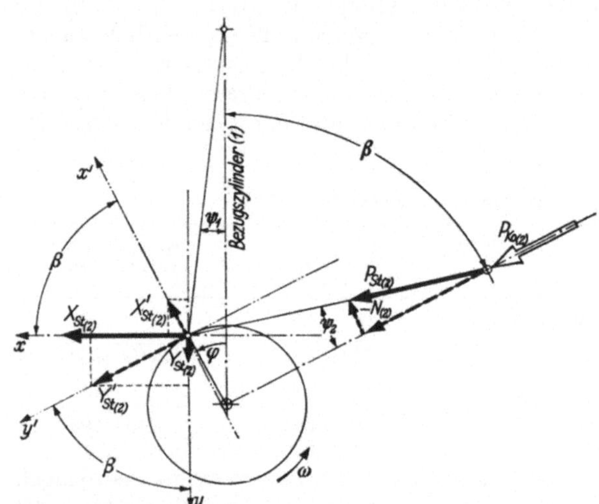

Abb. 9.2 Lagerkräfte im Triebwerk eines V-Motors.

Die Stangenkraft ergibt zusammen mit der rotierenden Massenkraft des großen Pleuelkopfes die Lagerbelastung des Pleuellagers. Die Darstellung der rotierenden Kraft in dem Koordinatensystem ist durch die Bildung der sin- und cos-Komponenten in einfacher Weise möglich:

$$X_{Pl_{\text{rot}}} = P_{\text{rot}} \cdot \sin\varphi = m_{\text{rot}_{Pl}} \cdot r \cdot \omega^2 \cdot \sin\varphi$$

$$Y_{Pl_{\text{rot}}} = -P_{\text{rot}} \cdot \cos\varphi = -m_{\text{rot}_{Pl}} \cdot r \cdot \omega^2 \cdot \cos\varphi$$

Die Komponenten der Stangenkraft sind nach Abschn. 5c:

$$T_{St_{(1)}} = N = P_{Ko_{(1)}} \cdot \tan\psi_1 = [p(\varphi) \cdot F_K - m_{o_{(1)}} \cdot r \cdot \omega^2 \cdot (\cos\varphi + \lambda \cdot \cos\varphi + \cdots)] \tan\psi_1$$

$$Y_{St_{(1)}} = P_{Ko_{(1)}}$$

Näherungsweise kann für die kleinen Pleuelschwenkwinkel gesetzt werden:

$$\tan\psi_1 \approx \sin\psi_1 = \lambda \cdot \sin\varphi$$

so daß sich die Komponente $X_{St_{(1)}}$ vereinfacht

$$X_{St_{(1)}} = P_{Ko_{(1)}} \cdot \lambda \cdot \sin\varphi$$

Bei V-Motoren wird die Stangenkraft der zweiten Zylinderreihe (Index 2) unter Berücksichtigung des Zündabstandes-im-V β^* und des Zylinder-V-Winkels β auf das Bezugssystem $x-y$ reduziert, das am Motor in eindeutiger Weise immer nach der ersten Zylinderreihe orientiert ist.

$$P_{Ko_{(2)}} = p(\varphi - \beta^*) \cdot F_K - m_{o_{(2)}} \cdot r \cdot \omega^2 \cdot [\cos(\varphi - \beta^*) + \lambda \cdot \cos 2(\varphi - \beta^*) + \cdots]$$

Nach Abb. 9.2 ergeben sich in einem nach Zylinderrichtung (2) orientierten System $x' - y'$ die Komponenten

$$X'_{St_{(2)}} = P_{Ko_{(2)}} \cdot \tan\psi_2 \approx P_{Ko_{(2)}} \cdot \lambda \cdot \sin(\varphi + \beta)$$

$$Y'_{St_{(2)}} = P_{Ko_{(2)}}$$

Durch Drehung um den V-Winkel β bringt man dieses Koordinatensystem zur Deckung mit dem eigentlichen System $x - y$ und erhält

$$X_{St_{(2)}} = X'_{St_{(2)}} \cdot \cos\beta + Y'_{St_{(2)}} \cdot \sin\beta = P_{Ko_{(2)}} \cdot \lambda \cdot \sin(\varphi + \beta) \cdot \cos\beta + P_{Ko_{(2)}} \cdot \sin\beta$$

$$Y_{St_{(2)}} = -P_{Ko_{(2)}} \cdot \lambda \cdot \sin(\varphi + \beta) \cdot \sin\beta + P_{Ko_{(2)}} \cdot \cos\beta$$

Die Zusammenfassung der Komponenten $X_{Pl_{rot}}$ und X_{St} bzw. $Y_{Pl_{rot}}$ und Y_{St} ergibt die resultierende Belastung des Pleuellagers

$$P_{Pl} = \sqrt{\sum X^2 + \sum Y^2} \qquad \gamma_0 = \arc\tan\frac{\Sigma X}{\Sigma Y}$$

Um die Kräfte in ihrer momentanen Lage zur Pleuelstange oder zum Kurbelzapfen zu erhalten, ist dem Polarwinkel γ_0 die Schwenkbewegung der Pleuel bzw. die Drehbewegung des Kurbelzapfens zu überlagern. So ergibt sich der Phasenwinkel der Pleuellagerbelastung, der Schalenwinkel

$$\gamma_s = \gamma_0 + \psi$$

und der Phasenwinkel der Kurbelzapfenbelastung, der Zapfenwinkel

$$\gamma_z = \gamma_0 - \varphi$$

Dabei werden, wie in Abb. 9.3 angegeben, die Phasenwinkel im Drehsinne von der Stangenrichtung bzw. vom Kurbelradius aus gezählt.

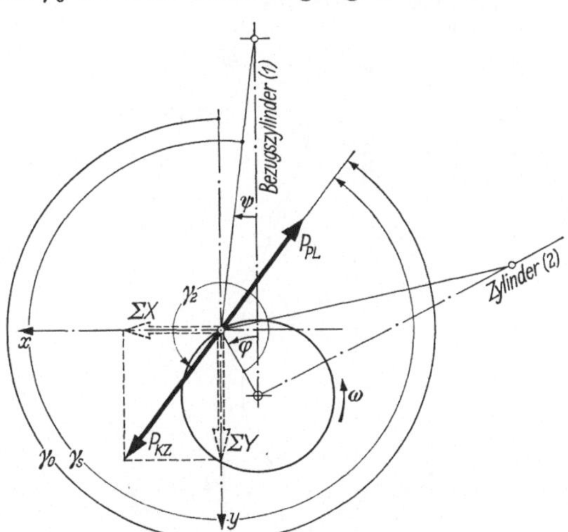

Abb. 9.3 Phasenwinkel der Pleuellager- bzw. Kurbelzapfenbelastung.

Damit ist die Belastung des Pleuellagers in Polardarstellung bezogen auf die Pleuelstange oder den Kurbelzapfen bestimmt. Diese Belastungsverläufe weisen immer eine gewisse Ähnlichkeit auf. Man erkennt in dem Lagerschalendiagramm (Abb. 9.4) und im Kurbelzapfendiagramm (Abb. 9.5) den Gaskraftbereich um den Zündzeitpunkt 0° KW und beim Viertakt-Motor den Massenkraftbereich von etwa 180° (Punkt 24) bis 540° KW (Punkt 72). Beim Zweitakt-Motor entfällt der Massenkraftbereich um 360° KW (Punkt 48) wegen des fehlenden Überschneidungs-OT. Je nach Drehzahl und maximaler Gaskraft kann sich das Verhältnis der Kräfte in diesen beiden Bereichen ändern. Das Verhältnis rotierende Pleuelmasse : oszillierende Masse eines Zylinders bestimmt die Ovalität des Massenkraftbereiches. Das Stangenverhältnis hat Einfluß auf die ungleichförmige Winkelgeschwindigkeit des Belastungsvektors. Für ähnliche Massen- und Stangenverhältnisse ist daher die Pleuellagerbelastung hinreichend genau erfaßt durch die maximale Belastung unter Gaskraft allein und unter Massenkraft in der OT-Lage.

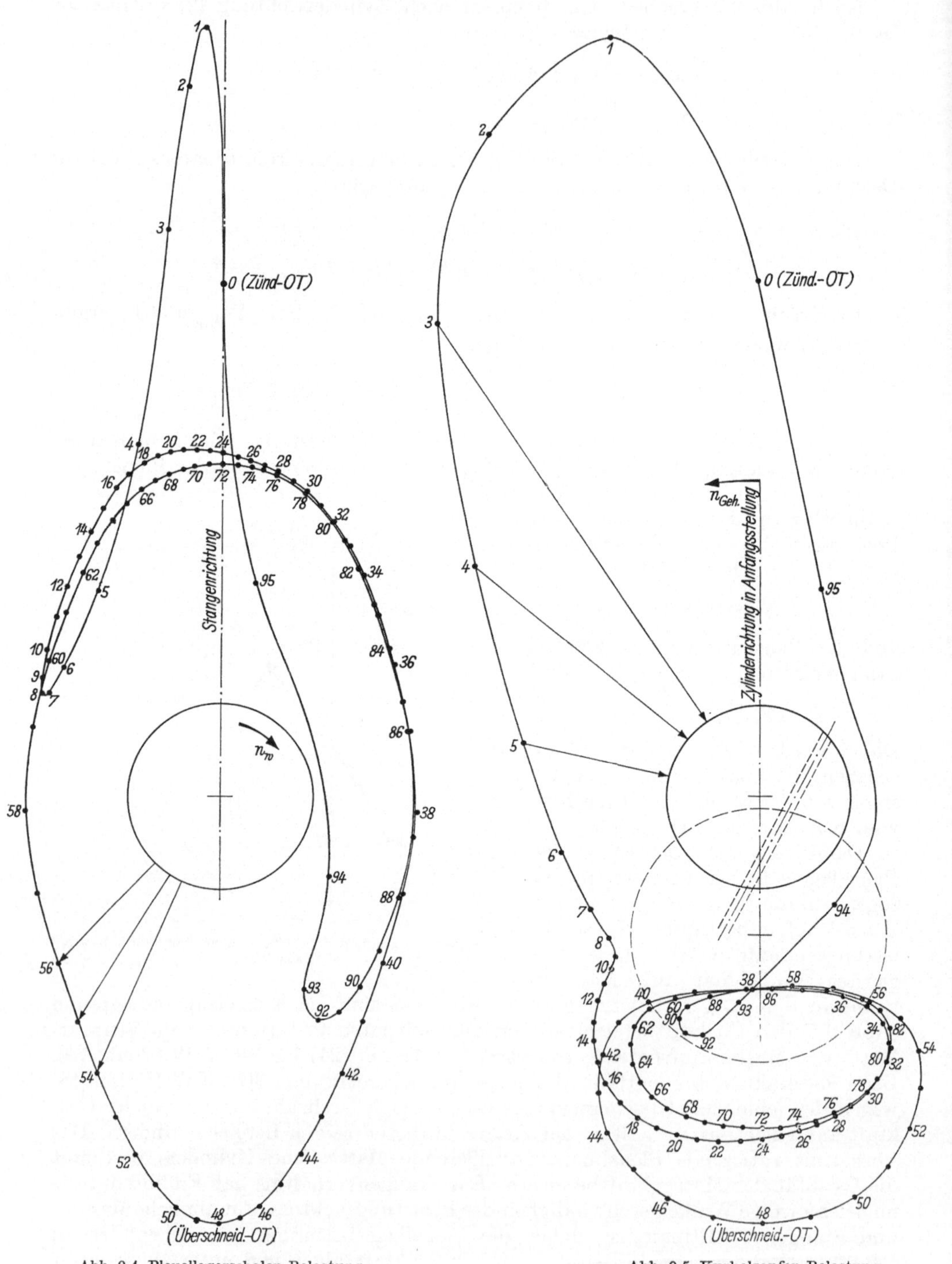

Abb. 9.4 Pleuellagerschalen-Belastung eines Fahrzeug-Dieselmotors.

Abb. 9.5 Kurbelzapfen-Belastung eines Fahrzeug-Dieselmotors.

Bei der Bestimmung des zeitlichen Kräftespieles ist zu berücksichtigen, daß der Gasdruckverlauf besonders im Bereich der Zündspitze gut wiedergegeben wird. Darüber hinaus muß aber auch die phasenrichtige Zuordnung der Kräfte mit Rücksicht auf den Zündabstand-im-V und bei Grundlagern mit Rücksicht auf die Zündfolge möglich sein. Im homogenen Motor haben alle Zylinder die gleichen Stangenkraftkomponenten. Da die auf das Grundlager einwirkenden Zylinder zeitlich gegeneinander phasenverschoben sind, müssen die Stangenkraftkomponenten nach Angabe der Zündfolge zeitlich verschoben werden. Bei der endlichen Zahl von Teilpunkten, in die das Arbeitsspiel unterteilt wird, müssen die erforderlichen zeitlichen Verschiebungen mit der Zahl der Teilpunkte harmonieren. In den meisten Fällen wird dies mit einer Schrittweite von 7,5° KW erreicht. Dadurch ergeben sich entsprechend den Abb. 9.4 und 9.5 die Teilpunkte von 0 bis 95 für ein Arbeitsspiel von 720°.

b) Grundlager

Die Kurbelwellen von Verbrennungsmotoren sind in der Regel mehrfach gelagert. Trotzdem ist es üblich die Grundlagerkräfte statisch-bestimmt zu berechnen. Dabei wird die Kurbelwelle in den Grundlagern gelenkig gedacht, so daß über die Lager hinweg keine Biegemomente übertragen werden. Die resultierende Belastung eines Grundlagers ergibt sich dann durch die Addition der Lagerreaktionen der beiden benachbarten Kurbelkröpfungen. Dieses Ergebnis wird natürlich etwas von

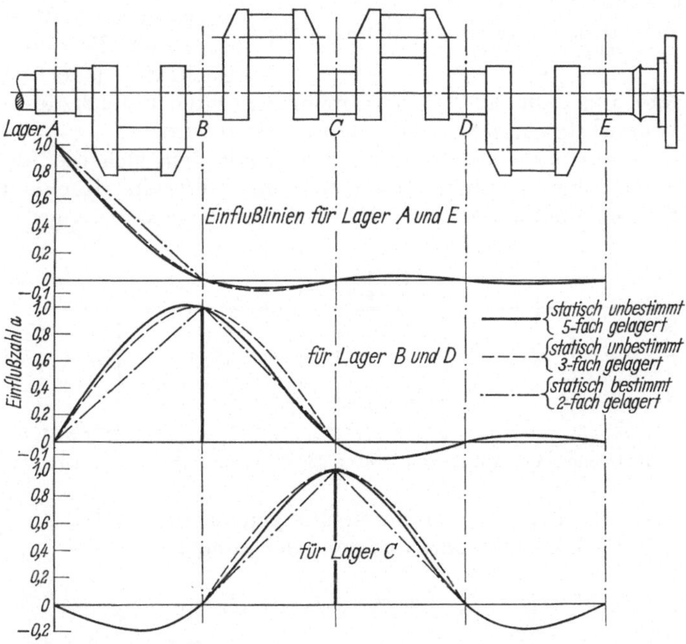

Abb. 9.6 Einflußlinien für die Auflagerkräfte bei statisch bestimmter und statisch unbestimmter Rechnung. Starre Lager, Welle konstanter Biegesteifigkeit.

den tatsächlichen Lagerkräften abweichen. Das Verfahren ist jedoch ein tragbarer Kompromiß bezüglich des Rechenaufwandes, besonders wenn man die sonstigen idealisierten Voraussetzungen berücksichtigt, wie gleiches Gasdruckdiagramm für alle Zylinder, Vernachlässigung der Stoßüberhöhung infolge der Trägheitswirkungen der elastisch gekoppelten Wellenmassen, des Schwungrades usw. Die Lagerung einer mehrfach gekröpften Kurbelwelle entspricht aber auch nicht der idealen statisch-unbestimmten Auflagerung. Die Grundlager eines Motors sind weder starr noch spiellos, Lager und Wellenzapfen fluchten nicht exakt und die Kurbelwelle besitzt keine konstante Biegesteifigkeit. Dazu ist der Einfluß der mehr als eine Lagerspanne entfernten Kurbelkröpfungen bei statisch-unbestimmter Rechnung gering und klingt mit zunehmender Entfernung stark ab (Abb. 9.6). Bei Berücksichtigung des Lagerspieles liegen die Einflußzahlen der Lagerkräfte nach Abb. 9.7 zwischen den Werten für die statisch-bestimmte Lagerung und den Werten für die statisch-unbestimmte Lagerung ohne Spiel. Sie sind abhängig von der Belastung und liegen bei Kräften von der Größe der reinen Zündkraft oft noch beträchtlich unter dem Wert aus der statisch-unbestimmten Rechnung. Im normalen Betrieb werden die Gaskräfte jedoch noch durch die Massenkräfte abgebaut, so daß man in einem weiten Bereich des Arbeitsspiels näher an der statisch-bestimmten Auflagerung liegen wird.

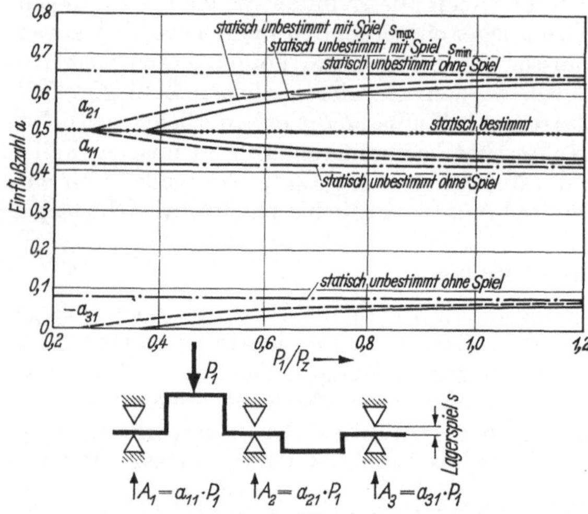

Abb. 9.7 Einflußzahlen für die Auflagerkräfte unter Berücksichtigung des Lagerspiels.

Für den ideal statisch-unbestimmten Fall bestimmen sich die Auflagerkräfte aus den CLAPEYRONschen Dreimomentengleichungen. Für eine durchlaufende Welle konstanten Trägheitsmomentes auf z gleich hochliegenden Lagern unter den

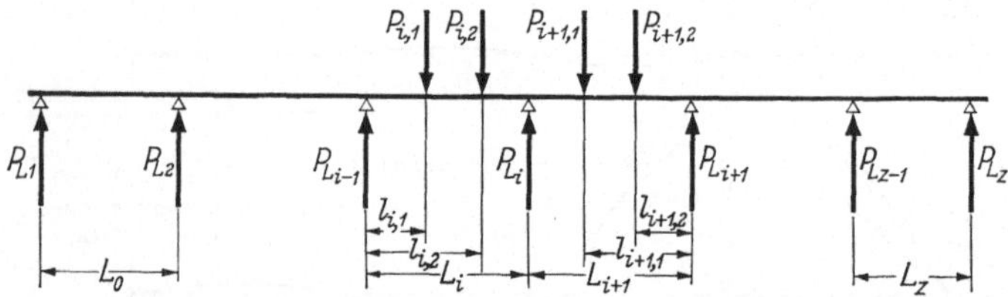

Abb. 9.8 Zur Bestimmung der Auflagerkräfte nach der CLAPEYRONschen Dreimomentengleichung.

Kräften $P_{i,k}$ ergeben sich mit den Bezeichnungen nach Abb. 9.8 an den inneren Lagern (Index i) die Biegemomente aus den Gleichungen

$$M_{i-1} \cdot L_i + 2 \cdot M_i \cdot (L_i + L_{i+1}) + M_{i+1} \cdot L_{i+1} + \sum \frac{P_{i,k} \cdot l_{i,k} \cdot (L_i^2 - l_{i,k}^2)}{L_i} + \sum \frac{P_{i+1,k} \cdot l_{i+1,k} \cdot (L_{i+1}^2 - l_{i+1,k}^2)}{L_{i+1}} = 0$$

Bei freien Wellenenden verschwinden die Biegemomente M_0 und M_z an den Außenlagern, so daß man z Gleichungen zur Bestimmung der Auflagerkräfte erhält. Diese ergeben sich aus

$$P_{L_i} = -M_i \cdot \left(\frac{1}{L_{i+1}} + \frac{1}{L_i}\right) + \frac{M_{i+1}}{L_{i+1}} + \frac{M_{i-1}}{L_i} + \frac{\Sigma P_{i+1,k} \cdot l_{i+1,k}}{L_{i+1}} + \frac{\Sigma P_{i,k} \cdot l_{i,k}}{L_i}$$

Die beiden letzten Glieder stellen die Anteile dar, die sich bei statisch-bestimmter Auflagerung ergeben. Der Aufwand zur Bestimmung der Auflagerkräfte im statisch-unbestimmten System ist also recht beträchtlich und steht somit in keinem Verhältnis zu den dabei vorausgesetzten idealisierten Annahmen. Wenn man trotzdem diesen Aufwand zur Bestimmung des zeitlichen Verlaufes der Lagerbelastung innerhalb eines Arbeitsspieles treiben will, ist es zweckmäßig mit Einflußzahlen zu arbeiten. Die Einflußzahl a_{ik} stellt das Verhältnis der Auflagerreaktion am Lager i aus der Kraft an der Stelle k zur Kraft P_k selbst dar. Sie bestimmen sich im statisch-unbestimmten Fall durch mehrfache Anwendung der CLAPEYRONschen Gleichungen auf jede Einzelkraft. Die resultierende Lagerbelastung ergibt sich durch die ungestörte Überlagerung der auf das Lager wirkenden Anteile aller Kräfte.

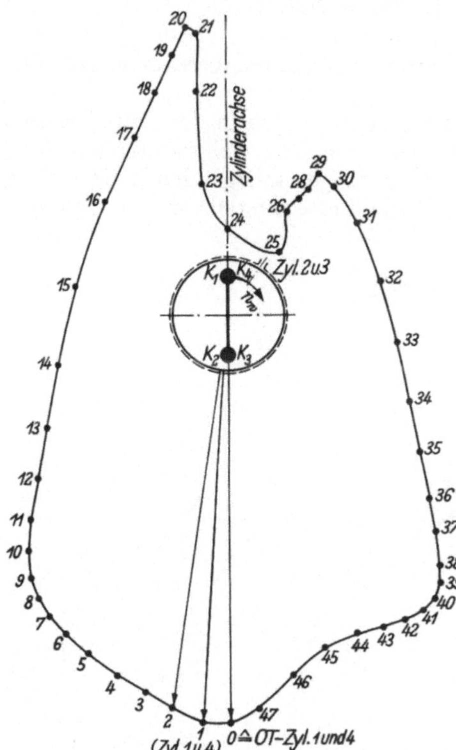

Abb. 9.9 Grundlagerschalen-Belastung eines Vierzylinderfahrzeug-Dieselmotors.

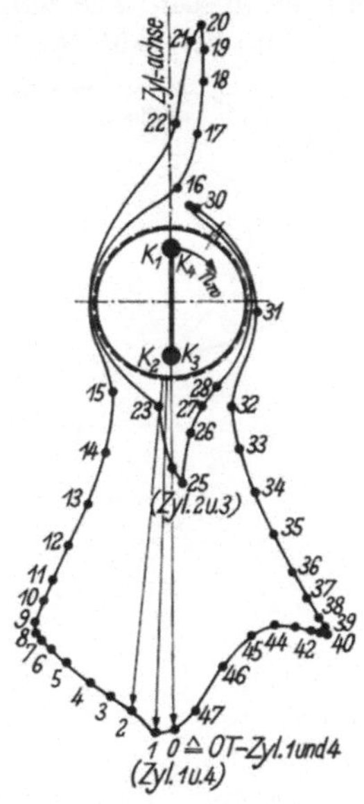

Abb. 9.10 Grundlagerschalen-Belastung eines Vierzylinderfahrzeug-Dieselmotors — vergrößerte Gegengewichte.

Wesentlich einfacher bestimmen sich die Einflußzahlen a_{ik} der Kraft P_k auf die Lagerstelle i bei statisch-bestimmter Auflagerung. Sie ergeben sich einfach aus dem Momentengleichgewicht des zweifach gelagerten Balkens.

In die Berechnung des Grundlagers werden also im allgemeinen die Gas- und Massenkräfte der beiden am betrachteten Lager anliegenden Kröpfungen mit einbezogen. Dabei müssen die Zündabstände η_k der beteiligten Zylinder berücksichtigt werden. Wie in Abschn. 9a dargelegt wurde, können auch die am Grundlager zur Wirkung kommenden Anteile durch die $x-y$-Komponenten der Stangenkräfte dargestellt werden. Somit ergibt sich die Grundlagerbelastung:

$$X_{A_i} = \sum a_{ik} \cdot X_{S'}(\varphi - \eta_k) + \sum a_{ik} \cdot m_{\text{rot}} \cdot r \cdot \omega^2 \cdot \sin(\varphi + \varkappa)$$

$$Y_{A_i} = \sum a_{ik} \cdot Y_{S'}(\varphi - \eta_k) + \sum a_{ik} \cdot m_{\text{rot}} \cdot r \cdot \omega^2 \cdot \cos(\varphi + \varkappa)$$

Dabei ist $\varkappa$ der Phasenwinkel der am Grundlager wirkenden rotierenden Massenkraft, bezogen auf die Kröpfungsrichtung des Bezugszylinders mit $\eta_k = 0$. Die Polarkoordinaten der Grundlagerbelastung erhält man zu

$$P_{L_i} = \sqrt{X_{A_i}^2 + Y_{A_i}^2} \qquad \gamma_0 = \arctan \frac{X_{Ai}}{Y_{Ai}}$$

mit dem Schalenwinkel $\gamma_s = \gamma_0$ und die Belastung des Grundlagerzapfens mit dem Zapfenwinkel $\gamma_z = \gamma_0 - \varphi$.

Der Belastungsverlauf an Grundlagern ist gegenüber den in der Grundtendenz immer ähnlichen Belastungsverläufen an Pleuellagern sehr vielgestaltig und konstruktiv zu beeinflussen. Die Zündabstände der am Lager anliegenden Zylinder verhindern besonders bei V-Motoren bei gleichmäßiger Verteilung der Zündungen über

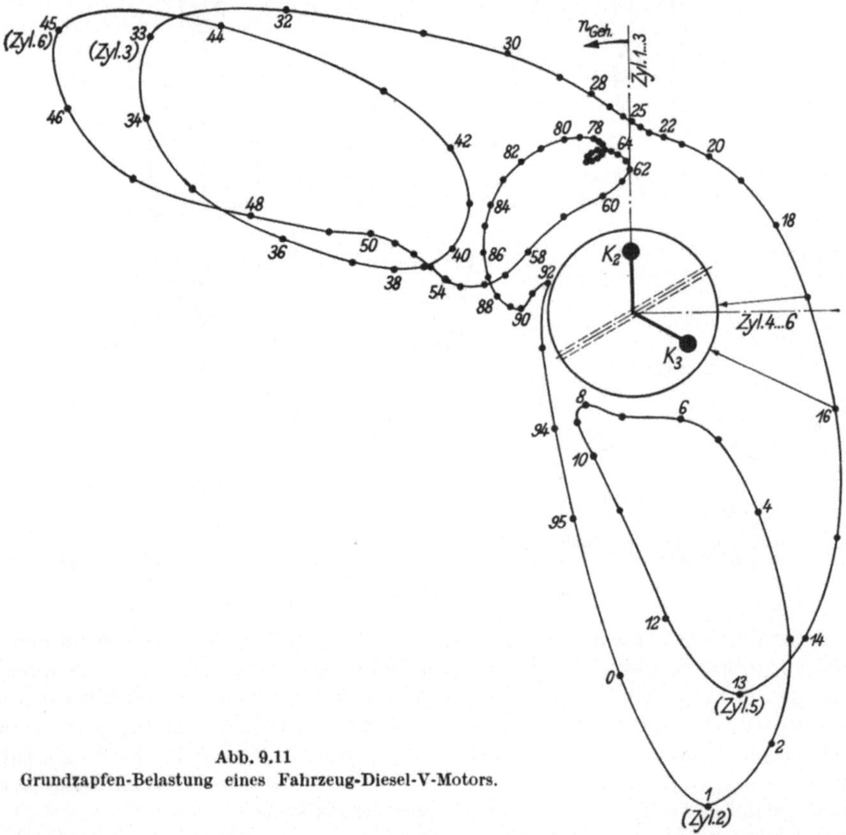

Abb. 9.11
Grundzapfen-Belastung eines Fahrzeug-Diesel-V-Motors.

das Arbeitsspiel einen ausgeprägten Massenkraftbereich, welcher praktisch immer eine im Drehsinn umlaufende Belastungstendenz ergibt. Diese ist für Gleitlager und Wälzlager gleichermaßen ungünstig, wie in den Abschn. 9d und 9e noch genauer dargelegt wird. Liegen die Zündungen am Lager zeitlich nahe zusammen, so überlagern sich größere Gaskraftanteile aus mehreren Zylindern und ergeben höhere Belastungen. Die Größe und Anordnung der Gegengewichte bestimmt den örtlichen Ausgleich der rotierenden Massen am Grundlager. Ein schlechter örtlicher Ausgleich ergibt bei schnellaufenden Motoren eine ausgeprägte umlaufende Massenkrafttendenz mit höherer mittlerer Belastung. So kann nur durch Änderung der

Gegengewichtsgröße die Grundlagerbelastung wesentlich verändert werden, wie in Abb. 9.9 und 9.10 am Beispiel eines Vierzylinder-Viertaktmotors mit 3 Grundlagern gezeigt ist. Der Belastungsverlauf an diesem Mittellager wiederholt sich nach jeder Umdrehung. Die Grundperiode von 360° wurde in 48 Kurbelstellungen aufgeteilt, die je 7,5° auseinander liegen. Für das normale Arbeitsspiel von 720° ergeben sich bei gleicher Teilung 96 Kurbelstellungen.

Im Belastungsdiagramm der Grundlagerzapfen – z. B. nach Abb. 9.11 für einen V-Motor – erkennt man die Hauptbelastungsrichtungen, welche sich im allgemeinen bezüglich der Zündkräfte auf die Gegen-Kröpfungsrichtungen und bezüglich der Massenkräfte auf die Richtung der Resultierenden der rotierenden Massenkräfte konzentrieren. Für die erforderlichen Ölbohrungen in den Lagerzapfen wird man die Bereiche hoher und zeitlich häufiger Belastung möglichst meiden.

c) Kreiskolbenmotor

Nach Abschn. 5e ist für die Bestimmung der Lagerbelastungen im Kreiskolbenmotor die Wahl eines exzenterfesten Koordinatensystems vorteilhaft, welches in Exzenterrichtung und senkrecht dazu orientiert ist (Abb. 5.19). Die Gaskräfte der drei Kammern eines Läufers sind wie dort angegeben in der Phase um 360° EW zeitlich versetzt und als Radial- und Tangentialkraftkomponenten bekannt. Zusammen mit der Fliehkraft des Läufers, welche radial nach außen gerichtet ist, ergibt sich daraus die Belastung des Exzenters (Abb. 9.12) bzw. auch des Läuferlagers (Abb. 9.13). Während man den Phasenwinkel γ_E der Exzenterkraft in dem

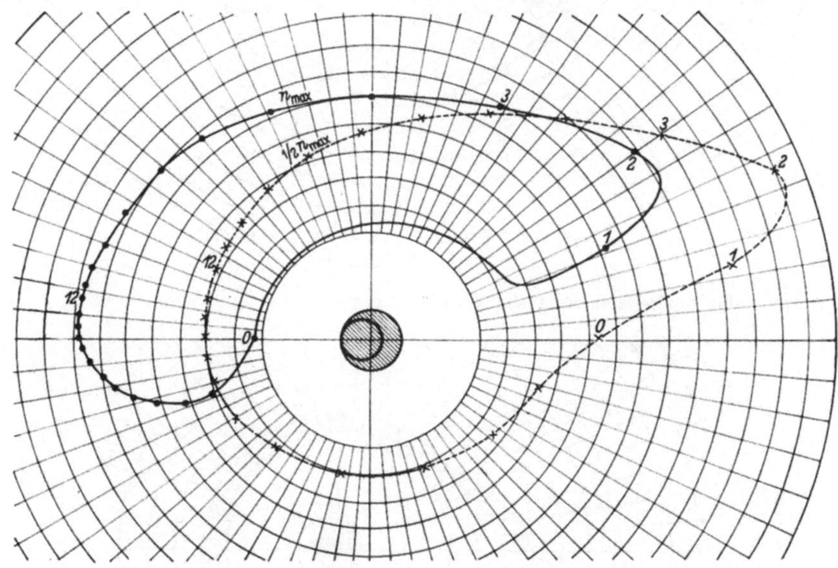

Abb. 9.12 Belastungsdiagramm des Exzenterzapfens einer Kreiskolbenmaschine.

gewählten Koordinatensystem sofort erhält, errechnet sich die Belastungsrichtung γ_L auf das Läuferlager unter Berücksichtigung der Relativbewegung des Läufers zum Exzenter zu $\gamma_L = \gamma_E + \frac{2}{3}\varphi$. Für die Berechnung der Grundzapfenbelastung sind die Einflußzahlen der anliegenden Scheiben sowie deren Zündabstände in der gleichen Weise wie bei den Hubkolbenmotoren zu berücksichtigen. Die zeitlich

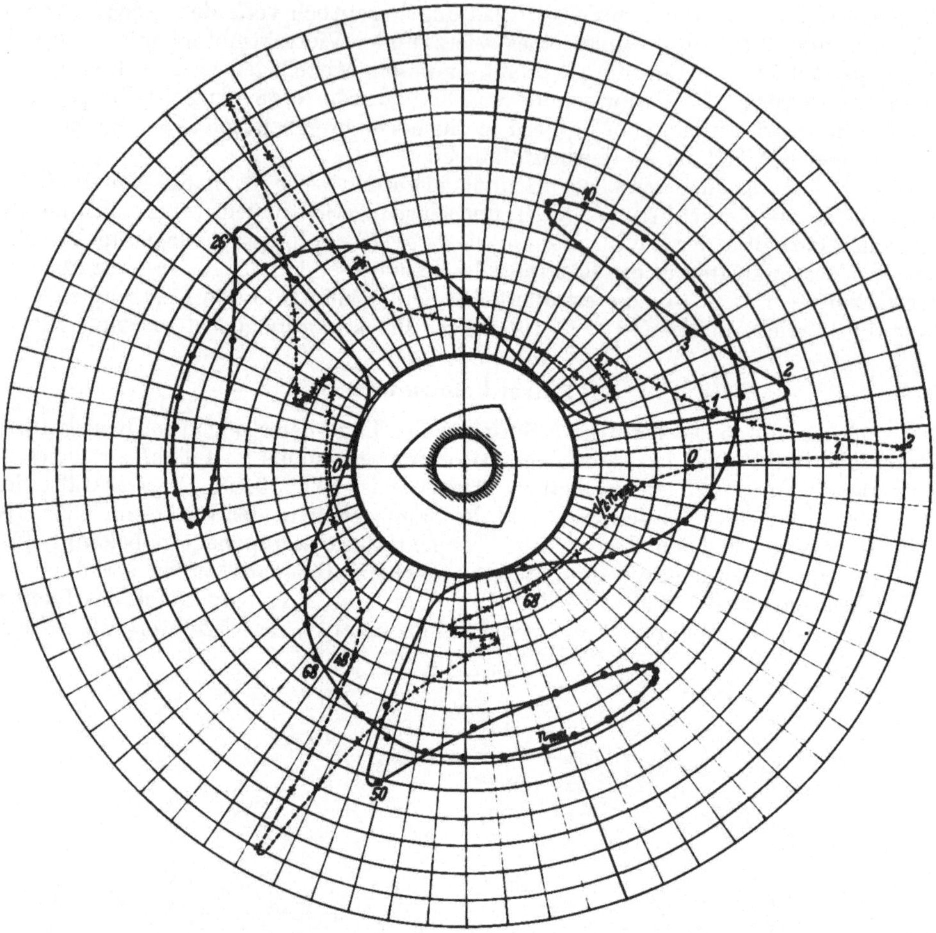

Abb. 9.13 Belastungsdiagramm der Läuferlagerschale einer Kreiskolbenmaschine.

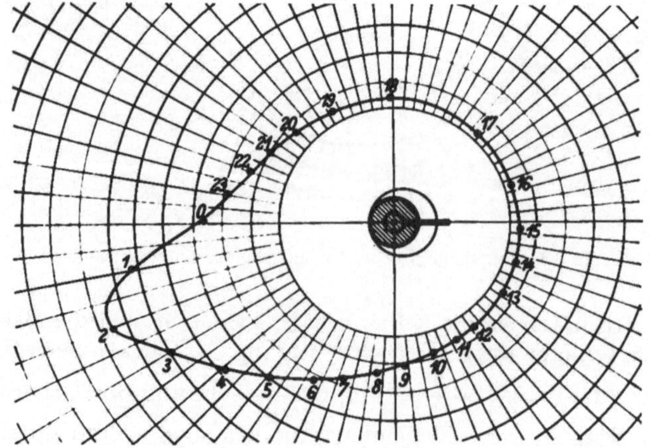

Abb. 9.14 Belastungsdiagramm des Grundzapfens einer Kreiskolbenmaschine.

einander zugeordneten Kräfte im Zapfendiagramm (Abb. 9.14) und im Schalendiagramm (Abb. 9.15) entsprechen sich nach dem Gesetz Aktion = Reaktion. Ihre Lage ergibt sich unter Berücksichtigung der Zapfendrehung $\gamma_s = \gamma_z + \varphi$. Das Läufer-Schalendiagramm erstreckt sich über das volle Arbeitsspiel von drei Exzenterumdrehungen = 1080° EW. Es weist allerdings nach jeweils 120° entsprechend der dreibogigen Läuferform den gleichen Belastungsverlauf auf. Die Grund-

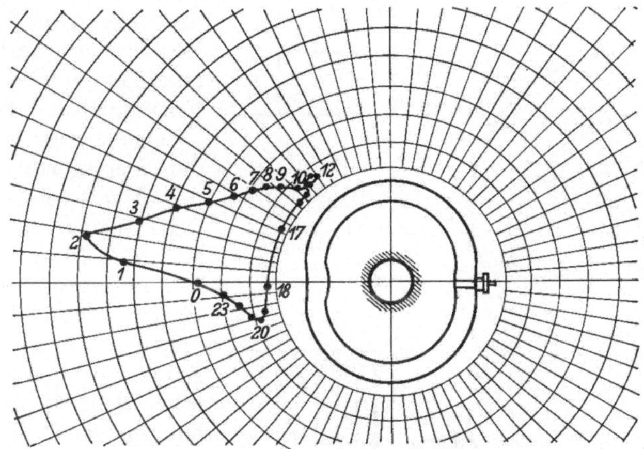

Abb. 9.15 Belastungsdiagramm der Grundlagerschale einer Kreiskolbenmaschine.

periode der Exzenterbelastung und der Grundlagerbelastung ist 360° EW. Das Arbeitsspiel wurde in 15° EW-Teilung eingeteilt, so daß sich je Umdrehung 24 Teilpunkte ergeben. Der Punkt 0 entspricht der oberen Totlage im Zündzeitpunkt.

d) Instationär belastete Gleitlager

Die hydrodynamische Schmierfilmtheorie, welche die Verhältnisse im Schmierspalt beschreibt, wurde für das stationär belastete Gleitlager um die Jahrhundertwende von Reynolds und Stribeck aufgestellt und durch die Arbeiten von Sommerfeld, Vogelpohl und Sassenfeld/Walther weiterentwickelt und in praktisch anwendbaren Methoden dargestellt. Die Anwendung auf das instationär belastete Gleitlager, dessen Belastung im Unterschied zum stationär belasteten Lager in der Amplitude und der Richtung zeitlich veränderlich ist, begann mit den Arbeiten von Fränkel und Ott. Praktische Berechnungsmethoden wurden von Hahn ([*F 1*], [*F 4*]) und Holland ([*F 3*], [*F 5*]) geschaffen. Ein darauf aufbauendes, modifiziertes Verfahren, das auch die elektronische Berechnung beschreibt, wurde von Eberhard/Lang [*F 6*] angegeben. Die experimentelle Überprüfung dieser Methoden [*F 2*] bestätigt die qualitative und in vielen Fällen sogar beachtlich gute quantitative Brauchbarkeit dieser Verfahren. Eine ausführliche Darstellung der hydrodynamischen Schmierfilmtheorie des instationär belasteten Gleitlagers würde den vorliegenden Rahmen sprengen. Es soll jedoch versucht werden, die Grundlagen, die Anwendung und die Erkenntnisse daraus so darzustellen, daß der Konstrukteur einen Einblick in die Problematik erhält.

Das stationär belastete Gleitlager bildet durch die Verlagerung des Zapfens innerhalb des Lagerspiels zusammen mit der Lagerschale einen sich verengenden Spalt. Durch die Zähigkeit η des Schmiermittels haftet dieses an der rotierenden Oberfläche des Zapfens und wird in den sich verengenden Schmierspalt hineingefördert. Dabei bauen sich im Schmierkeil beachtliche Drücke auf (Abb. 9.16), die in der Lage sind, die Lagerlast zu tragen. Im sich erweiternden Spalt können sich keine nennenswerten Unterdrücke halten. Im Gleichgewichtszustand zwischen dem resultierenden Öldruck und der äußeren Kraft stellt sich der Zapfen innerhalb des Lagerspiels um die relative Exzentrizität $\varepsilon = \frac{e}{R-r}$ außerhalb der Lagermitte ein. Der engste Schmierspalt, d. h. die Stelle der ersten metallischen Berührung zwischen den beiden Oberflächen bei sehr großer Exzentrizität liegt dabei in Drehrichtung der Welle um den Verlagerungswinkel β vor der Kraftrichtung. Der Verlagerungswinkel β ist für ein bestimmtes Breitenverhältnis B/D nur eine Funktion der Exzentrizität ε, wie in Abb. 9.17 gezeigt. Man erkennt, daß sich der Zapfen aus der zentrischen Lage im unbelasteten Zustand auf einer bogenförmigen Kurve bis zur maximalen Exzentrizität $\varepsilon = 1$ bewegt. Die tatsächliche

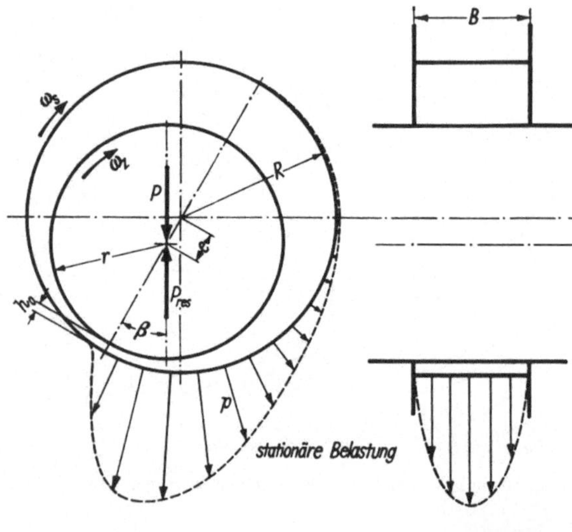

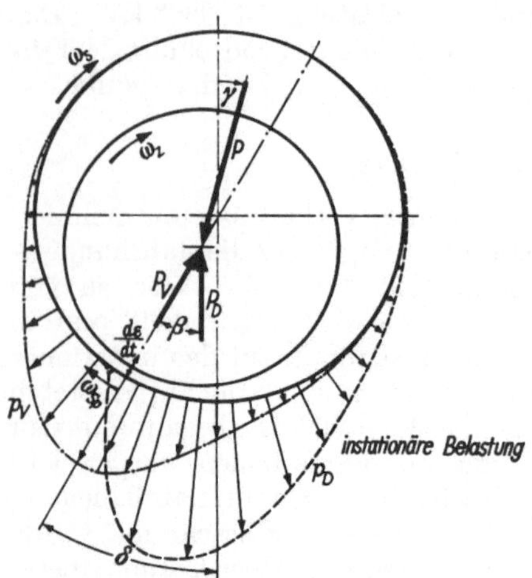

Abb. 9.16 Geometrische Größen und Druckverlauf am stationär und instationär belasteten Gleitlager.

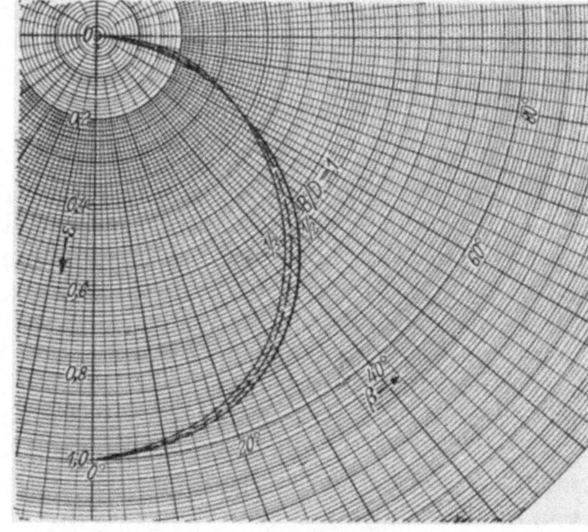

Abb. 9.17 Bahnkurve des Wellenmittelpunktes beim stationär belasteten Gleitlager; Verlagerungswinkel $\beta = f(\varepsilon, B/D)$.

kleinste Spalthöhe h_0 ergibt sich aus der relativen Exzentrizität ε über das relative Lagerspiel $\psi = \frac{R-r}{r}$ aus der Beziehung $h_0 = (1-\varepsilon)\,\psi \cdot R$. Im Motorenbau liegen die üblichen relativen Lagerspiele bei $\psi = 1 \cdot 10^{-3}$. Bei einem bestimmten Breitenverhältnis B/D des Lagers ist die sich einstellende Exzentrizität ε abhängig von der Belastung P [kp], dem relativen Lagerspiel ψ [—], der tragenden Lagerfläche $B \cdot D$ [cm²], der Winkelgeschwindigkeit ω [s^{-1}] des Zapfens und der dynamischen

Zähigkeit η [kp·s·cm^{-2}] des Schmieröls. Diese Faktoren wurden zu einer dimensionslosen Kennzahl $So = \frac{P \cdot \psi^2}{B \cdot D \cdot \eta \cdot \omega}$ zusammengefaßt, welche SOMMERFELD-Zahl genannt wird. Die Funktion $So = f(\varepsilon, B/D)$ ist in Abb. 9.18 dargestellt. Mit steigender So-Zahl oder Belastung wächst die Exzentrizität progressiv an, während eine Drehzahlsteigerung oder eine Vergrößerung der Zähigkeit gerade umgekehrt

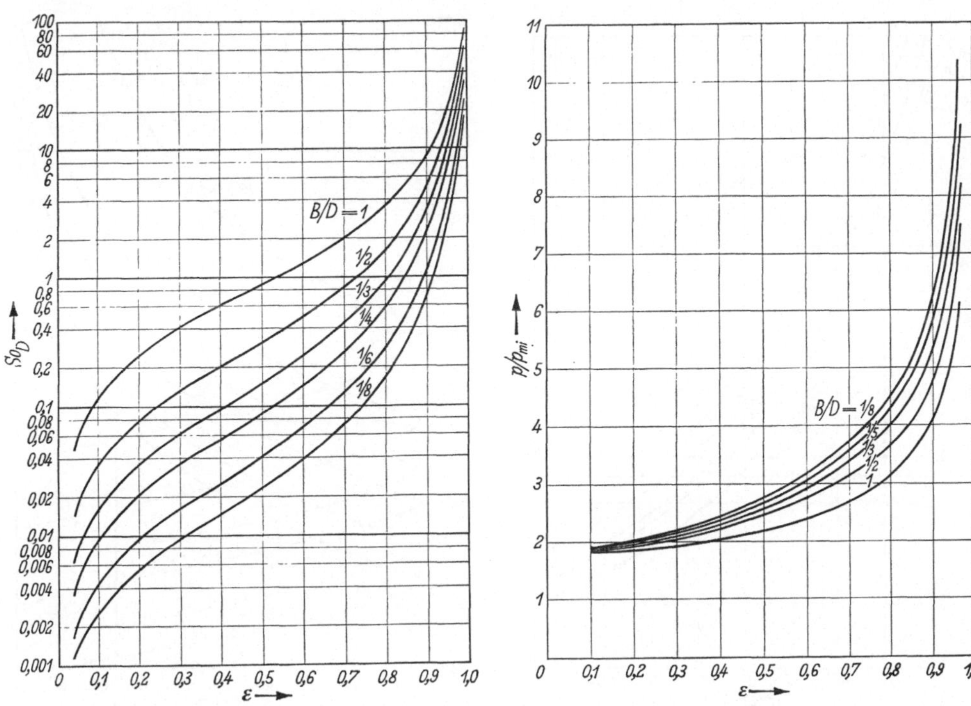

Abb. 9.18 Sommerfeld-Zahl $So_D = f(\varepsilon, B/D)$ beim Gleitlager; Druckaufbau durch Drehung.

Abb. 9.19 Maximaler Schmierfilmdruck p bezogen auf die mittlere Flächenpressung $p_{mi} = \frac{P}{B \cdot D}$ in Abhängigkeit von der Exzentrizität ε bei reiner Drehung.

wirksam ist. Über den Einfluß des relativen Lagerspiels kann man nicht generell sagen, daß ein größeres Spiel auch eine höhere Tragfähigkeit ergibt. Die Grenzexzentrizität für eine bestimmte kleinste Schmierspaltdicke verändert sich nämlich mit dem absoluten Lagerspiel. Da die So-Zahl eine Kenngröße für die Tragwirkung des resultierenden Schmierfilmdruckes darstellt, hat auch der örtliche, maximale Schmierfilmdruck p eine ähnliche Abhängigkeit von der Exzentrizität ε und vom Breitenverhältnis B/D. Abb. 9.19 zeigt diese Abhängigkeit des maximalen Schmierfilmdruckes p bezogen auf die mittlere Flächenpressung $p_{mi} = \frac{P}{B \cdot D}$. Die dynamische Zähigkeit η ist außer von der SAE-Qualität stark temperaturabhängig (Abb. 9.20).

Eine gute Ölrückkühlung steigert die Tragfähigkeit. Die Öltemperaturen in den Lagern eines Motors sind abhängig von der Eintrittstemperatur in den Ölkreislauf. Da die Ölzufuhr zu den Pleuellagern durch die Grundlager erfolgt, liegen die Öltemperaturen dort noch um etwa 10° höher. Die Abb. 9.18 zeigt auch die Abhängigkeit der Verlagerung vom Breitenverhältnis. Schmale Lager sind weniger tragfähig als breite Lager. Zu breite Lager mit $B/D > 0{,}5$ allerdings setzen durch Kantenpressung die Tragfähigkeit wieder herab, wenn nicht die von BUSKE [*F 16*] vorgeschlagene konstruktive Angleichung der Verformung von Lagerkörper und Wellenzapfen beachtet wird. Bei schnellaufenden Motoren liegen die Breitenverhältnisse zwischen 0 3 und 0,5. Durch eine 360°-Ringnut in der Mitte der tragenden Breite wird nicht nur die tragende Breite verkleinert, sondern auch das

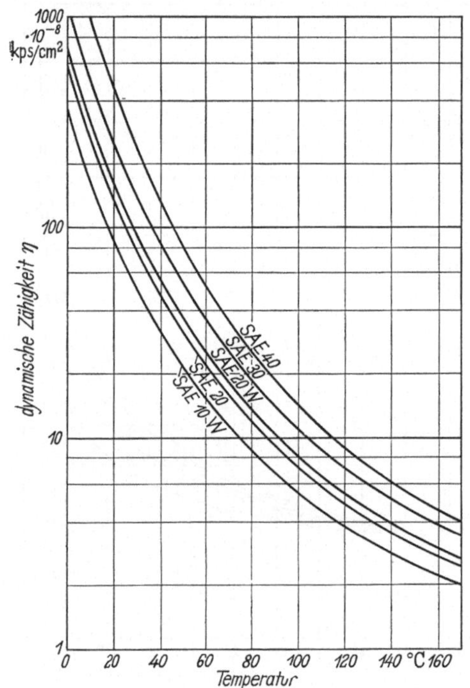

Abb. 9.20 Temperaturabhängigkeit der dynamischen Zähigkeit η für verschiedene SAE-Viskositätsklassen von Motorenölen (Mittelwert).

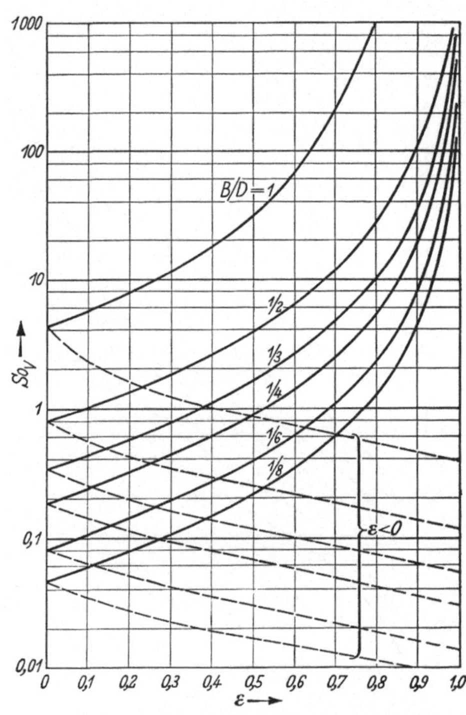

Abb. 9.21 Sommerfeld-Zahl $So_V = f\,(\varepsilon\; B/D)$ beim Gleitlager; Druckaufbau durch Verdrängung.

Lager in zwei unabhängige Teile mit sehr kleinem Breitenverhältnis zerlegt, wodurch die Tragfähigkeit beträchtlich verringert wird.

Diese Zusammenhänge gelten auch für das stationär belastete Lager mit rotierender Schale, wenn man in der So-Zahl die wirksame Winkelgeschwindigkeit $\overline{\omega} = \omega_Z + \omega_S$ einsetzt, wobei beide Drehrichtungen gleichsinnig anzusetzen sind. Die Rotation der Schale unterstützt im gleichen Sinn die Ölförderung in den Spalt hinein.

Der einfachste Fall der instationären Belastung ist der, daß der engste Schmierspalt unabhängig von der Zapfen- oder Schalenrotation mit konstanter Spalthöhe mit der Winkelgeschwindigkeit ω_{Sp} umläuft. Diese Rotation ergibt, wie man sich bei absolut stillstehendem Zapfen und Schale gut vorstellen kann, eine Ölförderung in den voreilenden Spalt hinein bzw. ein Abbauen der Drücke im nacheilenden Spalt. Die Wirksamkeit bezüglich der Öldrücke oder der Tragfähigkeit ist doppelt so stark wie die aus den Rotationen von Zapfen oder Schale. Rechnet man alle Bewegungen in einer bestimmten Drehrichtung als positiv, so ergibt sich die wirksame Winkelgeschwindigkeit $\overline{\omega} = \omega_Z + \omega_S - 2\omega_{Sp}$. Darin liegt für Motorenlager ein sehr wichtiges Gefahrenmoment. Rotiert der Spalt mit der halben Winkelgeschwindigkeit des Zapfens in der gleichen Richtung, so findet kein Druckaufbau mehr statt. Dabei muß aber vor den Berechnungsmethoden gewarnt werden, welche die Rotation des Spaltes mit der der äußeren Kraft gleichsetzen. Eine umlaufende Belastungstendenz im Sinne der Zapfenrotation, besonders beim Frequenzverhältnis 2:1, gibt nur den Verdacht, daß der tragende Ölfilm auch bei relativ kleinen Belastungen zusammenbrechen kann. Vollen Aufschluß darüber kann man jedoch nur durch Anwendung der exakten Verfahren erhalten.

Das instationär belastete Gleitlager unterscheidet sich noch in einem wesentlichen Punkt vom stationär belasteten Lager. Eine schnelle radiale Verlagerungsänderung des Zapfens erzeugt durch die Verdrängungswirkung ebenfalls Öldrücke, die sehr tragfähig sind. Dies erklärt die hohe Belastbarkeit von Kolbenbolzenlagern, denen eine umlaufende Belastungstendenz praktisch vollkommen fehlt. Unter Anlehnung an die erweiterte So-Kennzahl für eine reine Drehung $\mathrm{So}_D = \frac{P \cdot \psi^2}{B \cdot D \cdot \eta \cdot \overline{\omega}}$ kann für die Verdrängungswirkung eine entsprechende Kennzahl $\mathrm{So}_V = \frac{P \cdot \psi^2}{B \cdot D \cdot \eta \frac{d\varepsilon}{dt}}$ gebildet werden, die nach Abb. 9.21 in ähnlicher Weise mit der Verlagerung ε und dem Breitenverhältnis B/D gekoppelt ist wie So_D in Abb. 9.18. Erfolgt die Verdrängungsbewegung auf den Lagermittelpunkt zu (negative Verdrängungswirkung $\varepsilon < 0$), so ist die Tragfähigkeit gering. Bewegt sich der Zapfen aber aus einer exzentrischen Lage mit größerer Geschwindigkeit in Richtung weiter nach außen, so bauen sich sehr tragfähige Ölfilmdrücke auf. Die Verdrängungswirkung macht das Gleitlager besonders für die stoßartigen Belastungen im Motor geeignet.

Die so erweiterte hydrodynamische Schmierfilmtheorie erfaßt also jede mögliche Bewegungsform der Verlagerung eines instationär belasteten Gleitlagers. Die Drehbewegungen des Zapfens ω_Z, der Schale ω_S und des Spaltes ω_{Sp} erzeugen den Druckaufbau infolge Drehung (So_D). Die Radialbewegung des Zapfens mit der Geschwindigkeit $\frac{d\varepsilon}{dt}$ erzeugt den Druckaufbau infolge Verdrängung (So_V). Diese beiden Druckverläufe überlagern sich linear. Dabei könnten theoretisch auch Unterdrücke aus dem einen oder anderen Anteil wirksam werden, solange der örtliche, resultierende Druck nur positiv ist. Diese streng theoretische Lösung hat HAHN [*F 1*, *F 4*] aufgegriffen und mit diesen veränderten Randbedingungen für den Anfang und das Ende des resultierenden Druckes ein Kennfeld erstellt, in welchem die beiden Grundfälle Drehung und Verdrängung in einer endlichen Zahl von Kombinationen überlagert sind. Der große Aufwand für die Erstellung eines solchen Kennfeldes – es wurde zunächst nur für das Breitenverhältnis $B/D = 0{,}5$ erstellt – und die zusätzlich erforderlichen Interpolationen innerhalb der endlichen Zahl von Kombinationen erschweren die praktische Anwendung dieses Verfahrens. Eine wesentliche Vereinfachung ergibt sich durch die Annahme, daß keine Unterdrücke in den beiden Druckanteilen bei der Überlagerung auftreten. Dann nämlich bleiben die beiden Druckanteile unverändert erhalten, so daß man auch die Resultierenden der beiden Druckentwicklungen überlagern kann. Dieses von HOLLAND [*F 3*, *F 5*] angegebene Verfahren der Überlagerung von Kraftanteilen stellt eine wesentliche Vereinfachung dar. Ein Vergleich der beiden Verfahren mit theoretischen und mit experimentell überprüften Belastungsverläufen bestätigt, daß diese Annahme der sich gegenseitig nicht beeinflussenden Überlagerung der beiden Druckanteile ohne Beeinträchtigung der Ergebnisse gemacht werden kann. Durch das Arbeiten mit nur drei Kennlinien aus den Abb. 9.17, 9.18 und 9.21 ist dieses Verfahren sowohl für die Berechnung ohne Hilfsmittel wie auch für elektronische Berechnungen gut geeignet. Die erforderlichen Kennlinien sind für ein Lager bestimmter Breite nur von der einen Veränderlichen ε abhängig, so daß sie nach [*F 6*] leicht durch Näherungsfunktionen darzustellen sind.

Mit diesen Angaben könnte man zunächst nur für eine bekannte Verlagerungsbahn die dabei vorhandene Belastung bestimmen. Die praktische Fragestellung lautet aber gerade umgekehrt. Man wendet zur Lösung dieser Frage mangels einer geschlossenen analytischen Lösung ein numerisches Verfahren an, das folgendermaßen arbeitet (Bezeichnungen nach Abb. 9.16):

Man beginnt mit einem geschätzten Anfangswert der Verlagerung, also mit einer Exzentrizität ε_0 und einer Verlagerungsrichtung δ_0. Es ist zweckmäßig, ε_0 quasi-stationär zu bestimmen und die Spaltrichtung δ_0 gleich der Kraftrichtung zu setzen. Ausgehend von diesem Anfangswert werden nun unter Verwendung der drei Kennlinien die Größen So_D, β und So_V bestimmt und damit die Schrittänderungen $\Delta\varepsilon$ und $\Delta\delta$ ermittelt bis zum nächsten Belastungspunkt entsprechend einem Fortschreiten des Arbeitsspieles um $\Delta\varphi$. Die dazu erforderlichen Bestimmungsgleichungen lassen sich aus der geometrischen Addition der beiden Komponenten ableiten. Sie lauten:

$$\Delta\,\varepsilon = \frac{\Delta\,\varphi}{\omega} \cdot \frac{\pi}{180^\circ} \cdot \frac{P \cdot \psi^2}{B \cdot D \cdot \eta \cdot So_V} \cdot \left[\cos(\delta - \gamma) - \left|\frac{\sin(\delta - \gamma)}{\tan\beta}\right|\right]$$

$$\Delta\,\delta = \frac{\Delta\,\varphi}{\omega} \cdot (\omega_Z + \omega_S) \cdot \left[1 - \frac{P \cdot \psi^2}{B \cdot D \cdot \eta \cdot So_D} \cdot \frac{\sin(\delta - \gamma)}{\sin\beta}\right]$$

Die Kennlinie $So_V(\varepsilon)$ nach Abb. 9.21 besitzt zwei Abschnitte, wobei die kleineren Werte für die negative Verdrängungswirkung gelten. Sie tritt dann auf, wenn die radiale Bewegung des Zapfens zum Schalenmittelpunkt hin gerichtet ist. Um unnötige Rechenarbeit in der praktischen Anwendung zu vermeiden, wendet man besser die für das Auftreten der negativen Verdrängungswirkung notwendige Bedingung an

$$\beta < |\delta - \gamma|$$

Die neue Lage des Zapfens ergibt sich in einfacher Weise zu

$$\varepsilon_1 = \varepsilon_0 + \Delta\,\varepsilon \qquad \text{und} \qquad \delta_1 = \delta_0 + \Delta\,\delta$$

Die weitere Berechnung erfolgt nun schrittweise immer in der gleichen Art über das volle Arbeitsspiel und darüber hinaus solange, bis die Forderung nach einer geschlossenen Bahnkurve der Verlagerung erfüllt ist. Im allgemeinen konvergiert die Rechnung sehr schnell, auch wenn der Anfangswert sehr grob geschätzt war.

Die Genauigkeit der Rechnung ist abhängig von der verwendeten Schrittweite, für die man aber keine allgemein gültige Aussage machen kann. Nach Erfahrungen des Verfassers kommt man im Normalfalle mit einer Schrittweite von 7,5° KW aus. Bei größeren Änderungen von $\Delta\varepsilon$ und $\Delta\delta$ und besonders wenn $\Delta\varepsilon < 0$ wird, geht man besser auf eine Schrittweite von etwa 1,5° zurück oder man wendet ein etwas aufwendigeres Verfahren an, etwa das Halbschritt-Verfahren. Dabei wird die Änderung zum Punkt i so ermittelt, daß man die Steigungsmaße Δ_i und Δ_{i+1} der beiden folgenden Punkte wie angegeben bestimmt und linear zwischen diesen beiden mittelt. Dieser Mittelwert stellt die eigentliche Änderung zum Punkt i dar. An Stelle des Tangenten- und des Halbschritt-Verfahrens könnte auch das Runge/Kutta-Verfahren mit größerer Schrittweite Anwendung finden. Allerdings ist dann der Rechenaufwand auch größer.

Während bei den Grundlagern die Lagerschale steht ($\omega_S = 0$), muß bei Pleuellagern die schwenkende Drehbewegung der Schale berücksichtigt werden. Mit den Bezeichnungen nach Kap. 2 ergibt sich die resultierende Winkelgeschwindigkeit von Zapfen und Schale beim Pleuellager zu

$$\omega_Z + \omega_S = \omega \cdot \left[1 - \frac{\lambda \cdot \cos\varphi}{\sqrt{1 - \lambda^2 \cdot \sin^2\varphi}}\right] \approx \omega \cdot [1 - \lambda \cdot \cos\varphi]$$

mit $\varphi = 0°$ KW in der oberen Totlage. Bei der Anwendung auf Kolbenbolzenlager ist zu berücksichtigen, daß der Bolzen keine Drehbewegung macht und nur die Pendelbewegung des Pleuelauges vorhanden ist:

$$\omega_Z + \omega_S = \omega_S = -\omega \cdot \frac{\lambda \cdot \cos\varphi}{\sqrt{1 - \lambda^2 \cdot \sin^2\varphi}} \approx -\omega \cdot \lambda \cdot \cos\varphi$$

Am Exzenterlager der Kreiskolbenmaschinen tritt die Winkelgeschwindigkeit

$$\omega_Z + \omega_S = \frac{4}{3} \cdot \omega_{Exz}$$

auf.

Die Abb. 9.22 und 9.23 zeigen das Ergebnis der Verlagerungsrechnung für das Mittellager eines Vierzylinder-Dieselmotors, dessen Belastungsdiagramm in den

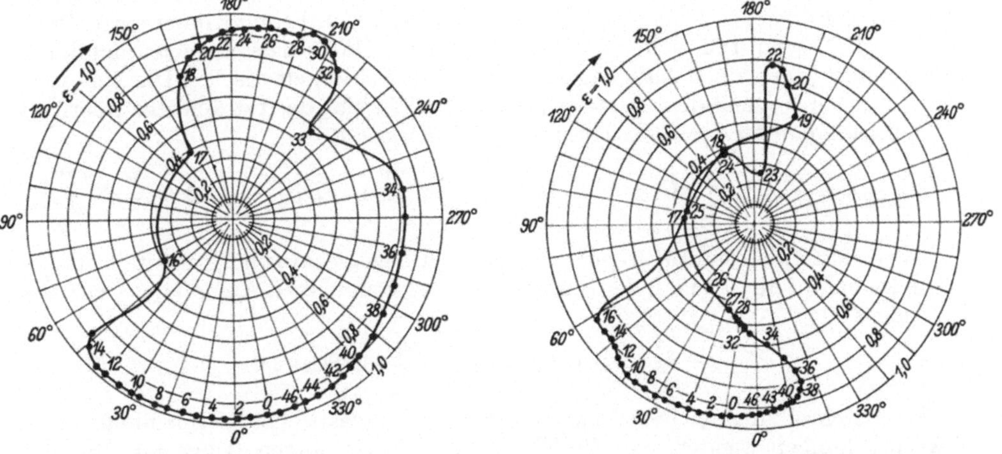

Abb. 9.22 Verlagerungsdiagramm zum Belastungsverlauf nach Abb. 9.9.

Abb. 9.23 Verlagerungsdiagramm zum Belastungsverlauf nach Abb. 9.10.

Abb. 9.9 und 9.10 dargestellt ist. Durch eine Vergrößerung der Gegengewichte im konstruktiv möglichen Rahmen konnte die umlaufende Belastungstendenz von Abb. 9.9 doch beträchtlich verändert werden. Im Verlagerungsdiagramm zeigt sich die Verbesserung in Abb. 9.23 durch eine Verringerung der maximalen Exzentrizität und insbesonders durch den geringeren zeitlichen Anteil großer Exzentrizitäten.

Das hydrodynamisch richtig ausgelegte Gleitlager unter instationärer Belastung stellt an den Lagerwerkstoff zwar geringere Anforderungen, da die Mischreibung oder gar trockene Reibung auf den An- und Abstellvorgang beschränkt ist. Die dazu erforderlichen Notlaufeigenschaften, die Abriebfestigkeit und die Ölbenetzbarkeit werden durch dünne, auf einem Silber- oder Nickeldamm galvanisch aufgetragene Schichten von Blei, Blei-Indium oder Blei-Zinn-Kupfer erreicht. Durch die schwellenden Schmierfilmdrücke unter instationärer Belastung entsteht aber die Gefahr von Dauerbrüchen im Lagerwerkstoff selbst. Die maximalen Schmierfilmdrücke sind nach Abb. 9.19 abhängig von der relativen Exzentrizität und dem Breitenverhältnis. In hochbelasteten Motorenlagern werden Exzentrizitäten von 0,9 bis 0,98 erreicht. Die dabei örtlich auftretenden Drücke sind 4 bis 8mal so groß wie die auf die Lagerprojektion $B \cdot D$ bezogene Belastung. Trägt das Lager durch das Kanten der Welle noch einseitig, so sind die Drücke noch höher. Wird dadurch die Dauerschwellfestigkeit des Lagermaterials überschritten, so treten Risse (Pflastersteinbildung) und im fortgeschrittenen Stadium auch Ausbröckelungen auf, ohne daß die Bindung mit der Stahlstützenschale versagen muß. Die ausgebrochenen Partikel gehen durch das Lager hindurch und möglicherweise auch noch in das benachbarte Pleuellager hinein, wodurch die noch unbeschädigte Laufschicht riefig wird oder gar weitgehend abgetragen wird, so daß der Motor mit beträchtlichen Folgeschäden ausfällt.

Die Voraussetzung für die einwandfreie Funktion eines Gleitlagers ist die konstruktiv richtige Auslegung des Lagereinbaues und der Schmierstoffversorgung. Dazu gehören die Probleme, die durch den Einbau der Lagerschale mit Überdeckung gegenüber dem tragenden Bauteil auftreten [*F 8*]. Die Überdeckung muß so gewählt werden, daß die Lagerschale einen festen Sitz im Gehäuse hat, das erforderliche Laufspiel aber bei allen Betriebszuständen ausreichend ist. Das Übermaß des Lagerschalen-Außendurchmessers kann wegen der üblichen Halbschalen nicht als Durchmesser-Toleranz angegeben werden. Man benutzt dazu einen Prüfblock (vgl. Abschn. 12d, Abb. 12.21), in welchen die Halbschale eingelegt und durch eine Prüflast gegen einen Anschlag gedrückt wird. Aus der elastischen Durchmesser-Verkürzung ΔD_{LS} und dem Rest-Überstand $\ddot{u}$ ergibt sich das tatsächliche Übermaß der Lagerschale unter Berücksichtigung der Toleranzen zu

$$\delta_{S_{\max}} = \frac{2}{\pi} \cdot \ddot{u}_{\max} + \Delta D_{LS} \qquad \delta_{S_{\min}} = \frac{2}{\pi} \cdot \ddot{u}_{\min} + \Delta D_{LS} \qquad \Delta D_{LS} = \frac{\Delta U}{\pi}$$

Die maximale Gesamtüberdeckung zwischen Lagerschale und Außenteil ist ausgehend vom unteren Abmaß der Schale $\delta_{S_{\min}}$ und vom oberen Abmaß der Gehäusebohrung $D_{F_{\max}}$

$$\delta_{\max} = \delta_{S_{\min}} + \text{Toleranz}\ D_F + \frac{2}{\pi} \cdot \text{Toleranz}\ \ddot{u}$$

Zur Beschreibung der beim Einbau auftretenden elastischen Verformungen und Beanspruchungen wendet man die Theorie der dickwandigen Ringe an. Mit den Bezeichnungen nach Abb. 9.24 und den bei Motoren etwa zutreffenden Annahmen

w_{eff} = effektive Schalenwandstärke (= Dicke der Stahlstützschale + $^1/_2$ Dicke der Lagermetallschicht)

$a_A = D_A/D_F \cong 2$ für Grundlager

$$a_J = D_F/D_J = \frac{D_F}{D_F - 2 \cdot w_{eff}}$$

$a_A = D_A/D_F \cong 1{,}5$ für Pleuellager

erhält man die

Fugenpressung $$p = \frac{\delta}{D_F} \cdot \frac{1}{K_A + K_J}$$

Aufweitung des Fugendurchmessers $\Delta D_F = p \cdot D_F \cdot K_A$

Tangentialspannung im Innenring $\sigma_J = -2 \cdot p \cdot \dfrac{a_J^2}{a_J^2 - 1}$ (Richtwert $\leq 30 \text{kp} \cdot \text{mm}^{-2}$) (Lagerschalendruckvorspannung).

Die dabei verwendeten Abkürzungen sind mit dem Elastizitätsmodul E, der Querzahl μ und den Indizes „J" für die Lagerschale und „A" für das umgebende Bauteil:

$$K_A = \frac{1}{E_A} \cdot \left[\frac{a_A^2 + 1}{a_A^2 - 1} + \mu_A\right] \qquad K_J = \frac{1}{E_J} \cdot \left[\frac{a_J^2 + 1}{a_J^2 - 1} - \mu_J\right]$$

Bei den üblichen einbaufertigen Lagerschalen wird das Lagerspiel s durch die Wanddicke der Lagerschalen festgelegt. Es ergibt sich unter Berücksichtigung der Toleranzen zu:

s_{min}: Kleinstspiel = unteres Abmaß der Fugenbohrung
+ Aufweitung des Fugendurchmessers bei maximaler Überdeckung
– 2 × größte Wanddicke der Schale
– unteres Abmaß des Zapfens.

s_{max}: Größtspiel = oberes Abmaß der Fugenbohrung
+ Aufweitung des Fugendurchmessers bei minimaler Überdeckung
– 2 × kleinste Wanddicke der Schale
– oberes Abmaß des Zapfens.

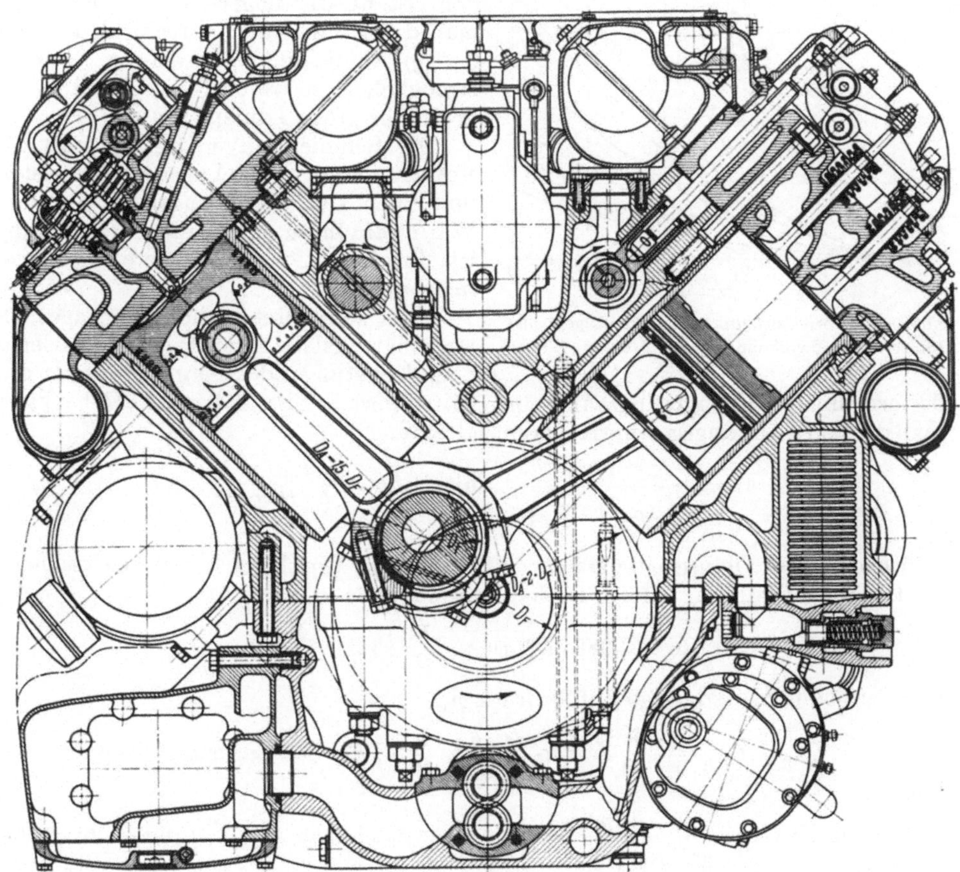

Abb. 9.24 Einbauverhältnisse von Lagern.

Diese Extremwerte werden in der Praxis relativ selten auftreten, da sich die einzelnen Anteile bei der großen Zahl von Kombinationsmöglichkeiten in den meisten Fällen gegenseitig kompensieren werden. Durch die im Betrieb auftretende

Erwärmung der Lagerteile um die Temperaturdifferenz Δt gegenüber der Einbautemperatur verändert sich die Überdeckung δ und das Lagerspiel s

$$\Delta\,\delta_t = (\beta_J - \beta_A)\cdot D_F\cdot \Delta\,t \qquad\qquad \Delta\,s = (\beta_A - \beta_J)\cdot\left(1 - \frac{\Delta\,D_F}{\delta}\right)\cdot D_F\cdot \Delta\,t$$

Dabei muß darauf geachtet werden, daß $\Delta\,\delta_t$ nicht größer werden darf als die elastische Aufweitung $\Delta\,D_F$, da sonst der Verband lose wird. Die wichtigsten Werkstoffgrößen sind

Stahl	$E = 21000\ \text{kp}\cdot\text{mm}^{-2}$;	$\mu = 0{,}3$;	$\beta = 12\cdot 10^{-6}\ \text{mm}/{}^\circ\text{C}\cdot\text{mm}$
Leichtmetall	$E = 7600\ \text{kp}\cdot\text{mm}^{-2}$;	$\mu = 0{,}33$;	$\beta = 24\cdot 10^{-6}\ \text{mm}/{}^\circ\text{C}\cdot\text{mm}$
Grauguß	$E = 12000\ \text{kp}\cdot\text{mm}^{-2}$;	$\mu = 0{,}3$;	$\beta = 11\cdot 10^{-6}\ \text{mm}/{}^\circ\text{C}\cdot\text{mm}$

Von Bedeutung werden die temperaturbedingten Veränderungen bei Leichtmetallgehäusen, wo der feste Sitz im ganzen Betriebsbereich, also etwa von -30° bis $+120^\circ$ C vorhanden sein muß trotz der sehr hohen Wärmeausdehnung gegenüber dem Stahl der Lagerschale. Auch wenn man das kalte Laufspiel recht klein (etwa $0{,}6^0/_{00}$) wählt, um das Anlassen noch zu ermöglichen, so treten bei warmem Motor doch sehr große Laufspiele auf.

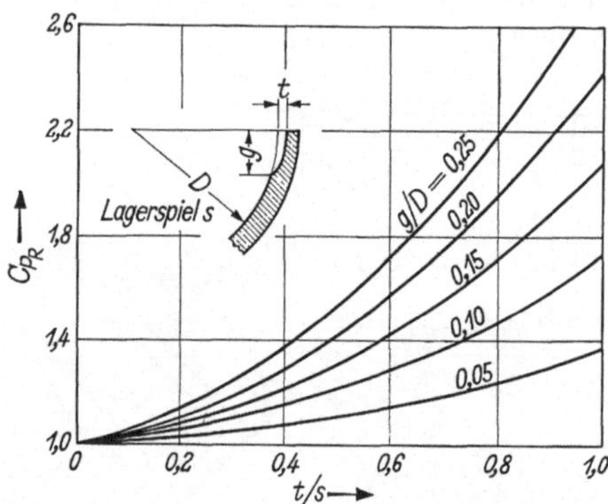

Abb. 9.25 Korrekturfaktor C_{P_R} für Lager mit Ringnut und Freiräumung (nach ROEMER [F 17]).

Die Schmierstoffversorgung muß die Vollschmierung aller Lager gewährleisten und einen Teil der im Lager entwickelten Wärme abführen. Eine exakte Berechnung ist für instationär belastete Gleitlager nicht möglich.

Man betrachtet daher das Lager als stationär belastet unter der mittleren Lagerbelastung oder man übernimmt aus der errechneten Verlagerungsbahn einen Mittelwert der Exzentrizität. Dabei kann man die von FALZ angegebene Näherungsgleichung

$$\varepsilon = 1 - \frac{1{,}04}{So\cdot\left(1 + \frac{D}{B}\right)} \qquad \text{mit} \qquad So = \frac{P_{mi}\cdot\psi^2}{B\cdot D\cdot\eta\cdot\omega} > 1$$

verwenden. Der Öldurchsatz Q [$\text{cm}^3\cdot s^{-1}$] durch ein Gleitlager hat zwei Ursachen:

Die Eigenförderung infolge Drehung des Zapfens

$$Q_D = 0{,}088\cdot D^3\cdot\psi\cdot\omega\cdot\frac{B}{D}\cdot\left(3{,}2 - \frac{B}{D}\right)\cdot\varepsilon$$

und der Öldurchsatz infolge Zuführdruck p_0.

$$Q_{p_R} = C_{p_R}\cdot\frac{\pi\cdot D^3\cdot\psi^3\cdot p_0}{24\cdot\eta}\cdot\frac{D}{B}\cdot\left(1 + \frac{3}{2}\,\varepsilon^2\right) \quad \text{für das Lager mit Ringnut}$$

bzw.

$$Q_{p_B} = C_{p_B}\cdot\frac{D^3\cdot\psi^3\cdot p_0}{35\cdot\eta\cdot\lg\left(\frac{B}{d_0}\right)}\cdot(1+\varepsilon)^3 \quad \text{für das Lager ohne Nut, mit Bohrung } d_0.$$

Durch die Freiräumung am Stoß der beiden Lagerhalbschalen erhöht sich der Öldurchsatz infolge Zuführdruck um den Faktor C_{p_R} nach Abb. 9.25 bzw. um $C_{p_B} = (C_{p_R} - 1)\cdot 2{,}5 + 1$. Der gesamt Öldurchsatz durch ein Lager ist $Q = Q_D + Q_p$. Die Zumessung der Ölmengen an die einzelnen Lager hängt von den Druckverlusten in den Leitungen und im Lager ab. Es sind dies die Druckverluste durch

Rohrreibung $\Delta p = \lambda \cdot \frac{1}{2} \cdot \varrho^* \cdot v^2 \cdot \frac{l}{d}$

Querschnittsverengungen und Krümmungen $\Delta p = (1{,}0 \ldots 1{,}27) \cdot \frac{1}{2} \cdot \varrho^* \cdot v^2$

im Lager mit Ringnut $\Delta p = \frac{Q \cdot \eta \cdot B}{0{,}327 \cdot D^4 \cdot \psi^3} \cdot \frac{1}{C_{p_R}}$ und

im Lager ohne Ringnut, mit Bohrung $\Delta p = \frac{Q \cdot \eta \cdot \lg\left(\frac{B}{d_0}\right)}{0{,}057 \cdot D^3 \cdot \psi^3} \cdot \frac{1}{C_{p_B}}$

mit

$\varrho^* = \frac{\gamma^*}{g}$ Dichte des Schmieröls $[\mathrm{kp} \cdot \mathrm{s}^2 \cdot \mathrm{cm}^{-4}]$

$v = \frac{Q}{F}$ Strömungsgeschwindigkeit in der Leitung $[\mathrm{cm} \cdot \mathrm{s}^{-1}]$

$\mathrm{F} = \frac{\pi}{4} \cdot d^2$ Leitungsquerschnitt $[\mathrm{cm}^2]$

l, d Rohrlänge, – Durchmesser [cm]

Rohrreibungswert

$\lambda = \frac{64}{Re}$ bei laminarer Strömung ($Re < 2320$)

$\lambda = \frac{0{,}316}{\sqrt[4]{Re}}$ bei turbulenter Strömung ($2320 < Re < 100000$)

$\left(Re = \frac{v \cdot d \cdot \varrho^*}{\eta}\right.$ Reynolds-Zahl$\left.\right)$

Die Öldrücke, welche bei den üblichen Zahnradpumpen linear mit der Drehzahl steigen, werden durch ein Überdruckventil im Hauptölkanal begrenzt. Die Auslegung der Ölpumpe erfolgt unter ungünstigen Annahmen wie maximales Lagerspiel und höchste Öltemperatur. Die Fördermenge einer Zahnradpumpe errechnet sich zu

$$Q_F = \frac{1}{8} \cdot (d_K^2 - d_F^2) \cdot b_p \cdot \omega_p \cdot \eta_v = \frac{z \cdot m \cdot n_p \cdot b_p}{160 \cdot 60} \quad [\mathrm{cm}^3 \cdot \mathrm{s}^{-1}]$$

oder bei korrigierter Verzahnung zu

$$Q_F = \frac{A \cdot (d_K - A) \cdot \pi \cdot b_p \cdot n_p}{60} \cdot \eta_v$$

mit

d_f Fußkreisdurchmesser [cm]
d_k Kopfkreisdurchmesser [cm]
b_p Zahnbreite [cm]
z Zähnezahl
m Modul [cm]
A Achsabstand [cm]
η_v Vol. Wirkungsgrad ($\eta_v \sim 0{,}70 \cdots 0{,}90$)
η_p Pumpendrehzahl [U/min]

e) Instationär belastete Wälzlager

In Anlehnung an die normale Wälzlagerberechnung bestimmt man auch bei instationärer Belastung die Lebensdauer. Die dynamische Tragfähigkeit eines Wälzlagers stellt die zulässige radiale Belastung eines Lagers dar, bei der mindestens 90% einer größeren Anzahl gleicher Lager unter Punktlast am Außenring eine

Lebensdauer von 1 Million Umdrehungen erreichen. Zur Umrechnung auf andere Belastungen und um die Lebensdauer in Stunden zu erhalten, gilt die Beziehung

$$L_h = \left(\frac{C_{dyn}}{P}\right)^{10/3} \cdot \frac{10^6}{60 \cdot n} \quad [\text{Std.}]$$

Da die bei Motoren verwendeten Rollenlager vielfach nicht in den Wälzlagerkatalogen erfaßt sind, kann man die dynamische Tragzahl nach FISCHER [*F 16*] errechnen aus

$$C_{dyn} = f_c \cdot (i \cdot l_w)^{7/9} \cdot z^{3/4} \cdot D_w^{29/27} \quad [\text{kp}]$$

mit

i Anzahl der Rollkörperreihen je Lager
z Anzahl der Rollen je Reihe
D_w Rollendurchmesser [mm]
l_w Berührungslänge der Rollen [mm]
d_m Durchmesser des Rollenmittenkreises [mm]

$$\gamma = \frac{D_w}{d_m}$$

und den Beiwert

$$f_c = 41{,}0 \cdot \left[1 + 1{,}19 \cdot \left(\frac{1-\gamma}{1+\gamma}\right)^6\right]^{-2/9} \cdot \frac{\gamma^{2/9} \cdot (1-\gamma)^{29/27}}{(1+\gamma)^{1/4}}$$

Die etwas ältere Formel von PALMGREEN ist im Aufbau einfacher

$$C_{dyn} = 5 \cdot i \cdot D_w \cdot l_w \cdot z^{2/3} \quad [\text{kp}]$$

Die äquivalente Lagerbelastung bei zeitlich veränderter Last-Amplitude ist näherungsweise der kubische Mittelwert

$$P_m = \sqrt[3]{\frac{1}{4\pi} \cdot \int_0^{4\pi} P^3 \, d\varphi}$$

Abb. 9.26 Scheibenkurbelwelle mit Rollenlagerung (Maybach).

Dies gilt streng nur für eine zwar in der Amplitude veränderlichen aber immer auf den gleichen Punkt des Außenringes gerichteten Belastung. Bei einer ausgesprochen umlaufenden Belastungstendenz entsprechend einer Punktlast am Innenring, muß dieser kubische Mittelwert mit dem Umlauffaktor 1,2 multipliziert werden. Die umlaufende Belastungstendenz, die im Motor von der Höhe des inneren Gegengewichtsausgleiches abhängt, ist also gleichermaßen für Gleit- und Wälzlager ungünstig.

Durch die gemachten Vereinfachungen sind die gefundenen Lebensdauerwerte nur als Vergleichwerte mit anderen Motoren zu werten, über die Betriebserfahrungen vorliegen. Für Vollast und maximale Drehzahl erhält man eine relativ kurze Lebensdauer. Da jedoch die Lager eines Motors verschiedenartigen Betriebszuständen unterliegen und nicht allein bei Vollast und maximaler Drehzahl betrieben werden, müßte man in ähnlicher Weise, wie es z. B. bei Schaltgetrieben üblich ist, die prozentualen Anteile der Wirkungsdauer der einzelnen Betriebszustände an der Gesamtlebensdauer berücksichtigen.

Neben diesem Verfahren sind auch noch andere Methoden ([*F 11*] bis [*F 14*]) bekannt, welche die tatsächlichen Lagerkräfte nur überschlägig z. B. als Zündkraft allein berücksichtigen. Sie sind daher in ihrer Vergleichsgüte mit bekannten Motoren noch weiter eingeschränkt. Die Schmierung der Wälzlager erfolgt durch Spritzöl oder Öldunst. Große Motoren mit Wälzlagerung werden vorwiegend mit Scheibenkurbelwellen [*C 14*] gebaut (Abb. 9.26). Wälzlager in Pleuellagern von Viertakt-Motoren sind selten, da die dort auftretenden Belastungswechsel zwischen Zündung und Massenkraft sowie das Schleudern der Käfige Schwierigkeiten verursachen. Das Hauptanwendungsgebiet liegt bei Zweitakt-Motoren (Abb. 9.27), die

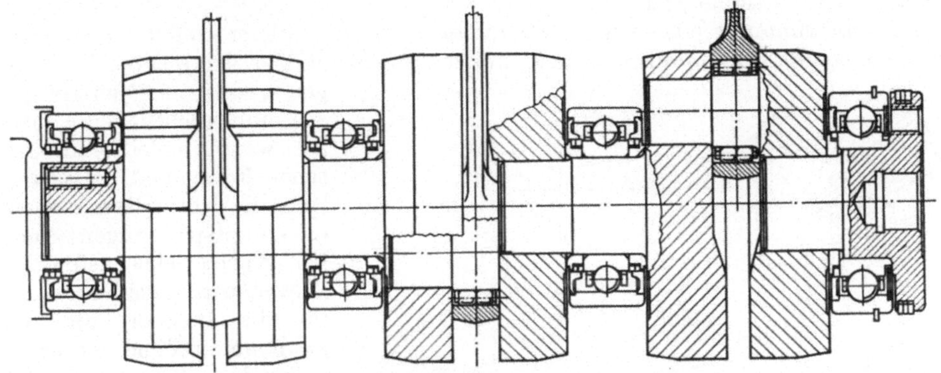

Abb. 9.27 Wälzlager im Kurbeltrieb des Auto-Union „Junior".

zur Schmierung der Pleuellager ein Ölkraftstoffgemisch verwenden. In den Grundlagern werden dort auch Kugellager eingebaut. Da der Gaswechsel durch das Kurbelgehäuse erfolgt, erhalten diese Lager beim Einbau eine Fettfüllung und sind durch Deckscheiben und Kolbenringe zum Kurbelgehäuse hin abgedichtet.

10. Kurbelwellenbeanspruchungen

[*C 1*] bis [*C 13*], [*H 1*] bis [*H 9*], [*M 1*] bis [*M 7*]

a) Die Spannungen in Kurbelkröpfungen

Die stetige Entwicklung im Motorenbau nach höherer Leistungsausbeute bei möglichst geringen Triebwerksabmessungen bringt eine Reihe von festigkeitstechnischen und dynamischen Problemen. Die große Zahl von neueren Veröffentlichungen auf diesem Gebiet ([*C 1*] bis [*C 12*], [*M 1*] bis [*M 6*]) zeigt ihre Dringlichkeit. Diese Entwicklung ist noch in vollem Gange, so daß eine aufmerksame Verfolgung der Literatur zu diesem Thema für den Interessierten unerläßlich ist. Eine Zusammenfassung der derzeitigen Erkenntnisse ermöglicht dem Konstrukteur doch schon eine Übersicht über die gestaltfestigkeitstechnischen und dynamischen Zusammenhänge.

Die Anwendung der klassischen Festigkeitslehre bei der Berechnung von Kurbelwellen, nämlich aus den äußeren Kräften und Momenten und deren zeitlichem Verlauf die inneren Spannungen $\sigma_b(\varphi) = \frac{M_b(\varphi)}{W_{aeq}}$ zu ermitteln,führt bei den heutigen Kröpfungsformen zu unbefriedigenden Ergebnissen. Eine theoretische Ableitung der Formzahlen für Kurbelwellen ist im Gegensatz zu den üblichen Kerbformen [*N 1*] noch nicht gelungen. Man versucht daher durch die Auswertung von Messungen an Kröpfungen die Abweichungen gegenüber der klassischen Festigkeitsberechnung in Abhängigkeit von den Kröpfungsparametern zu erstellen. Die

Ermittlung des Spannungszustandes erfolgt mit Hilfe der Spannungsoptik ([*M 3*] bis [*M 5*]) oder mittels Dehnungsmessungen. Die Letzteren finden besonders seit der Einführung von Dehnungsmeßstreifen geringer Länge ein großes Anwendungsgebiet. Der Dehnungsmeßstreifen wird auf die Oberfläche des zu messenden Bauteiles geklebt und zeigt eine der Dehnung proportionale Änderung seines ohmschen Widerstandes an. Er ist daher nur geeignet, den Spannungszustand an der Oberfläche zu finden. Dies ist aber gerade der Ort, welcher für die Gefährdung auf Dauerbruch bestimmend ist.

Zur Bestimmung eines ebenen Spannungszustandes, wie er an der freien Oberfläche eines Bauteiles immer auftritt, müssen die zueinander senkrechten Dehnungen ε_1 und ε_2 in den Hauptspannungsrichtungen gemessen werden. Bei symmetrischer Form und Belastung sind die Normalspannungen die Hauptspannungen. Auch bei Kurbelwellen sind die Hauptspannungsrichtungen für die Biegung auf der Zapfenmantellinie und senkrecht dazu, für die Torsion unter 45° zu den Mantellinien zu finden. Dies gilt auch weitgehend für die ausgerundeten Zapfenübergänge, in denen die stärksten Spannungskonzentrationen auftreten. Wenn auch die Dehnungsmeßstreifen nur eine Meßlänge von etwa 1 Millimeter besitzen, so muß doch der Ort der größten Spannung in der Hohlkehle genau erfaßt werden. Man verwendet deshalb besser mehrere Streifen oder man fixiert diese Stelle vorher durch einen Reißlackversuch.

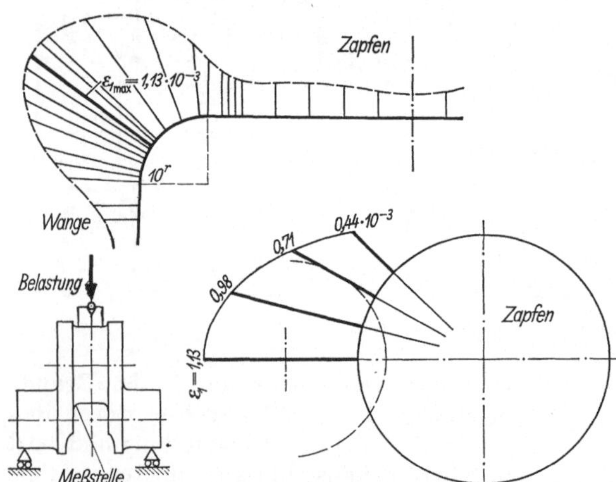

Abb. 10.1 Verlauf der Hauptdehnung ε_1 in der Hohlkehle einer biegebeanspruchten Kurbelkröpfung; Hauptdehnung $\varepsilon_2 \approx 0$.

Die Hauptspannungen errechnet man aus den Hauptdehnungen

$$\sigma_1 = \frac{E}{1-\mu^2}\cdot(\varepsilon_1 + \mu\cdot\varepsilon_2) \qquad \sigma_2 = \frac{E}{1-\mu^2}\cdot(\varepsilon_2 + \mu\cdot\varepsilon_1)$$

mit dem Elastizitätsmodul E und der Querzahl μ.

In Abb. 10.1 ist der Verlauf der Hauptdehnungen in der Hohlkehle einer biegebeanspruchten Kurbelwelle nach [*M 4*] angegeben. Bei Kurbelwellen unter Biegebeanspruchung ist die Querdehnung ε_2 vernachlässigbar klein. Mit der Querzahl für Stahl $\mu = 0{,}3$ erhält man dann in diesem speziellen Fall

$$\sigma_1 = 1{,}1\cdot E\cdot\varepsilon_1 \qquad \sigma_2 = 0{,}33\cdot E\cdot\varepsilon_1$$

Da zur Beurteilung des Beanspruchungszustandes im allgemeinen Werkstoffkennwerte verwendet werden, die unter einachsiger Beanspruchung gefunden sind, muß der ebene Spannungszustand unter Anwendung einer der bekannten Festigkeitshypothesen umgerechnet werden. Man erhält dann eine in bezug auf das Festigkeitsverhalten dem ebenen Spannungszustand gleichwertige Vergleichsspannung. Die Gestaltänderungsenergie-Hypothese ist für das Dauerbruchverhalten am besten geeignet. Sie errechnet die Vergleichsspannung σ_v nach der Beziehung

$$\sigma_v = \sqrt{\sigma_1^2 + \sigma_2^2 - \sigma_1\cdot\sigma_2}$$

und für den Fall, daß die Querdehnung ε_2 praktisch vernachlässigbar ist,

$$\sigma_v = 0{,}976 \cdot E \cdot \varepsilon_1 \approx E \cdot \varepsilon_1$$

Es ergibt sich also in diesem Fall, der zufällig für Kurbelwellen weitgehend zutrifft, praktisch das HOOKEsche Gesetz für den einachsigen Spannungszustand. Die Gültigkeit ist jedoch auf die Querzahl $\mu = 0{,}3$, also auf Stahl und mit gewissen Streuungen noch auf Stahlguß und Leichtmetall beschränkt.

Die maximalen Schubspannungen τ aus der Verdrehung ergeben sich direkt aus den unter 45° zur Zapfenachse geklebten Dehnungsmeßstreifen. Da im Betrieb an der Kurbelwelle Biegung und Torsion gleichzeitig auftreten, müssen die beiden Spannungen ebenfalls nach der Gestaltänderungsenergie-Hypothese zusammengesetzt werden zur Vergleichsspannung

$$\sigma_v = \sqrt{\sigma_{b_v}^2 + 3\,\tau^2}$$

Beide Anteile sind innerhalb eines Arbeitsspieles zeitlich veränderlich. Die Maxima und Minima aus beiden Beanspruchungen fallen nicht unbedingt zusammen. Wegen der im allgemeinen viel höheren Eigenfrequenz der Drehschwingungen – sie ist oft ein Mehrfaches der Frequenz des Arbeitsspieles mit welcher auch die Biegebeanspruchung wechselt – ergibt sich doch eine weitgehende Überlagerung beider Beanspruchungsarten. Zugleich aus Gründen der Sicherheit ist diese Annahme vorzuziehen. An Kurbelwellen treten die Beanspruchungsspitzen aus Biegung und Torsion auch etwa an der gleichen Stelle auf, nämlich im Mittelschnitt der Kröpfung in den Hohlkehlen.

Zur weiteren Kennzeichnung des zeitlich veränderlichen Beanspruchungsverlaufes ist es zweckmäßig, die beiden Spannungsanteile in einen ruhenden und einen wechselnden Anteil zu trennen. Beide Anteile faßt man getrennt zusammen zu einer statischen Vergleichsspannung, der Mittelspannung σ_m und zur dynamischen Vergleichsspannung, der Wechselspannung σ_w. Dazu sucht man für die Biegung die an einer Hohlkehle maximale Zugspannung σ_0 sowie die kleinste Zug- bzw. die größte Druckspannung σ_u und bildet daraus die

$$\text{Mittelspannung} \qquad \sigma_m = \frac{1}{2} \cdot (\sigma_o + \sigma_u)$$

und die

$$\text{Wechselspannung} \qquad \sigma_w = \frac{1}{2} \cdot (\sigma_o - \sigma_u)$$

Das gilt in gleicher Weise auch für die Torsion mit τ_m und τ_w. Anschließend setzt man Biegung und Torsion zur Vergleichsmittelspannung σ_{v_m} und zur Vergleichs-Wechselspannung σ_{vw} zusammen

$$\sigma_{v_m} \sqrt{\sigma_m^2 + 3\tau_m^2} \qquad\qquad \sigma_{v_w} \sqrt{\sigma_w^2 + 3\tau_w^2}$$

Da jedoch die Torsionsbeanspruchungen aus dem mittleren Drehmoment bei üblicher Bauart sehr klein sind, genügt es im allgemeinen den rein wechselnden Anteil aus den Drehschwingungen allein zu berücksichtigen. Eine Ausnahme davon bilden die Scheibenkurbelwellen [*C 14*], bei welchen die Kurbelwangen und die Grundzapfen zu einer Scheibe zusammengefaßt sind, die den Innenring des Rollenlagers bildet. Da die Hohlkehlen dann direkt am Stützlager liegen, ist die Biegebeanspruchung sehr klein und es überwiegt die Torsion, welche auch in der Praxis dann die größere Gefährdung bringt.

Von besonderer Bedeutung für die Beurteilung der Beanspruchungshöhe ist die Wechselspannung. Die Zug-Druck-Wechsel-Festigkeit des glatten Probestabes beträgt nur etwa 40% der Zugfestigkeit. Mit steigender Mittelspannung nimmt die zulässige Wechselspannung noch etwas ab, wie es aus den Dauerfestigkeits-Schaubildern nach SMITH bekannt ist. Die Mittelspannung gibt den Hinweis darauf, welche der beiden Hohlkehlen am meisten gefährdet ist. Dies wird im allgemeinen bei ähnlich hohen Wechselspannungen in der grund- und hubzapfenseitigen Hohlkehle diejenige mit der Zugmittelspannung sein.

Das Dauerfestigkeits-Schaubild eines glatten Probestabes kann jedoch noch nicht auf die Kurbelwellenbeanspruchung angewendet werden. Es erscheint dem Verfasser aber wenig sinnvoll, die unter Verwendung möglichst gesicherter Formzahlen theoretisch bestimmbaren tatsächlichen Spannungen, die ja auch experi-

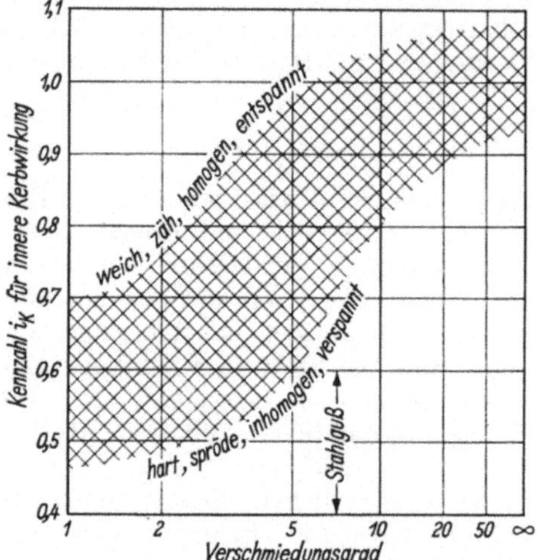

Abb. 10.2 Kennzahl für innere Kerbwirkung bei Stahl in Abhängigkeit vom Verschmiedungsgrad (nach PETERSEN [*N 2*]).

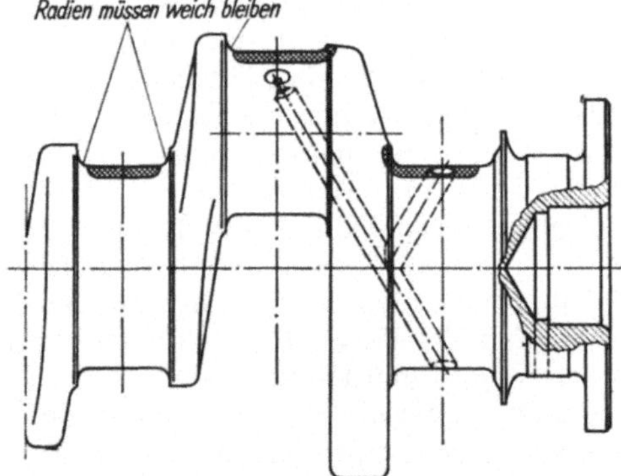

Abb. 10.3 Härteverlauf an Hohlkehlen: Einhärtung der Radien an den äußeren Kurbelwangen allein.

mentell am Motor nachzuweisen sind, über die Kerbwirkungszahl β und die Kerbempfindlichkeitszahl η mit den spezifischen Werkstoffeigenschaften und den Fertigungseinflüssen zu kombinieren. Die moderne Werkstoffmechanik berücksichtigt diese gegenüber dem idealen Fall des glatten Probestabes noch wichtigen Einflüsse unter dem Begriff der Wechselfestigkeit des Bauteils. Es wurden dazu von verschiedenen Autoren empirische Verfahren entwickelt, von denen die Berechnung nach PETERSEN [*N 2*] wohl am meisten geeignet scheint. Neben der Oberflächenbeschaffenheit oder der Verschmiedungsgüte wird mit dem bezogenen Spannungsgefälle χ auch die Bauteilgröße (Durchmesser d, die Ausrundung ϱ), die Beanspruchungsart und die Zugfestigkeit berücksichtigt. Durch den Radius der inneren Ersatzkerbe wird der Einfluß der Kerbempfindlichkeit in Abhängigkeit von der Vergütung ausgedrückt. Nach PETERSEN errechnet sich die Wechselfestigkeit eines Bauteils zu

$$\sigma_{w_{\text{zul}}} = \sigma_{Z_{w_{\text{zul}}}} \cdot (i_K + \sqrt{\varrho^* \cdot \chi}) \quad \text{bzw.} \quad \sigma_{w_{\text{zul}}} = \sigma_{Z_{w_{\text{zul}}}} \cdot (O_K + \sqrt{\varrho^* \cdot \chi})$$

Maßgebend ist die Gleichung, welche den niedersten Wert ergibt, da der Bruch entweder von der äußeren Kerbe (Oberfläche O_K) oder von der inneren Kerbe i_K (Schmiedefalten, Schlackeneinschlüsse oder Poren, welche auch an der Oberfläche liegen können) ausgehen wird. Im einzelnen bedeuten:

$\sigma_{w_{\text{zul}}}$ Wechselfestigkeit an der höchstbeanspruchten Stelle [kp·mm^{-2}]

$\sigma_{Zw_{\text{zul}}}$ Zug-Druck-Wechselfestigkeit des glatten Probestabes [kp·mm^{-2}], näherungsweise $\sigma_{Zw_{\text{zul}}} = (0{,}4\cdots0{,}44)\cdot\sigma_B$ für Stahl

σ_B Zugfestigkeit des glatten Probestabes [kp·mm^{-2}]

i_K Kennzahl für innere Kerbwirkung in Abhängigkeit vom Verschmiedungsgrad – Abb. 10.2; gesenkgeschmiedete Kurbelwellen $i_K = 0{,}67 \cdots 0{,}75$

O_K Oberflächenkennzahl $O_K = O'_K + (1 + O'_K) \cdot \frac{20}{\sigma_B}$

$O'_K = 0{,}80$ bis $0{,}90$ bei normal geschliffener Oberfläche

$O'_K = 0{,}90$ bis $0{,}95$ bei feingeschliffener Oberfläche

χ bezogenes Spannungsgefälle [mm^{-1}]

bei Zug $\chi = \frac{2}{\varrho}$

bei Biegung $\chi = \frac{2}{\varrho} + \frac{2}{d}$ ϱ Kerbradius [mm]

bei Torsion $\chi = \frac{1}{\varrho} + \frac{2}{d}$ d Zapfendurchmesser [mm]

ϱ^* Radius der Ersatzkerbe $\varrho^* = \frac{196}{\sigma_B^2}$ [mm]

Die Ergebnisse dieser Berechnung nach PETERSEN sind nach praktischen Erfahrungen recht brauchbar. Sie liefert im allgemeinen etwas zu niedere Werte. Aus Schwingversuchen an Kurbelwellen mit Durchmessern zwischen 50 und 150 mm

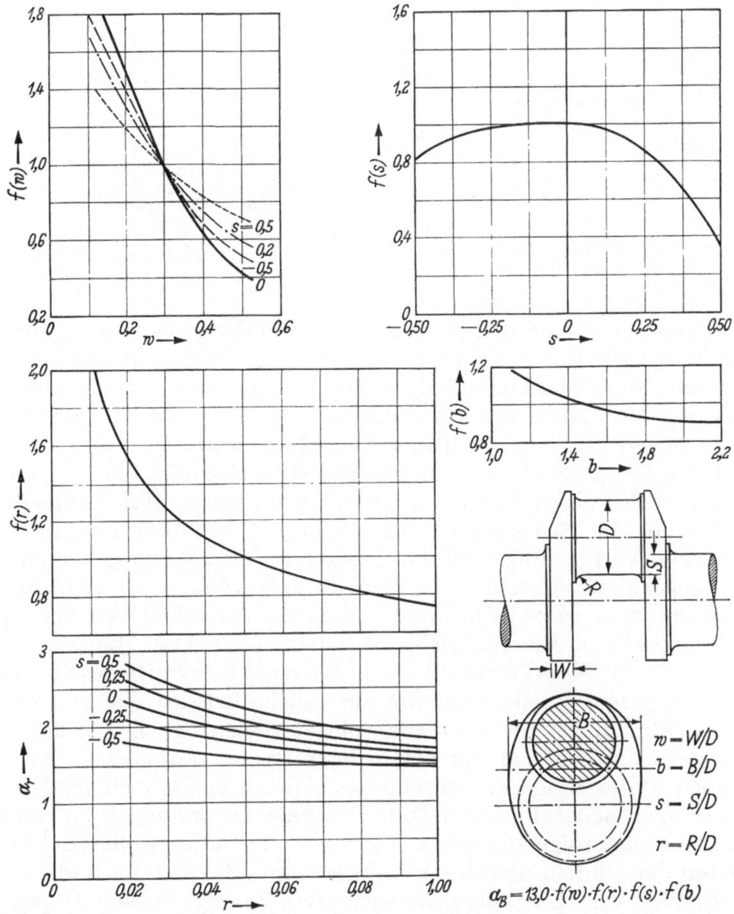

Abb. 10.4 Formzahlen für Biegung und Torsion in der Hubzapfen-Hohlkehle einer Kurbelkröpfung.

mit induktionsgehärteten Zapfen und einer Zugfestigkeit von 80 bis 100 [kp·mm⁻²] wurden Biegewechselfestigkeiten von etwa ±30 [kp·mm⁻²] ermittelt.

Aus diesen Angaben kann man unter Verwendung der statischen Festigkeitsangaben für den Werkstoff ein Dauerfestigkeits-Schaubild erstellen. Man verwendet dazu eine der bekannten Näherungskonstruktionen. In Abb. 10.5 ist ein SMITH-Diagramm aus den Werten σ_B, $\sigma_{0,2}$ und $\sigma_{w_{zul}}$ hergeleitet. Man erhält die obere Grenzspannung dadurch, daß man den Winkel zwischen der 45°-Linie durch $\sigma_{w_{zul}}$ und der Verbindungslinie von $\sigma_{w_{zul}}$ nach σ_B auf der Winkelhalbierenden des Diagramms halbiert. Die untere Grenzlinie liegt zur Winkelhalbierenden im gleichen Abstand.

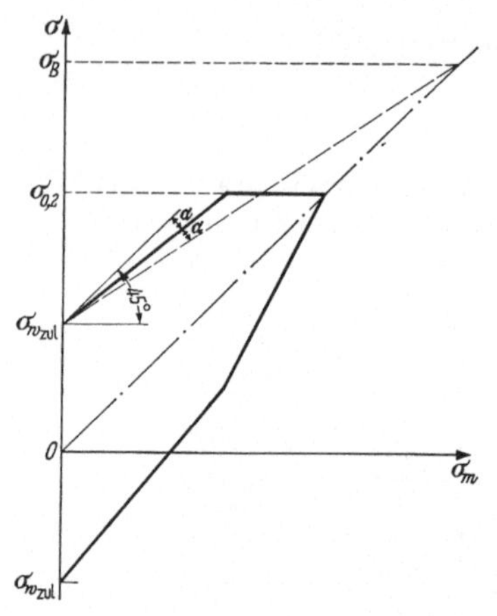

Abb. 10.5 Näherungskonstruktion des Dauerfestigkeits-Schaubildes nach SMITH.

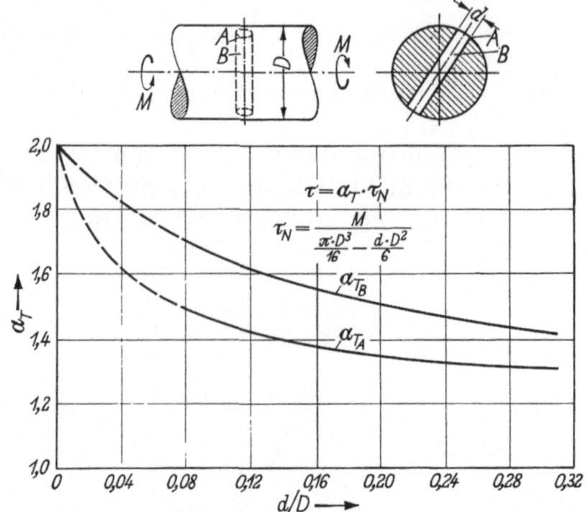

Abb. 10.6 Formzahl nach PETERSEN [*N 15*].

Die obere Grenzlinie wird durch die Horizontale in der Höhe von $\sigma_{0,2}$ begrenzt, die zugehörige Beschneidung der unteren Grenzlinie erfolgt unter Beachtung der Symmetrie zur Winkelhalbierenden. Diese Beschneidung des Dauerfestigkeitsdiagrammes auf der Höhe der Streckgrenze – gültig für die maximale Kerbspannung – bringt einen zusätzlichen Sicherheitsfaktor hinein. In Wirklichkeit kann das Dauerfestigkeitsdiagramm für gekerbte Bauteile auch oberhalb dieser Beschneidung noch weitergeführt werden mit etwa konstanter Wechselfestigkeitsamplitude bis an die Streckgrenze des effektiven Nennspannungsquerschnittes. Durch plastische Verformung wird die maximale Kerbspannung begrenzt, die umgebenden ungekerbten Querschnitte stützen die gefährdete Stelle ab (Stützwirkung). Bei Kurbelkröpfungen ist es jedoch recht schwierig, den effektiven Nennspannungsquerschnitt anzugeben. Er entspricht sicherlich nicht dem üblicherweise bei der Definition der Hohlkehlen-Formzahl eingeführten Querschnitt des Hubzapfens.

Alle diese Angaben beziehen sich auf die übliche Art der Wärmebehandlung bei Kurbelwellen (Flamm-, Induktions- oder Einsatz-Härtung). Durch das Aufbringen von Druckeigenspannungen an den gefährdeten Stellen läßt sich die reine Wechselfestigkeit noch weiter steigern, während der Gewinn im Bereich der Schwellfestigkeit wohl geringer ist. Maßnahmen, um Druckeigenspannungen zu erzeugen, sind – etwa in der Reihenfolge steigender Verbesserung – das Rollen der Hohlkehlen, das Einhärten der Radien und das Weichnitrieren. Bleiben die Radien jedoch ungehärtet, so sollte der Härtebereich noch etwa 2 mm vor dem Übergangsradius enden, damit die am Ende der Härtezone auftretenden Zugeigenspannungen noch außerhalb der gefährdeten Hohlkehle abgeklungen sind (Abb. 10.3). Das Einhärten aller Radien einer Kurbelwelle ist wegen des nach der Wärmebehandlung erforderlichen Richtens unmöglich, so daß die Einhärtung auf die Übergänge der äußersten Kurbelwangen beschränkt ist. Durch das Richten geht ein Teil der Dauerfestigkeit verloren. Dies ist zusammen mit den rechnerisch nichterfaßbaren Zusatzbeanspruchungen aus der Stoßüberhöhung, aus dem Zwang durch nicht-fluchtende Lager und durch Abtriebe die Ursache dafür, daß man die effektive Wechselfestigkeit von rund ± 30 [kp·mm^{-2}] nicht voll ausnützen kann.

Damit sind nun die werkstoffseitigen Einflüsse auf die Kurbelkröpfung bekannt. Zur Bestimmung der im Bauteil auftretenden maximalen Spannungen wurden durch die Auswertung von Messungen an Kurbelkröpfungen empirische Formeln zur Bestimmung der Formzahlen entwickelt ([*C 10*] bis [*C 12*]). Diese weichen je nach dem Parameterbereich der untersuchten Kröpfungen etwas voneinander ab. Sehr gute Übereinstimmung in einem sehr breiten Parameterbereich mit Messungen an Kurbelwellen erhält man mit dem Verfahren nach Abb. 10.4. Damit bestimmen sich die Formzahlen für Biegung α_B und für Torsion α_T in Abhängigkeit von der geometrischen Form, die durch die Parameter Wangendicke w, Wangenbreite b, Ausrundung r und Überschneidung s dargestellt wird. Diese Parameter sind dadurch, daß sie auf den Hubzapfendurchmesser bezogen sind, dimensionslos gemacht. Die Formzahl gibt das Verhältnis der höchsten Spannung zur Nennspannung an.

$$\sigma_b = \alpha_B \cdot \sigma_{b_N} \qquad \tau = \alpha_T \cdot \tau_N$$

Die Nennspannungen sind dabei zu bestimmen für die Biegung aus dem Biegemoment M_b in Mitte Kurbelwange und aus dem äquatorialen Widerstandsmoment W_{aeq} des ungebohrten Hubzapfens

$$\sigma_{b_N} = \frac{M_b}{W_{aeq}} \qquad W_{aeq} = \frac{\pi}{32} \cdot D^3$$

und für die Torsion aus dem polaren Widerstandsmoment des gebohrten Hubzapfens

$$\tau_N = \frac{M_T}{W_{\text{pol}}} \qquad W_{\text{pol}} = \frac{\pi}{16} \cdot \frac{D^4 - d^4}{D}$$

Die so ermittelten Spannungen gelten in erster Linie für die Hubzapfen-Hohlkehle. In den Grundzapfen-Hohlkehlen ergeben sich meist etwas niedrigere Spannungen mit der Ausnahme, daß bei starker Zapfenüberschneidung, etwa bei $s \geq +0{,}4$ bis $+\,0{,}5$ je nach Wangendicke w, die grundzapfenseitigen Spannungen beträchtlich größer werden als die Rechnung angibt. Einen gewissen Einfluß darauf hat die Belastungsart, ob konstantes Biegemoment oder Dreiecksbiegemoment. Diese erhöhte Gefährdung der Grundzapfenseite ist besonders bei einer Dreiecks-Momenten-Belastung vorhanden, wie sie im Betrieb unter der Zündkraft auftritt. Die vorhandenen Messungen sind zur Zeit noch nicht ausreichend, diesen Einfluß auch quantitativ genau genug zu klären. Da jedoch die Tendenz zum kurzhubigen Motor und als Folge davon zu stark-überschneidenden Zapfen unverkennbar ist, werden entsprechende Untersuchungen wohl in näherer Zukunft gemacht werden. Für den Einfluß von Bohrungen in den Hub- und Grundzapfen gilt dies auch. Die dazu bekannten Veröffentlichungen [*C 12*] und [*C 13*] kommen teilweise zu widersprüchlichen Ergebnissen. Diese Einflüsse sind nämlich stark mit den übrigen Kröpfungsparametern, besonders mit der Überschneidung gekoppelt. Zusätzlich treten bei gebohrten Wellen die Spannungsmaxima nicht mehr in den Wellen-Mittelschnitten, sondern etwa 25° seitlich davon auf.

Bei ungünstigen Drehschwingungsverhältnissen können auch die Mündungen der Ölbohrungen in den Zapfen zur Ausgangsstelle für den Dauerbruch werden. Ein sorgfältiges Verrunden und Polieren, selbst noch einige Millimeter in die Bohrung hinein, ist sehr zweckmäßig. Die Gefährdung ist dort praktisch nur durch die Torsion gegeben. Die Schubspannungserhöhung entspricht der Kerbspannung an quergebohrten Wellen, für die PETERSEN [*N 15*] die Formzahl nach Abb. 10.6 angibt.

Biegedauerbrüche nehmen bei schnellaufenden Motoren fast ausschließlich ihren Ausgang in Hohlkehlen. Die Abb. 10.7 zeigt einen solchen Bruch mit deutlich ausgeprägten Rastlinien. Diese stellen ein Maß für das Fortschreiten des Bruches dar.

Abb. 10.7 Dauerbruch durch die Kurbelwange, ausgehend von der Hohlkehle infolge Biegewechselbeanspruchung.

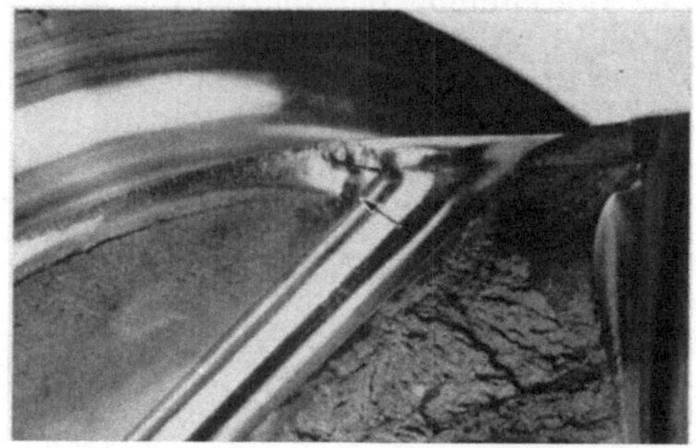

Abb. 10.8 Torsions-Dauerbruch; Bruchausgang in der Ölbohrung des Kurbelzapfens.

Abb. 10.9 Torsions-Dauerbruch.

Die Anrißstelle ist vielfach die Hubzapfen-Hohlkehle, da diese Stelle im allgemeinen die höheren Spannungen aufweist und unter der Gaskraft auf Zug beansprucht ist. Bei einem Überwiegen der Massenkraftbelastung kann aber die dadurch erzeugte Vorspannung der Kurbelwelle so hoch sein, daß die Grundzapfen-Hohlkehle eine Zug-Mittelspannung aufweist und daher der Bruch dort seinen Anfang nimmt. Torsions-Dauerbrüche mit einem Anriß in den Hohlkehlen sind seltener. Eine Ausnahme bilden die Scheibenkurbelwellen. Torsionsbrüche nehmen häufig ihren Ausgang etwas innerhalb der Mündungen von Ölbohrungen. In Abb. 10.8 ist die Anrißstelle durch einen Pfeil gekennzeichnet. Der fortschreitende Bruch verläuft dann weiter unter 45° durch den Zapfen hindurch, wie es Abb. 10.9 zeigt.

Kurbelwellen aus Gußeisen ([*N 3*] bis [*N 7*]) kompensieren bis zu einem gewissen Grade die geringere Dauerfestigkeit des Gußeisens durch eine besonders vorteilhafte Formgebung. Die Anwendung tonnenförmiger Aushöhlungen in den Zapfen und nierenförmiger Entlastungsmulden auf den Kurbelwangen im Bereich der Zapfenüberschneidung ergibt eine recht gleichmäßige Spannungsverteilung in den gefährdeten Hohlkehlen, wodurch die Spannungsüberhöhung gering gehalten wird. Die Verwendung hohlgegossener Wangen mit Kastenquerschnitt ist nur bei Reihenmotoren möglich, die nur nach jeder zweiten Kröpfung gelagert sind. Anzustreben sind in jedem Falle möglichst gleichmäßige Wandstärken und sanfte Querschnittsübergänge zur Vermeidung von Lunkern. Gußwellen sollten eigentlich ungehärtete Zapfen erhalten, da die Dauerfestigkeit durch die damit aufgebrachten Eigenspannungen stark verringert wird. Die Oberflächenhärte der ungehärteten Gußwelle ist um 50 bis 70% geringer als bei gehärteten Stahlwellen, so daß die Verschleißfestigkeit im Mischreibungsgebiet, also besonders beim An- und Abstellen sowie beim Durchgang von Fremdkörpern durch das Lager, oft beanstandet wird. Deshalb sollte bei der Verwendung von ungehärteten Gußwellen der Schmierölfilterung und der sicheren Auslegung der Gleitlager nach der hydrodynamischen Schmierfilmtheorie besondere Beachtung geschenkt werden.

Die sich langsam anbahnende Verwendung schnellaufender Verbrennungsmotoren zum Antrieb von Hochseeschiffen, oft in der Form von Mehrmotorenanlagen, bringt es mit sich, daß sich der Konstrukteur solcher Maschinen auch mit den Forderungen der Klassifikationsgesellschaften beschäftigen muß. Diese Gesellschaften, wie z. B. der Germanische Lloyd, Lloyd's Register of Shipping, Bureau Veritas usw., fordern eine Dimensionierung der Kurbelwelle nach empirisch erstellten und stark vereinfachten Formeln. Die dabei verarbeitete Erfahrungsbasis stammt zur Zeit noch ausschließlich von langsamlaufenden Schiffsmotoren. Die sich daraus ergebende Dimensionierung ist für schnellaufende Motoren in vielen Fällen so überreichlich, daß sie für einen wirtschaftlichen Einsatz moderner Motoren nicht angewendet werden kann. Eine Behandlung dieser Klassifikationsbedingungen im vorliegenden Rahmen scheint deshalb nicht angebracht zu sein. Es ist auch unverkennbar, daß die Testgesellschaften sich der Forderungen nach einer Überarbeitung und Umstellung ihrer bisherigen Bedingungen nach neueren Erkenntnissen nicht mehr lange verschließen werden ([*C 15*] bis [*C 17*]).

b) Biegebeanspruchungen

Unter Verwendung der im Abschn. 10a angegebenen Formzahlen kann der zeitliche Verlauf der maximalen Biegebeanspruchung in der gefährdeten Hohlkehle berechnet werden. Die Auflagerungsbedingungen wird man entsprechend den Überlegungen in Abschn. 9b für die Grundlagerbelastung auch hier statisch bestimmt wählen. Da die Berücksichtigung mehrerer Lager mit dem großen Aufwand der statisch-unbestimmten Lagerung im wesentlichen nur Einspannmomente bringt, welche dem primären Biegemoment meistens entgegengesetzt sind und so verkleinernd wirken, liegt man mit der statisch-bestimmten Auflagerung auf der sicheren Seite. Da außerdem die großen Spannungen in den gefährdeten Hohlkehlen auf der Innenseite des Zapfens nur unter Belastung in Richtung des Hubes auftreten, ergeben sich die Biegespannungen aus den Radialkräften der Zylinder, welche in Abschn. 5d behandelt wurden. Mit den Hebelarm-Verhältnissen der Abb. 10.10 erhält man die Biegespannung in der Hohlkehle einer einfachen Kurbelkröpfung

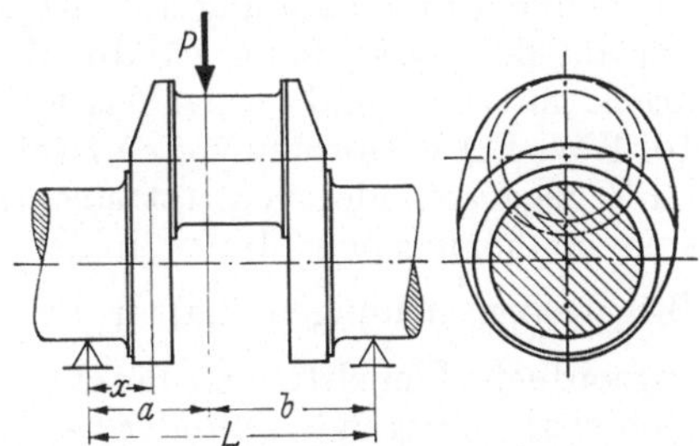

Abb. 10.10 Geometrische Größen zur Berechnung der Biegebeanspruchung an Kurbelkröpfungen.

$$\sigma_b(\varphi) = \frac{R(\varphi) \cdot b \cdot x \cdot \alpha_B}{L \cdot W_{aeq}},$$

deren zeitlicher Verlauf unter Berücksichtigung der Gas- und oszillierenden Massenkräfte in Abb. 10.11 dargestellt ist. Die rotierenden Massenkräfte ergeben ein in Größe und Richtung konstantes Biegemoment auf die Welle, so daß sie nur eine

Verschiebung der Spannungs-Nullinie ergeben:

$$\sigma_{b_{\text{rot}}} = \left[\sum^{\rightarrow} m_{\text{rot}} \cdot r \cdot \omega^2 \frac{b_i}{L_i}\right] \cdot \frac{x \cdot \alpha_B}{W_{aeq}} = \text{const}$$

Dabei ist ebenfalls praktisch nur die Komponente des Biegemomentes in der Kröpfungsrichtung für die gefährdete Hohlkehle von Bedeutung. Der resultierende Beanspruchungsverlauf nach Abb. 10.11 ist für Reihen-Viertakt-Motoren typisch. Der tatsächlich gemessene Beanspruchungsverlauf deckt sich recht gut mit dem rechnerisch ermittelten. Die Messung erfolgte in der Hohlkehle der schwungradseitigen Kurbelwange eines 6-Zylinder-Fahrzeug-Diesel-Motors. Man erkennt einen

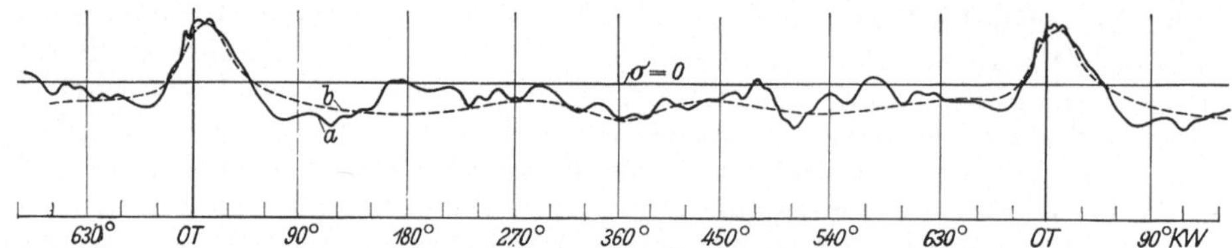

Abb. 10.11 Zeitlicher Verlauf der Biegebeanspruchung in der Hohlkehle der abtriebsseitigen Kurbelwange eines Reihenmotors. *a* Messung, *b* Rechnung.

leichten Einfluß der Stoßüberhöhung, auf die noch näher eingegangen wird. Es sind auch Auswirkungen benachbarter Zylinder zu finden. Sie beeinflussen das Ergebnis jedoch nicht wesentlich. Die maximale Oberspannung σ_0 tritt bei der Zündspitze, die maximale Unterspannung σ_u im Überschneidungs-OT auf. Die maximale Wechselspannung ergibt sich daher bei Viertakt-Reihenmotoren in einfacher Weise zu

$$\sigma_{b_w} = \pm \frac{1}{2} \cdot (\sigma_o - \sigma_u) = \pm \frac{1}{2} \cdot \sigma_{\text{zünd}} \qquad \sigma_o = \sigma_{\text{zünd}} - \sigma_{m_{OT}}\,; \quad \sigma_u = -\sigma_{m_{OT}}$$

Da der Anteil aus der oszillierenden Massenkraft im oberen Totpunkt in der Ober- und Unterspannung auftritt, bestimmt sich die maximale Wechselspannung nur aus der Gaskraft im Zündpunkt allein. Dabei setzt man den maximalen Gasdruck im OT an und vernachlässigt den tatsächlich auftretenden Verzug von 5 bis 10° KW. Bei V-Motoren treten zwei Zündspitzen auf, welche um den Zündabstand-im-V gegeneinander versetzt sind (Abb. 10.12). Die Radialkräfte beider Zylinder sind im homogenen Motor in der Amplitude genau gleich. Die entsprechenden Biegebeanspruchungen haben als Folge der Einflußzahl $\frac{b}{L}$ für nebeneinander angeordnete Pleuelstangen unterschiedliche Amplituden. Der an der betrachteten Hohlkehle anliegende Zylinder hat eine größere Amplitude als der Zylinder auf der Gegenseite. Der resultierende Beanspruchungsverlauf beim V-Motor ergibt sich aus der Überlagerung der aus dem Radialkraftverlauf unter Berücksichtigung der Hebelarm-Verhältnisse $\frac{b}{L}$ für jeden Zylinder errechneten Biegebeanspruchung, welche zeitlich um den Zündabstand-im-V verschoben ist. Die größere der beiden Zündspitzen bestimmt die Oberspannung σ_o. Die größte Unterspannung σ_u tritt nicht mehr in einer ausgezeichneten Kurbelstellung auf.

Bei Motoren mit Doppelkröpfungen ist die Überlagerung der einzelnen Biegeanteile je Zylinder unter Beachtung der Hebelarm-Verhältnisse, Zündabstände und Zylinderrichtungen in entsprechender Weise vorzunehmen. Das trifft allerdings in dieser einfachen Form nur bei Boxermotoren und 4-Zylinder-Reihen-Motoren mit um 180° versetzten Kröpfungen zu. In anderen Fällen von Doppelkröpfungen sind bezüglich einer bestimmten Hohlkehle außer den Komponenten der Radialkraft nun auch die der Tangentialkraft von Bedeutung, die in Richtung des an der Hohlkehle anliegenden Hubes wirken. Die am Hubzapfen angreifenden Tangentialkräfte können in die Wellenmitte verschoben werden. Dabei tritt neben dem Drehmoment auch eine Querkraft an der Welle auf mit der gleichen Größe wie die Tangentialkraft, wodurch ein Biegemoment erzeugt wird. Wirkt dieses Biegemoment etwa in der Ebene der gefährdeten Hohlkehle, so ist auch die Tangentialkraft dieses Zylinders zu berücksichtigen. Ein solcher Fall liegt dann vor, wenn die beiden Hübe einer Doppelkröpfung um etwa 90° versetzt sind.

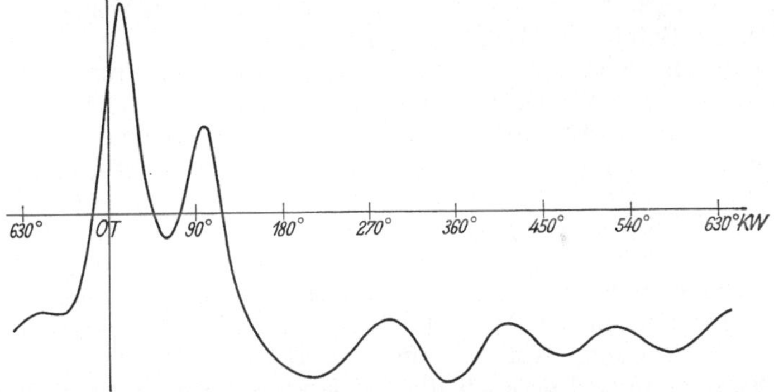

Abb. 10.12 Zeitlicher Verlauf der Biegebeanspruchung in der Kurbelwelle eines Vierzylinder-V-Motors mit 90° V-Winkel und nebeneinanderliegenden Pleuelstangen.

Aus dem zeitlichen Verlauf der Biegebeanspruchung findet man die Ober- und Unterspannung σ_o und σ_u, aus denen sich wie in Abschn. 10a angegeben die Mittelspannung σ_{bm} und die Wechselspannung σ_{bw} errechnen.

Neben den Biegebeanspruchungen aus den Gaskräften und aus den oszillierenden und rotierenden Massenkräften treten aber auch zusätzliche Biegebeanspruchungen an der Kurbelwelle auf. Sofern ihre Amplituden klein sind, kann eine besondere Berechnung entfallen, da man immer einen Sicherheitsabstand zwischen den ermittelten Spannungen und den zulässigen Dauerfestigkeitswerten vorsehen wird. Dies sind die Biegebeanspruchungen aus dem Zwang infolge nicht fluchtender Grundzapfen, wodurch in den Hohlkehlen eine konstante Spannung hervorgerufen wird. Es verändert sich also nur die Mittelspannung. Aber auch die Zusatzbeanspruchungen infolge nichtfluchtender Grundlager, wodurch sich die Wechselbeanspruchung vergrößern kann, sind im allgemeinen gering. Grundsätzlich ergeben aber auch Fluchtungsfehler innerhalb der Lagerspiele schon zusätzliche Spannungen, da unter Last angenommen werden muß, daß das Lagerspiel nahezu vollkommen ausgenutzt wird. Die Kräfte in den Zahneingriffen der Nebenantriebe, wie Nockenwelle, Ölpumpe, Einspritzpumpe usw., ergeben meist ebenfalls nur geringe Zusatz-Wechselbeanspruchungen für die Kurbelwelle. Dagegen können größere Leistungsabnahmen über fliegend angeordnete Riemenabtriebe z. B. schon beachtliche Wechselspannungen in den Hohlkehlen der äußeren Kurbelwangen ergeben. Die bezüglich des Kurbelgehäuses in eine bestimmte Richtung zeigende Achslast auf die Riemenscheibe ergibt an der umlaufenden Welle ein sin-förmig veränderliches Wechselmoment. Besondere Beachtung ist dabei sehr weit außen angeordneten Riemen zu schenken, deren Achskraft etwa in Richtung der Zylinderachse zeigt. In diesem Fall liegt die Zündbeanspruchung mit der Beanspruchung aus dem Riemenzug in Phase, wodurch sich die Wechselbeanspruchung vergrößert.

Der Sicherheitsabstand zwischen den berechneten und den zulässigen Spannungen ist aber auch wegen der unbekannten Eigenspannungen notwendig, die von der Wärmebehandlung und vom Richten herrühren. Hochbeanspruchte Wellen werden daher auch durch Hämmern der Kurbelwangen gerichtet, wodurch die gefährdeten Hohlkehlen frei von Eigenspannungen bleiben.

Der größere Anteil des erforderlichen Sicherheitsabstandes dient jedoch zur Aufnahme der durch die dynamische Stoßüberhöhung vergrößerten Biegebeanspruchung aus dem normalen Arbeitsspiel. Die dargestellte Berechnung der Biegebeanspruchungen aus den Gaskräften sowie aus den rotierenden und oszillierenden Massenkräften hat vorwiegend für die inneren Kurbelwangen einer mehrfach gelagerten Welle Gültigkeit, wo keine größeren Massen angeordnet sind. Den schnellen Kraftanstiegen im Bereich der Zündung können nämlich größere Massen, deren Bewegung nicht durch Lager begrenzt wird (Schwungrad, Schwingungsdämpfer und ähnliches), nur mit einer Verzögerung folgen. Die zunächst noch in dem elastischen Wellenstück gespeicherte Energie beschleunigt aber schließlich doch auch die träge Masse. Die ihr aufgeprägte kinetische Energie wird in ungünstigen Fällen gerade dann frei, wenn die Zündkraft als primäre Erregung gerade ihr Maximum erreicht hat. Durch das Weiterschwingen der großen Masse über den rein statischen Verformungsweg hinaus wird die Biegebeanspruchung vergrößert. Die ersten Versuche einer theoretischen Behandlung der dynamischen Stoßüberhöhung in Kurbeltrieben gehen auf GEIGER ([*C 7*] bis [*C 9*]) zurück. Neben dem Ersatz des recht komplizierten Schwingungssystems einer Kurbelwelle durch einen einfachen 1-Massen-Schwinger mußte er auch die Stoßerregung durch einen mathematisch einfachen Verlauf darstellen[1]. Die damit ermittelten Stoßüberhöhungen (Abb. 10.13 oben) bis zum Faktor 2,0 beim Rechteckstoß oder 1,77 beim Sinusstoß sind auf Kurbelwellen kaum zu übertragen. Dies gilt auch für die daraus gezogene Folgerung, daß vorwiegend der Druckanstieg im Zylinder für die Überhöhung maßgebend sei. Durch die Anwendung von Analog-Rechnern können auch Erreger-Kennlinien berücksichtigt werden, welche die tatsächlichen Verhältnisse im Motor darstellen. Die Kurven in Abb. 10.13 mitte und unten zeigen das Ergebnis einer solchen Stoßuntersuchung auf einem Analogrechner. Dabei wurde auch bei niedrigen Eigenfrequenzen unterschieden zwischen der Stoßüberhöhung $(P/P_0)_{OT}$ im näheren Bereich der Zündspitze und der Stoßüberhöhung $(P/P_0)_{\overline{\varphi}}$, welche das absolute Maximum darstellt, aber zeitlich um den Winkel $\overline{\varphi}$ nach der oberen Totlage auftritt. Dies dürfte für die Anwendung auf die Praxis von Bedeutung sein, da im Gegensatz zu der idealisierten Rechnung im Motor auch eine Dämpfung auftritt und die Kurbelwelle durch die Lager und durch andere Kräfte am völlig freien Ausschwingen gehindert wird. Deshalb ist es nicht sehr wahrscheinlich, daß sich die absoluten Maxima nach der Kurve $(P/P_0)_{\overline{\varphi}}$ im Motor ausbilden können. Aus den Kurven $(P/P_0)_{OT}$ ergeben sich unter Verwendung gemessener Druckverläufe Überhöhungen auf den 1,3 bis 1,5fachen Wert im ungünstigsten Fall. Dabei sind die relativ glatten Druckverläufe gefährlicher als diejenigen mit einem örtlichen hohen Druckanstieg, aber erkennbarem und späten Einsetzen der Zündung. Die Überhöhung ist abhängig vom Verhältnis Eigenfrequenz n_e des Schwingers : Stoßfrequenz n, welche im unteren Teil der Abb. 10.13 bei den motorähnlichen Erregungen gleich der Drehzahl gesetzt wurde. Die Eigenfrequenz n_e des 1-Massenschwingers ist in der Praxis näherungsweise die Eigenfrequenz des äußeren Wellenendes mit der letzten Kurbelkröpfung und der überhängenden Masse. Darauf wird in Abschn. 10e noch

---

[1] Auch setzte er voraus, daß die Kompressionsdrücke noch keine dynamische Bewegung der Wellenteile erzeugen würden.

weiter eingegangen. Wegen der Dringlichkeit dieses Problems ist zu erwarten, daß entsprechende ausführliche Untersuchungen unter Verwendung moderner Analog- und Elektronenrechner wohl bald aufgegriffen werden.

Da auch der Begriff des inneren Momentes mit dem Stoßproblem in einem ursächlichen Zusammenhang steht, wird noch besonders auf den Abschn. 10d hingewiesen.

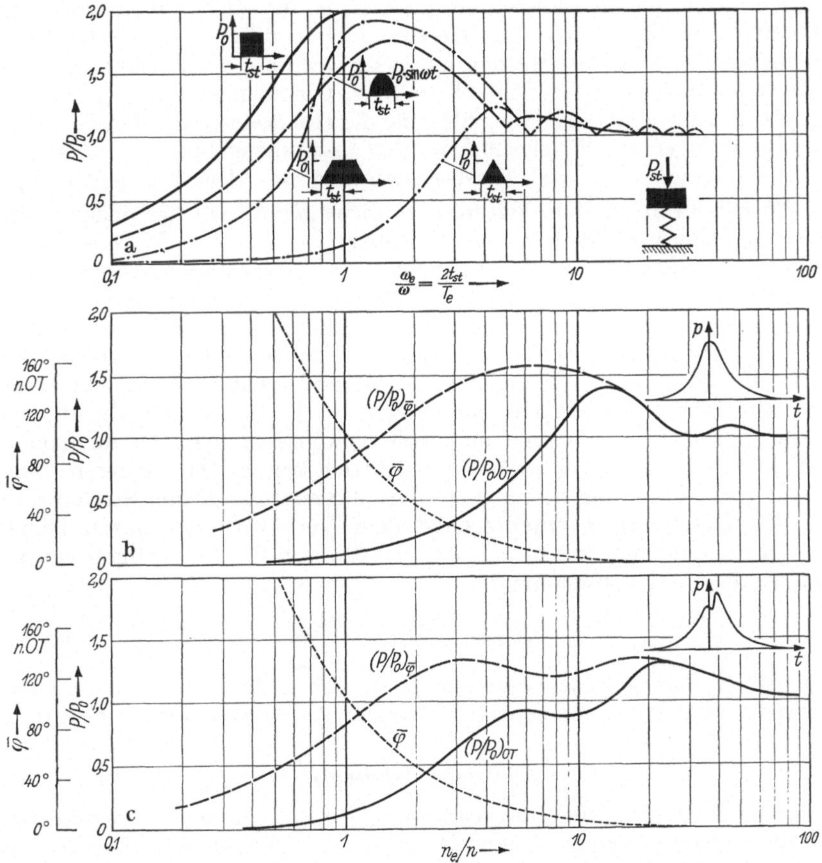

Abb. 10.13 Stoßüberhöhung an 1-Massen-Schwinger mit verschiedenen Stoßerregungen.

c) Verdrehbeanspruchungen

Die Drehmomentschwankungen, die sich nach Abschn. 7a an der drehstarr gedachten Kurbelwelle ermitteln lassen, ergeben relativ geringe Torsionsbeanspruchungen in den Hohlkehlen. Die größte Wechselbeanspruchung daraus tritt bei vielzylindrigen Motoren nicht nach der letzten Kröpfung auf, wo durch die gleichmäßige Zündfolge das resultierende Drehmoment schon recht ausgeglichen ist. Die größten Schwankungen liegen im allgemeinen in der Motormitte. Zu ihrer Bestimmung muß der Drehkraftverlauf nach jeder einzelnen Kröpfung ermittelt werden. Bei Kurbelwellen üblicher Bauart sind jedoch die maximalen Torsionsbeanspruchungen an den gefährdeten Stellen aus dem Drehkraftverlauf ebenso wie die aus dem mittleren Drehmoment vernachlässigbar. Eine Ausnahme bilden die Scheibenkurbelwellen.

Von größerer Bedeutung sind jedoch die Wechselbeanspruchungen aus den Drehschwingungen. Die Gefahr des Auftretens von Drehschwingungsresonanzen im Drehzahlbereich ist bei schnellaufenden Motoren mit mehr als vier Kröpfungen vorhanden. Die Torsionsbeanspruchungen erreichen auch bei der Verwendung von Schwingungsdämpfern noch beachtliche Größen. Die Ermittlung der Drehschwingungswechselmomente geht über den vorliegenden Rahmen hinaus und wird in der Praxis auch meist von Spezialisten vorgenommen. Die für den Konstrukteur wichtigsten Gesichtspunkte wurden in Abschn. 7c behandelt. Die maximalen Drehschwingungswechselmomente werden unter Verwendung der Formzahlen nach den Abb. 10.4 und 10.6 auf die Hohlkehlen bzw. Ölbohrungen in Torsionswechselspannungen τ_w umgerechnet. Sie werden für die Hohlkehlen mit den dort ermittelten Biegespannungen zur Vergleichsspannung zusammengefaßt, und zwar getrennt nach Mittelspannung σ_{v_m} und Wechselspannung σ_{v_w}. Die Biegespannungen im Bereich der Ölbohrungen sind, sofern diese nicht gerade auf der obersten Mantellinie des Hubzapfens münden, vernachlässigbar.

Bei der Berechnung der auf der Kurbelwelle angeordneten Abtriebselemente, wie z. B. die Konus- oder Schraubenverbindung des Schwungrades, ist neben den Drehschwingungswechselmomenten auch das Anfahrstoßmoment zu beachten. Die ersten Zündungen beim Anlassen eines Motors sind besonders in kaltem Zustand sehr hart. Die dabei auftretenden Zünddrücke sind recht hoch und ihr Maximum tritt sehr spät nach dem oberen Totpunkt auf. Es fehlen auch noch die abbauenden Massenkräfte. Daraus ergibt sich eine außergewöhnlich hohe Drehmomentspitze $M_{\max}$, die stoßartig auf das System Motor-Abtrieb kommt. Zur sicheren Auslegung der Schwungradverbindung nimmt man den maximal möglichen Stoßfaktor 2 an. Da sich das Drehmoment entsprechend dem Verhältnis der daran beteiligten Massenträgheitsmomente aufteilt, ergibt sich das von der Schwungradverbindung aufzunehmende Anfahrstoßmoment zu

$$M_A = 2 \cdot M_{\max} \cdot \frac{\Theta_2}{\Sigma\,\Theta}$$

Dabei ist Θ_2 das Massenträgheitsmoment der Abtriebsmassen einschließlich Schwungrad und $\Sigma\Theta$ das Massenträgheitsmoment des gesamten Aggregates.

d) Innere Momente

Das innere Moment ist die Längsverteilung der Biegemomente über die gesamte Kurbelwelle hinweg, die an der frei im Raum schwebend gedachten Welle durch die Wirkung der Fliehkräfte entstehen. Dabei ist die Kurbelwelle nach außen vollkommen ausgeglichen. Die Fliehkräfte sind die über die Welle verteilten Massenkräfte der rotierenden Massen, der Hubzapfen, Kurbelwangen und Gegengewichte, sowie je Zylinder der Anteil $\frac{1}{2} \cdot m_0 \cdot r \cdot \omega^2$, der im Sinne von Abschn. 6 den normalen Fliehkräften gleichzusetzen ist und durch Gegengewichte an der Kurbelwelle voll ausgeglichen werden kann. Dies ist bei nicht-längssymmetrischen Wellenformen mit freien Kräften oder Momenten zur Erfüllung der Forderung des vollständigen Ausgleiches nach außen auch notwendig. Die Parallele zur praktischen Anwendung ist das Schleudern oder Wuchten von Kurbelwellen, wobei auf die Hubzapfen ringförmige Meistergewichte aufgesetzt werden, deren Gewicht gerade $G_{\text{rot}} + \frac{1}{2} G_0$ je Zylinder entspricht. Zur Bestimmung der inneren Momente stellt man sich die Kurbelwelle unter den in Längsrichtung verteilten Fliehkräften aller rotierenden Massen einschließlich die der Gegengewichte sowie die der angegebenen Ersatzmassen auf den Hubzapfen vor. In den verschiedenen Querschnitten der Kurbelwelle ergibt sich das dort vorhandene innere Moment aus der Summe aller rechts oder links vom Schnitt liegenden Fliehkraftmomente, bezogen auf den betrachteten Querschnitt. Da die Fliehkräfte räumlich verteilt sind, empfiehlt sich eine Berechnung in zwei zueinander senkrechten Ebenen. Bei längssymmetrischen Wellen ist der Momentenverlauf ebenfalls längssymmetrisch, so daß sich die Berechnung nur über eine Wellenhälfte erstrecken kann. Bei der ganzen Betrachtung treten keine Lagerkräfte auf, da die Welle nach außen vollständig ausgeglichen ist. Mit den Regeln der Festigkeitslehre erhält man aus der Momentenbelastung bei bekannter oder geschätzter Biegesteifigkeit der Welle deren Verformung. Das innere Moment ist ein Vergleichswert für die Güte des inneren Gegengewichtsausgleiches. Es erlaubt Rückschlüsse auf die Höhe der rotierenden Lagerkräfte und auf die Verbiegung und Beanspruchung des Kurbelgehäuses. Unter der Wirkung der inneren Momente biegt sich die Kurbelwelle oft um den mehrfachen Betrag des Lagerspiels durch. Im Motor wird diese Durchbiegung jedoch auf das Lagerspiel begrenzt, wozu aber Lagerreaktionen erforderlich sind, die vom Kurbelgehäuse aufzubringen sind. Da jedoch auch die Gehäuse nicht vollkommen steif sind, machen auch sie die Verbiegung teilweise mit. Bei Motor-Getriebe-Blöcken von Fahrzeugmotoren mit einer etwas elastischen Schraubenverbindung zwischen Motor, Kupplungsglocke und Getriebe können Biegeschwingungen 1. Ordnung des Aggregates auftreten, die auf die umlaufende Durchbiegung der Kurbelwelle zurückzuführen sind.

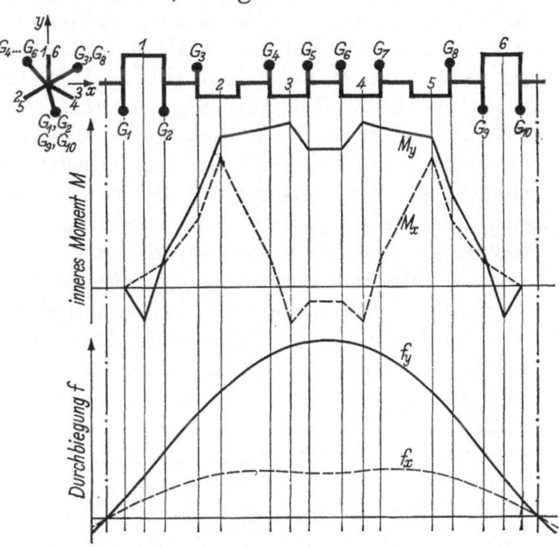

Abb. 10.14 Inneres Moment und Durchbiegung einer längssymmetrischen Kurbelwelle mit Gegengewichten.

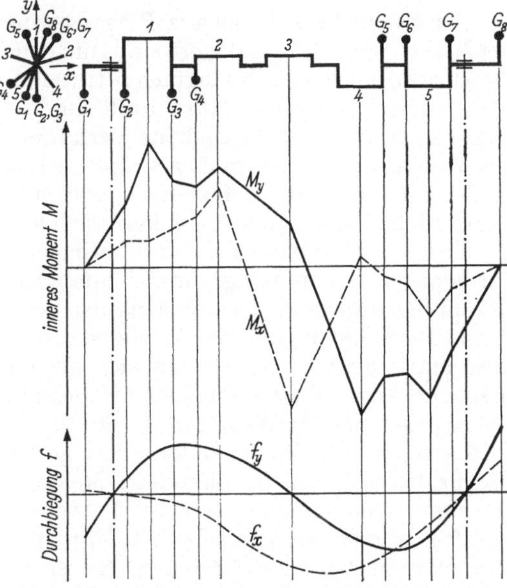

Abb. 10.15 Inneres Moment und Durchbiegung einer nichtlängssymmetrischen Kurbelwelle mit Gegengewichten vorwiegend in einer Ebene zum vollständigen Kippmomentenausgleich.

Die Durchbiegung der Kurbelwelle unter dem inneren Moment ist daher als Vergleichswert besser geeignet als das innere Moment selbst. Die Durchbiegungslinie hat bei längssymmetrischen Wellen eine fischbauchartige Form (Abb. 10.14). Die erforderlichen Rückstellkräfte, um die Welle in die Lager zu zwingen, werden vorwiegend von den mittleren Lagern aufgebracht und sind umgekehrt proportional der 3. Potenz der Wellenlänge. Bei nicht längssymmetrischen Kurbelwellen, das sind also vorwiegend die Bauarten mit freien Massenmomenten 1. Ordnung, die durch die Gegengewichte möglichst ausgeglichen werden müssen, wird die Fischbauchform im inneren Moment und in der Durchbiegung in sich selbst verwunden und man erhält eine S-Form(Abb. 10.15). Dadurch verspannt sich die Kurbelwelle im Motor stärker, die Stützlänge der auf der gleichen Seite tragenden Lager ist nur etwa halb so groß wie die gesamte Wellenlänge und die erforderlichen Lagerreaktionen sind bei gleicher Durchbiegung wesentlich größer als bei der längssymmetrischen Welle. Die Auslenkung der Wellenenden und damit die der größten überhängenden Massen ist bei S-förmiger Durchbiegung größer. Die Verschiebung solcher überhängender Massen aus dieser vorgespannten Lage durch die Wellendurchbiegung unter den Zündkräften setzt später und somit unter steilerem Kraftanstieg ein, da die Vorspannung zunächst einmal abgebaut werden muß, ehe sich die Kurbelwelle in Richtung der Zündkraft durchbiegt. Der dynamische Ausschlag dieser Massen ist daher auch größer. Dadurch sind diese Bauarten bezüglich der Stoßüberhöhung noch mehr gefährdet, besonders wenn größere, freiliegende Massen vorhanden sind. Wenn auch die gewichtsparende Anordnung der Gegengewichte möglichst weit außen zum Ausgleich des freien Momentes sehr verlockend ist, so sollte doch gerade aus dem vorstehend genannten Grunde der innere Ausgleich auf keinen Fall vernachlässigt werden.

e) Biege- und Axialschwingungen

Ausgesprochene Resonanz-Biegeschwingungen sind bei modernen Motoren, die nach jeder Kröpfung gelagert sind, nicht bekannt. Die von Benz ([*H 3*] und [*H 4*]) beschriebenen Biegeschwingungen traten an Zwei- und Vier-Zylinder-Motoren mit nur zweifach gelagerter Kurbelwelle und sehr großen Schwungrädern auf. Das von Neugebauer [*H 5*] angegebene Verfahren zur Bestimmung der niedersten Biegeeigenfrequenz an mehrfach gekröpften Kurbelwellen, wobei die Welle nur in den äußeren Grundlagern gefesselt ist, trifft auf den praktischen Motorbetrieb nicht zu. Eine solche Schwingungsform kann sich an mehrfach gelagerten Kurbelwellen nicht ausbilden. Außerdem wird das Schwingen der Welle in einer Ebene allein durch die Erregungen der in Längs- und Umfangrichtung möglichst gleichmäßig verteilten Kröpfungen gestört. Die Auslenkung der Welle unter den inneren Momenten ist keine Biegeschwingung der Welle, sie ist vielmehr eine mit der Welle umlaufende also statische Verbiegung, die sich gegenüber dem Gehäuse, z. B. an den überhängend angeordneten Massen als Schwingung 1. Ordnung zeigt. Eine Wechselbeanspruchung der Welle selbst wird dadurch nicht hervorgerufen. Dieser Taumelbewegung an den Wellenenden überlagert sich die aus den Radialkomponenten der Gaskräfte und der oszillierenden Massenkräfte der äußeren Kröpfungen hervorgerufene Durchbiegung der Kurbelwelle. Durch den stoßartigen Verlauf dieser Kräfte werden dynamische Stoßüberhöhungen hervorgerufen, die aber keine Resonanzerscheinung darstellen. Sie sind in Abschn. 10d beschrieben. Dabei ist die Stoßüberhöhung abhängig vom Verhältnis n_e/n. Maßgebend ist näherungsweise die Eigenfrequenz des Wellenendes mit der letzten Kröpfung und der überhängenden Masse. Man kann dieses System also vereinfacht als zweifach gelagerten Balken mit Außenmasse darstellen. Die Eigenfrequenzgleichungen dazu sind auch mit Berücksichtigung der Eigenmasse der Welle allgemein bekannt ([*H 1*], [*H 2*]). Schwierigkeiten dürfte nur die Bestimmung der Wellensteifigkeit bzw. des Ersatz-Wellen-Durchmessers machen, welcher die Kröpfung bezüglich der Durchbiegung gleichwertig ersetzt. Das dazu von NEUGEBAUER [*H 5*] angegebene Verfahren ist nach experimenteller Überprüfung an Kurbelwellen nicht so genau, daß sich der große Aufwand lohnt. Aus Messungen ergab sich ein Erfahrungswert $D_{ers} \approx 0{,}6 \cdot D_{GZ}$ bei Kröpfungen üblicher Bauart. Die Stoßüberhöhung ist um so kleiner, je höher die Eigenfrequenz des Wellenendes liegt. Moderne Konstruktionen erreichen dies durch biegesteife Kröpfungen und Lagerung nach jedem Hub. Der Abstand zwischen den äußeren Grundlagern und dem Schwungrad bzw. Dämpfer soll möglichst kurz sein. Bei der Anflanschung größerer Massen wie Wandler und Einschildgeneratoren direkt am Schwungrad müssen kurze Abstände zum nächsten Stützlager und dicke Wellen vorgesehen werden.

Axialverformungen von Kurbelwellen sind praktisch immer zwangsweise mit Durchbiegung gekoppelt. Die größten Verformungen treten bei Kröpfungen in den Kurbelwangen und im Hubzapfen auf, während die Grundzapfen den größten Durchmesser und eine geringe Länge haben. Die Biegebelastung verkürzt auch den axialen Abstand der Grundzapfenmitten einer Kröpfung. An einer Kurbelwelle mit lauter gleichgerichteten Hüben würde daher eine Biegebelastung eine sehr große Axialverformung ergeben und in gleicher Weise erzeugt dann auch eine Axialbelastung eine sehr große Durchbiegung (Abb. 10.16). Sind jedoch die Hübe paarweise um 180° versetzt, so ist eine Auslenkung an der Wellenachse praktisch nicht vorhanden. Während also bei den meisten Kurbelwellenbauformen eine Axialverformung auch mit einer Durchbiegung gekoppelt ist, so daß infolge der Lagerreaktion den Axialschwingungen Grenzen gesetzt sind, könnten größere Axialbewegungen mit Resonanzerscheinungen an solchen Kurbelwellen denkbar sein, die aus 180° Kröpfungspaaren aufgebaut sind. Dies ist bei vielzylindrigen Zweitakt-Motoren der Fall, die im Schiffsmotorenbau verwendet werden. In der Tat sind Resonanz-Axialschwingungen nur bei solchen großen Zweitakt-Schiffsmotoren bekannt geworden ([*H 7*] bis [*H 9*]).

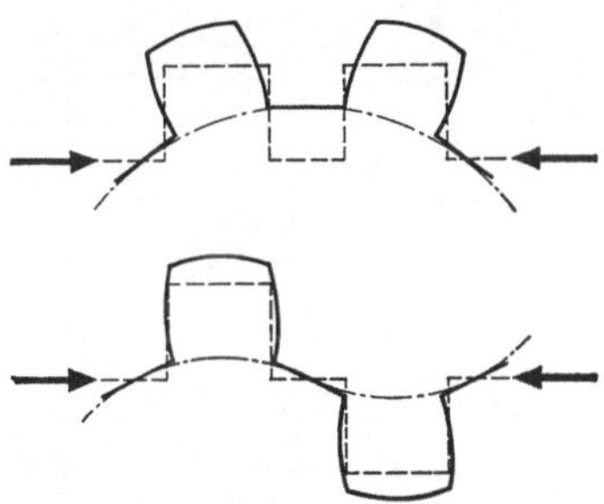

Abb. 10.16 Axialbelastung und Durchbiegung.

11. Kolben und Kolbenbolzen

Die mechanischen Belastungen des Kolbens, dargestellt durch die Kolbenkraft, die Stangenkraft und die Gleitbahnkraft, wurden in Abschn. 5c behandelt. Daneben hat der Kolben als Träger der Dichtelemente die Funktion, den Verbrennungsraum von seiner Umgebung abzuschließen und die bei ihm einfallende Wärme über die Zylinderwandungen an das Kühlmittel weiterzuleiten. Nicht zuletzt haben gerade die für ein Maschinenelement extremen thermischen Bedingungen zu einer Entwicklung geführt, welche nahezu ausschließlich von Firmen betrieben wird, welche sich auf den Bau von Kolben spezialisiert haben. Die Ausführung und Gestaltung des Kolbens basiert weitgehend auf Erfahrungsregeln. Eine eingehende Erprobung im Motor ist unerläßlich. Im vorliegenden Rahmen ist eine Abschätzung der zu erwartenden Kolbengewichte interessant. Nach [*A 6*] ist das Kolbengewicht proportional dem von Kolben umbauten Raum, wobei das Verhältnis Kolbendurchmesser: Kolbenlänge für die einzelnen Bauformen praktisch konstant ist. Daraus ergibt sich, daß das Kolbengewicht proportional der dritten Potenz des Kolbendurchmessers ist. Richtwerte für die Gewichte in der Dimension [kg] bei Aluminium-Kolben mit dem Durchmesser D in [cm] sind:

Viertakt-Otto-Motoren G_{Ko} $(0{,}5 \text{ bis } 0{,}8) \cdot D^3 \cdot 10^{-3}$
Zweitakt-Otto-Motoren G_{Ko} $(0{,}8 \text{ bis } 1{,}0) \cdot D^3 \cdot 10^{-3}$
Viertakt-Diesel-Motoren G_{Ko} $(0{,}9 \text{ bis } 1{,}4) \cdot D^3 \cdot 10^{-3}$
Zweitakt-Diesel-Motoren G_{Ko} $(1{,}4 \text{ bis } 2{,}0) \cdot D^3 \cdot 10^{-3}$

Der Kolbenbolzen überträgt die Belastung des Kolbens auf die Pleuelstange. Die mechanischen Belastungen erfordern Einsatzstähle und bei besonders hohen Anforderungen auch Nitrierstähle mit sehr hoher Oberflächengüte. Der Kolbenbolzen wird auf Biegung und Abplattung (Oval-Verformung) beansprucht. Das in der Praxis übliche Berechnungsverfahren wurde von SCHLAEFKE [*E 4*] angegeben und neuerdings von KUHM [*E 3*] erweitert auf die Berechnung der dabei entstehenden Verformungen. Als äußere Belastung wird dabei der ungünstigste Fall angenommen, daß allein die maximale Gaskraft auf den Kolben wirkt. Die Flächenpressungen am Kolbenbolzen errechnen sich

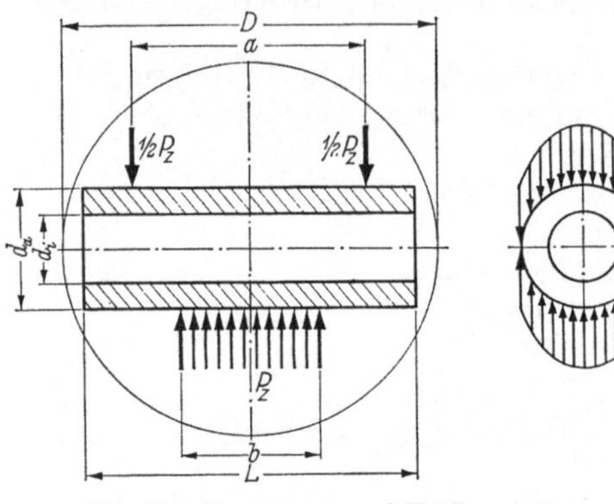

Abb. 11.1 Abmessungen und Kräfteverteilung am Kolbenbolzen.

$$\text{im Kolben} \quad P_{Ko} = \frac{p_Z \cdot \frac{\pi}{4} \cdot D^2}{d_a\,(l - b)} \leq 350 \text{ bis } 500\,[\text{kp} \cdot \text{cm}^{-2}]$$

$$\text{im Pleuel} \quad P_{Pl} = \frac{p_Z \cdot \frac{\pi}{4} \cdot D^2}{d_a \cdot b} \leq 500 \text{ bis } 750\,[\text{kp} \cdot \text{cm}^{-2}]$$

In der Praxis neigt man dazu, die Flächenpressung im Kolben niedriger zu wählen, und zwar etwa im Verhältnis $P_{Ko} : P_{Pl} = 2 : 3$. An ausgeführten Motoren findet man die obigen Richtwerte, wobei die niedrigeren Werte für Fahrzeugmotoren gelten.

Die Biegebeanspruchung σ_b und die Beanspruchung aus der Abplattung σ_{Ab} errechnen sich unter der Belastungsannahme nach Abb. 11.1 nach der Formel

$$\sigma_b = \frac{(2a - b) \cdot p_Z \cdot D^2 \cdot d_a}{(d_a^4 - d_i^4) \cdot 100} \qquad \sigma_{Ab} = \frac{3 \cdot \pi}{16} \cdot \frac{p_Z \cdot D^2 \cdot (d_a + d_i)}{L \cdot (d_a - d_i)^2 \cdot 100}$$

Die Gesamt-Beanspruchung σ_{ges} ergibt sich daraus zu

$$\sigma_{\text{ges}} = \sqrt{\sigma_b^2 + \sigma_{Ab}^2} \leq 35 \text{ bis } 50\,[\text{kp} \cdot \text{mm}^{-2}]$$

Die Abplattung ergibt die höchsten Umfangs-Zugspannungen in den horizontalen Mantellinien. Sie wird stark von der Bolzenwandstärke beeinflußt. Die Biegebeanspruchung ergibt die größten Längs-Zugspannungen in den oberen Mantellinien.

Die Beanspruchung der Kolbennabe ist von der Verformung des Bolzens abhängig. Die Durchbiegung f und die Ovalverformung δ errechnet sich zu

$$f = \frac{1}{60} \cdot \frac{p_Z \cdot D^2 \cdot a^2 \cdot (2a - b)}{E \cdot (d_a^4 - d_i^4)} \qquad \delta = \frac{\pi}{320} \cdot \frac{p_Z \cdot D^2 \cdot (d_a + d_i)^3}{E \cdot L \cdot (d_a - d_i)^3}$$

(E Elastizitätsmodul)

Kuhn [*E 3*] gibt für die zulässigen Verformungen die nachstehenden Richtwerte an:

D [mm]	60	100	140	180	220	260	300
δ [mm]	0,02	0,025	0,03	0,035	0,04	0,045	0,05
f [mm]	0,009	0,015	0,021	0,027	0,033	0,039	0,045 Diesel
f [mm]	0,024	0,04	0,056	0,072			Otto

Nach praktischen Erfahrungen können diese Werte mit gut durchgebildeten Kolben beträchtlich überschritten werden, bei Schmiedekolben bis zu 100%.

12. Pleuelstange[1]

Die Pleuelstange überträgt die Gas- und Massenkräfte des hin- und hergehenden Kolbens über das kleine Auge, den Pleuelschaft und das große Auge (auch Pleuelkopf genannt) auf den rotierenden Hubzapfen der Kurbelwelle. Die Massenkräfte der Pleuelstange selbst werden in der Praxis durch die Aufteilung in den rotierenden und oszillierenden Anteil hinreichend genau erfaßt (Abschn. 4b). Das Pleuel muß konstruktiv so gestaltet sein, daß es neben einer ausreichenden Dauerfestigkeit auch eine genügende Formsteifigkeit der Pleuelaugen aufweist. Dies ist wichtig, damit kein Klemmen der Lager durch zu große Ovalverformung der Pleuelaugen eintritt oder zumindest der Aufbau eines hydrodynamischen Schmierfilmes im Lagerspalt nicht gestört wird.

a) Ausführungsarten

Im Fahrzeugmotorenbau werden vorwiegend Pleuelstangen mit gerade oder schräg geteiltem Pleuelkopf verwendet (Abb. 12.1a bis e und 12.2). Gabelstangen (Abb. 12.3) oder Stangen mit angelenkten Nebenpleueln finden bei schnellaufenden

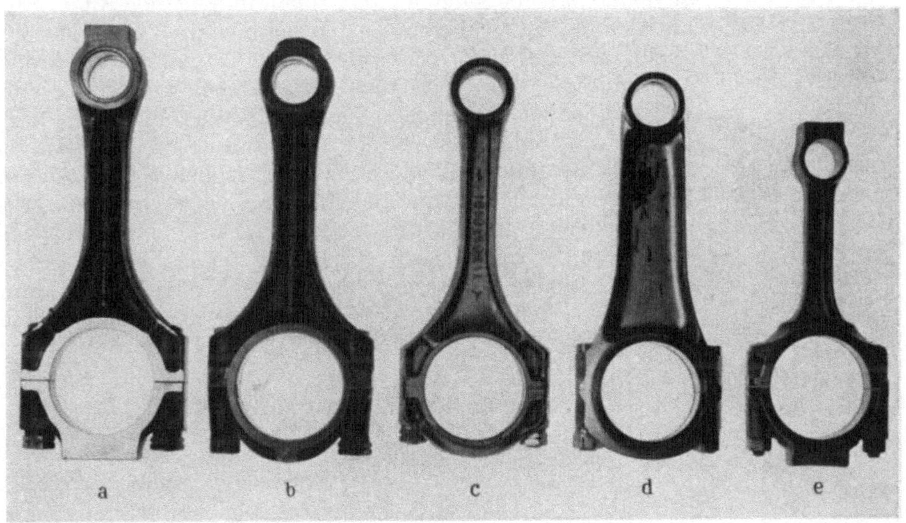

Abb. 12.1 Ausführungsbeispiele von Pleuelstangen mit gerade geteiltem Pleuelkopf und unterschiedlich steifer Ausbildung.

[1] Dieses Kapitel wurde von Dipl.-Ing. Wolfgang Höschele bearbeitet.

Großmotoren Verwendung. Pleuel mit ungeteiltem Kopf erfordern gebaute Kurbelwellen und sind vor allem bei Zweitaktmotoren anzutreffen.

Es wird häufig die Forderung gestellt, daß Pleuelstangen bei Reparaturen durch die Zylinderbohrung ausgefahren werden müssen. Dies führt bei einer entsprechenden Dimensionierung des Hubzapfens zu schräg geteilten Pleuelköpfen. Beim Vergleich von Pleuelstangen zeigen sich auffällige Unterschiede an den Schaftübergängen zum großen und kleinen Auge. Breit umfassende Schaftübergänge sind bei hochdrehenden Motoren anzutreffen (Abb. 12.1d), weil dort zur Aufnahme der großen Massenkräfte sehr formsteife Pleuelaugen notwendig sind. Unterschiedliche Lösungen zeigen die Zentrierungen der Pleueldeckel (Paßbunde an den Pleuelschrauben, Paßstifte, Verzahnungen, außermittige Teilung des großen Auges) und die Fixierungen der Lagerschalen (Nasen, Stifte, Bunde). Diese verschiedenen Ausführungen sind teils konstruktiv, teils durch die Fertigung bedingt. Der besonders bei V-Motoren notwendige Gewichtsausgleich der Pleuelstangen kann durch die erforderlichen Materialzugaben die Form des kleinen Pleuelauges und des Pleueldeckels stark beeinflussen.

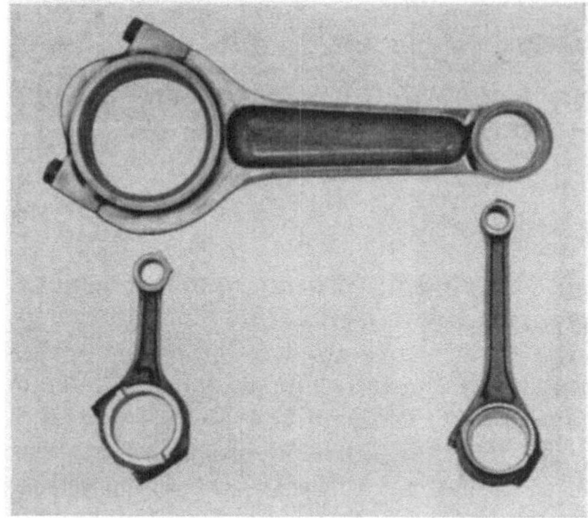

Abb. 12.2 Ausführungsbeispiele von Pleuelstangen mit schräg geteiltem Pleuelkopf.

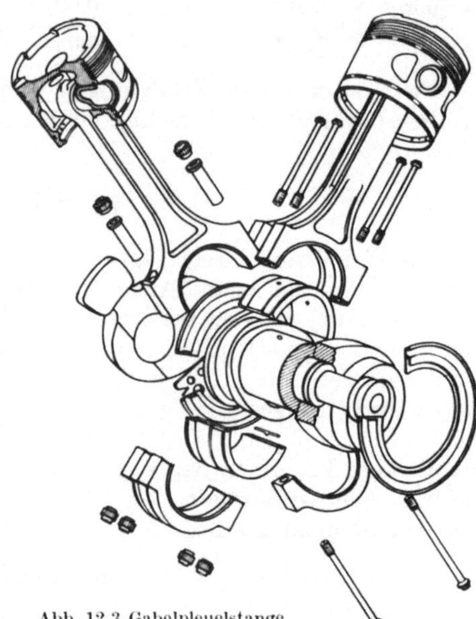

Abb. 12.3 Gabelpleuelstange.

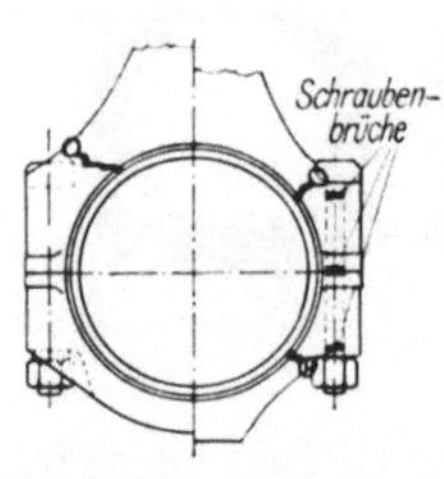

Abb. 12.4 Bruchverlauf und Bruchausgangsstellen (◯) bei gerade und schräg geteilten Pleuelstangen.

b) Schäden an Pleuelstangen

Hinsichtlich der Berechnung und Gestaltung von Pleuelstangen ist die Kenntnis von auftretenden Schäden nützlich. In Abb. 12.4 sind die Stellen angegeben, an denen erfahrungsgemäß Anrisse und Brüche auftreten können. Meist beginnen die Brüche in den Bereichen mit großen Zugspannungskomponenten aus der Biegeverformung. Häufige Schadensursachen am geteilten Pleuelkopf sind zusätzlich schlecht verrundete und nicht riefenfreie Querschnittsübergänge und Ansenkungen an den Schraubenauflageflächen (Abb. 12.5), vor allem aber ungenügend angezogene

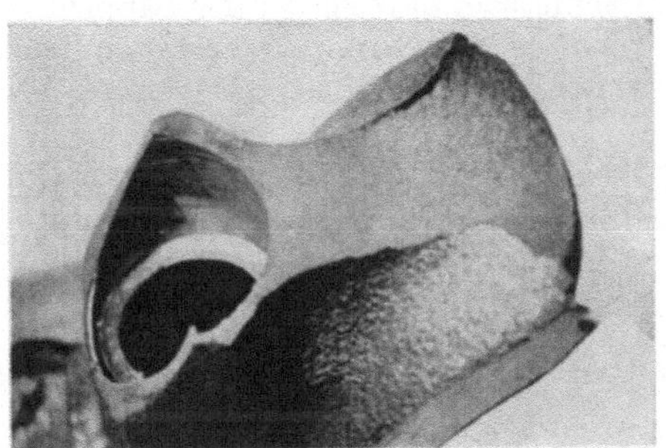

Abb. 12.5 Bruch am Pleuelkopf, ausgehend von Bearbeitungsriefen an der Ansenkung für den Schraubenkopf.

Abb. 12.7 Reibrost an den Preßsitzflächen der Lagerschale und der Pleuelbohrung.

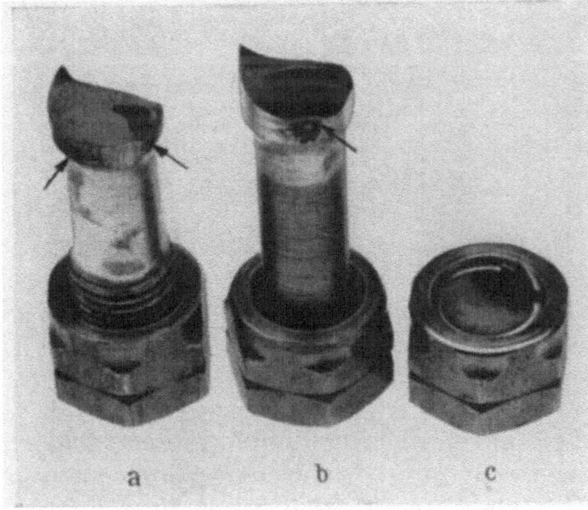

Abb. 12.6 Biegedauerbrüche an Pleuelschrauben.
a) und b) Brüche am Paßbund infolge ungenügendem Schraubenanzug, begünstigt durch Reibrostbildung am Paßbund; c) Bruch am ersten tragenden Gewindegang.

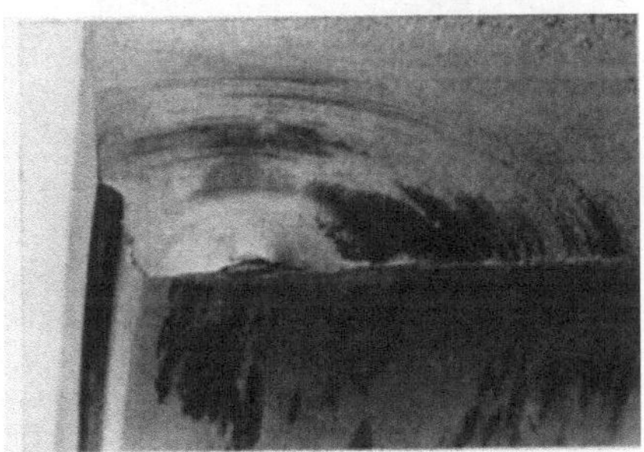

Abb. 12.8 Dauerbruch am Pleuelkopf, ausgehend von einer Reibroststelle.

Pleuelschrauben. Bei zu geringen Schraubenvorspannkräften tritt ein Klaffen der Pleuelkopfteilfuge unter den Massenkräften im Überschneidungs-OT ein. Die Folgen hiervon sind:

Erhöhte Schraubenbeanspruchung auf Zug und Biegung mit Schraubenbrüchen am Paßbund (Abb. 12.6), im ersten Gewindegang oder am Übergang zum Schraubenkopf;

Reibrostbildung im Sitz der Lagerschale (Abb. 12.7), sowie in der Teilfuge des Pleuelkopfes. Die Reibroststellen können auch nach sehr langen Laufzeiten noch Dauerbrüche verursachen (Abb. 12.8 und 12.9).

Erhöhte verformungsbedingte Lagerkräfte auf den Kurbelzapfen quer zur Pleuelstangenrichtung, was zu Störungen des Schmierfilms und zu Lagerschäden führen kann.

Bei schräggeteilten Pleuelstangen kommen Brüche durch die Kerbwirkung der Gewindelöcher — vorwiegend im kurzen Arm — vor. Hohe Beanspruchungen treten auch dann auf, wenn die Gewindelöcher weit in den Schaftbereich des Pleuelkopfes hineingehen.

Schäden am Pleuelschaft treten unter normalen Betriebsbedingungen als Dauerbrüche oder Anrisse auf, und zwar fast ausschließlich als Folge von Kerben, wie z. B. Werkstoffehlern, Schmiede- und Wärmebehandlungsrissen (Abb. 12.10) oder ungünstig angeordneten Bohrungen. Risse, die beim Abschmieden des Rohlings entstehen, oxydieren beim anschließenden Aufheizen für das Feinschmieden und werden dann durch das Feinschmieden soweit geschlossen, daß sie bei der Rißprüfung nicht sichtbar sind. Ein Ausknicken des Schaftes wird bei den herkömmlichen Schaftausführungen nicht beobachtet, sofern kein besonders starker Wasserschlag oder Kolbenfresser vorliegt.

Am kleinen Pleuelauge ergeben sich Brüche durch die Kerbwirkung von Bohrungen für die Kolbenbolzenschmierung (Abb. 12.11). Die Gefahr ist dann groß,

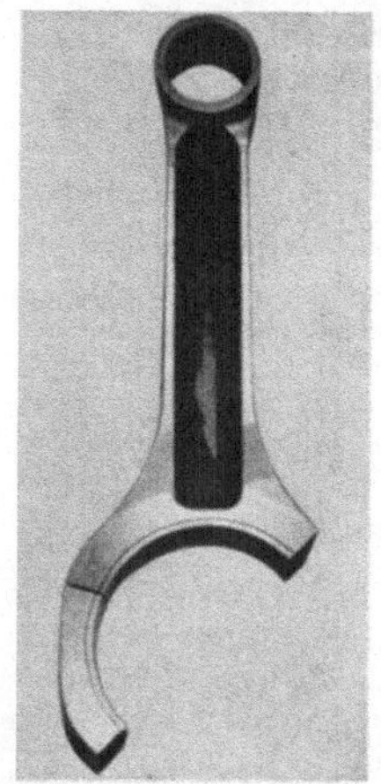

Abb. 12.9 Dauerbruch am Pleuelkopf infolge Reibrostkerbe an der Stelle größter Biege-Zug-Beanspruchung.

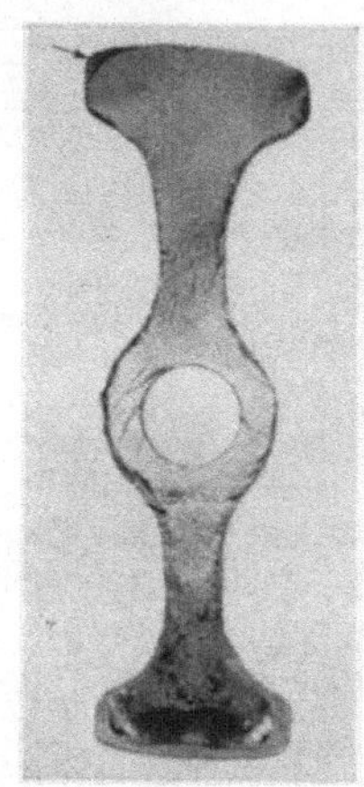

Abb. 12.10 Dauerbruch am Pleuelschaft, ausgehend von einem Schmiederiß (s. Pfeil).

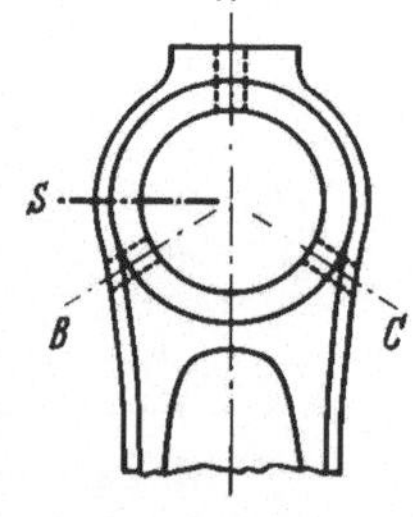

Abb. 12.11 Dauerbruch am kleinen Pleuelauge, ausgehend von einer Bohrung für die Kolbenbolzenschmierung.

wenn diese Bohrungen in Zonen mit großer Biegebeanspruchung liegen und schlecht verrundet sind. Zu kleine Radien am Übergang zum Pleuelschaft bilden auch gefährdete Stellen. Für häufig zu beobachtende Lagerschäden durch Klemmen des kleinen Auges kann eine zu biegeweiche Gestaltung des kleinen Auges verantwortlich sein.

c) Berechnung von Pleuelstangen

Pleuelstangen stellen hinsichtlich der Beanspruchungsberechnung schwierig zu erfassende Körper dar, wenn man vom einfachen Schaft absieht. Im allgemeinen wird der Pleuelschaft unter der Druckbelastung durch die größte Gaskraft untersucht, großes und kleines Pleuelauge dagegen unter der Zugbelastung durch die größte Massenkraft. Die bekannten Berechnungsverfahren für die Pleuelaugen, insbesondere für den Stangenkopf, beruhen auf Annahmen, die von den wirklichen Verhältnissen stark abweichen (Abb. 12.12 und 12.13). Die damit gewonnenen Rechenergebnisse können nur als grobe Vergleichswerte betrachtet werden. Sie ermöglichen bestenfalls eine Abschätzung der Haltbarkeit bei weitgehend ähnlichen Pleuelstangen.

Besonders wichtig ist es, die Pleuelschraubenverbindung einer genauen Rechnung zu unterziehen, weil die Dauerhaltbarkeit des Pleuelkopfes wesentlich von der richtigen Auslegung der Pleuelschrauben abhängt. Die Folgen von zu knapp ausgelegten Pleuelschrauben wurden im Abschn. 12b angeführt. Die Berechnung der Schraubenverbindung setzt u. a. die Kenntnis des in der Pleuelkopfteilfuge wirkenden Biegemoments voraus, weil dieses für ein mögliches Klaffen der Teilfuge mit verantwortlich ist, was oft übersehen wird.

Grundsätzlich kann man heute mit elektronischen Rechenanlagen den Kräfte- und Momentenverlauf in Pleuelstangenköpfen berechnen, indem man sie als zusammengesetzte Stabsysteme auffaßt. Dabei können die veränderlichen Querschnitte und beliebige Krafteinleitungen berücksichtigt werden (Abb. 12.14). Diese Möglichkeiten befinden sich jedoch im Anfangsstadium und sind noch nicht allgemein zugänglich.

Im folgenden wird nun ein Rechenverfahren für Pleuelaugen angegeben, das bei erträglichem Aufwand den Kräfte- und Biegemomentenverlauf mit brauchbarer Genauigkeit ergibt. Es erlaubt außer der Ermittlung von wirklichkeitsnahen Beanspruchungen auch eine ausreichend genaue Berechnung der Pleuelschraubenverbindung, was Messungen bestätigten. Damit ist ein mehr differenzierter Vergleich von Pleuelstangen möglich als mit den einfachen Methoden.

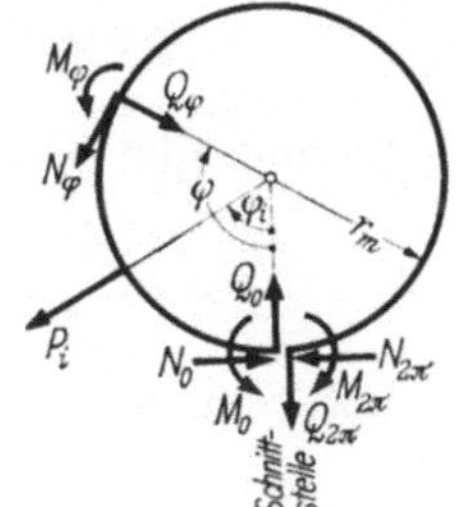

Abb. 12.15 Geschlossener Kreisring mit beliebig vielen äußeren Radialkräften P_i ($i = 1,2...n$). Kraftangriffspunkte durch Zentriwinkel φ_i gekennzeichnet. $\varphi = 0$ ist beliebiger Querschnitt, dessen Schnittgrößen $N_{2\pi}$, $Q_{2\pi}$ und $M_{2\pi}$ gesucht sind.

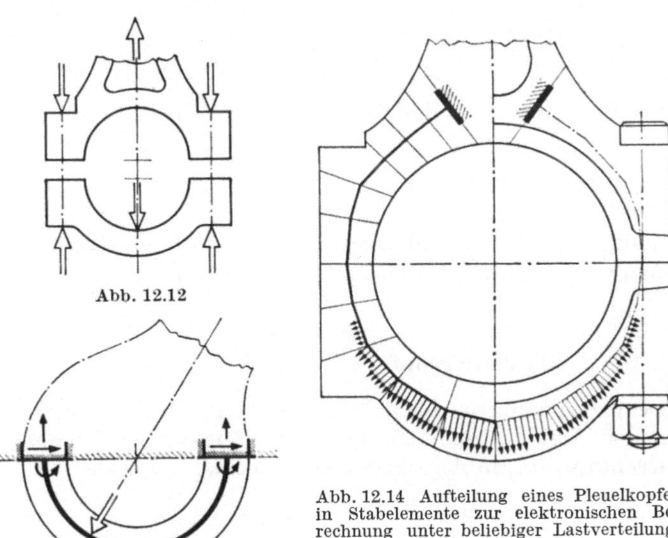

Abb. 12.12

Abb. 12.14 Aufteilung eines Pleuelkopfes in Stabelemente zur elektronischen Berechnung unter beliebiger Lastverteilung.

Abb. 12.13

Abb. 12.12 Einfache, statisch bestimmte Belastungsannahme am Pleuelkopf (nach BENSINGER/MEIER [*A 6*]).

Abb. 12.13 Belastungsannahme am Pleueldeckel mit fester Einspannung und beliebig geneigter Einzelkraft (nach FRESE [*D 1*]).

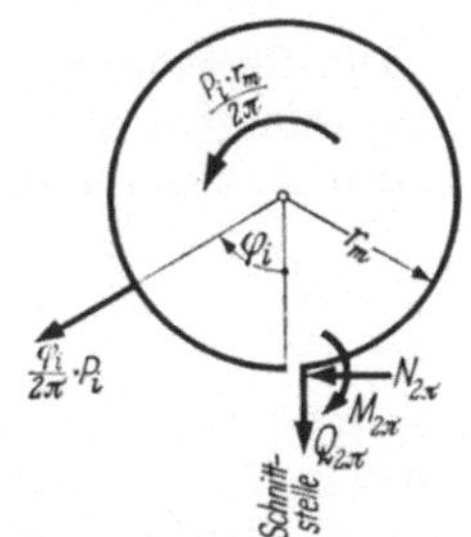

Abb. 12.16 Reduziertes Kräftesystem zu Abb. 12.15.

Zugrunde gelegt wird das von BIEZENO und GRAMMEL [*A 1*] angegebene Rechenverfahren, nach welchem die Schnittkräfte und -momente an einem geschlossenen Ring bei beliebiger Verteilung der äußeren Kräfte (Radialkräfte, Tangentialkräfte und Biegemomente) ermittelt werden können. Vorausgesetzt wird, daß der Ring ein konstantes Trägheitsmoment besitzt. Stellt man die äußere Belastung nur als Radialkräfte dar, so erhält man das in Abb. 12.15 dargestellte Belastungssystem mit den Radialkräften P_i an den Stellen φ_i und den gesuchten Größen $N_{2\pi}$ (= Normalkraft), $Q_{2\pi}$ (= Querkraft) und $M_{2\pi}$ (= Biegemoment) rechts von der Schnittstelle $\varphi = 0$. Zur Ermittlung dieser unbekannten Größen muß das Belastungssystem nach Abb. 12.15 in ein reduziertes Kräftesystem nach Abb. 12.16 übergeführt werden, wozu folgende einfache Regel benützt wird:

Alle Kräfte P_i werden mit den zugehörigen Faktoren $\frac{\varphi_i}{2\pi}$ multipliziert. Jeder reduzierten Radialkraft $\frac{\varphi_i}{2\pi} \cdot P_i$ wird ein Moment $-\frac{P_i \cdot r_m}{2\pi}$ im Ringmittelpunkt zugeordnet.

Die Kräfte und Momente $N_{2\pi}$, $Q_{2\pi}$ und $M_{2\pi}$ ergeben sich aus den Gleichgewichtsbedingungen:

Summe aller Kräfte in Richtung von $N_{2\pi}$ gleich Null:

$$N_{2\pi} + \sum_{i=1}^{n} \frac{\varphi_i}{2\pi} \cdot P_i \cdot \sin\varphi_i = 0$$

Summe aller Kräfte in Richtung von $Q_{2\pi}$ gleich Null:

$$Q_{2\pi} + \sum_{i=1}^{n} \frac{\varphi_i}{2\pi} \cdot P_i \cdot \cos\varphi_i = 0$$

und Summe aller Momente in bezug auf den Mittelpunkt gleich Null:

$$M_{2\pi} + r_m \cdot N_{2\pi} - \sum_{i=1}^{n} \frac{P_i \cdot r_m}{2\pi} = 0$$

Hierbei ist eine nach außen gerichtete Radialkraft positiv. Die positive Drehrichtung wird durch die Meßrichtung des Winkels φ festgelegt. Dies gilt auch für die reduzierten Momente.

d) Pleuelkopf

Die Berechnung der Beanspruchung im Pleuelkopf und der Schraubenverbindung erfolgt unter maximaler Zugbelastung. Die maximale Zugkraft in Stangenrichtung ist durch die Massenkraft P_m in der oberen Totpunktlage gegeben. Es ist

$$P_m = [m_{osz} \cdot (1 + \lambda) + m_{P_{\text{rot}}} - m_{P_d}] \cdot r \cdot \omega^2$$

$$P_m^* = r \cdot \frac{\omega^2}{g} \cdot [G_{osz}^* \cdot (1 + \lambda) + G_{P_{\text{rot}}}^* - G_{P_d}^*] \quad [\text{kp}]$$

wobei

r	Kurbelradius [cm]
ω	Winkelgeschwindigkeit der Kurbelwelle [s^{-1}]
g	981 [$cm \cdot s^{-2}$] = Erdbeschleunigung
λ	r/l = Stangenverhältnis, mit l = Pleuellänge [cm]
G_{osz}^*	Gewicht der oszillierenden Massen (Kolben mit Ringen und Kolbenbolzen, sowie oszillierender Anteil des Pleuels) [kg]
$G_{P_{\text{rot}}}^*$	Gewicht des rotierenden Pleuelanteils [kg]
$G_{P_d}^*$	Gewicht des Pleueldeckels [kg]

Der Belastungsverlauf am Pleuelkopf kann entsprechend Abb. 12.17 angenommen werden. Er ersetzt die tatsächlichen Kräfte ohne zu große Vernachlässigungen.

In der sich am Lagerzapfen abstützenden Hälfte wirken sinusförmig verteilte Radialkräfte, die etwa dem Öldruckverlauf im Schmierspalt entsprechen (Abb. 12.19). Die Summe der vertikalen Komponenten ist gleich der Massenkraft P_m.

Am Übergang zum Schaft wirken zu beiden Seiten der Stangenmitte etwa unter einem Winkel von 18° je eine Radialkraft P_1, deren Resultierende gleich der Massenkraft P_m ist. Durch diese Annahme wird zugleich der Einfluß des biegesteifen Abschnittes am Schaftübergang angenähert erfaßt.

Dieses Belastungssystem ersetzt ziemlich wirklichkeitsnah die tatsächlichen äußeren Belastungen in beiden Pleuelaugen, ohne das in Abschn. 12c angegebene Verfahren zur Bestimmung der daraus resultierenden inneren Kräfte und Momente zu schwierig zu gestalten. Die nachfolgende, sehr ausführlich dargestellte Ableitung kann für andere Belastungsannahmen modifiziert werden.

Aus dem Belastungssystem Abb. 12.17 erhält man das reduzierte Kräftesystem Abb. 12.18 mit den reduzierten Radialkräften[1]

$-\frac{\varphi}{2\pi} \cdot K \cdot \cos(\varphi + \alpha)$	für $(90° - \alpha°) < \varphi° < (270° - \alpha°)$ als Ersatz der sinusförmigen Belastung
$\frac{360° - 18° - \alpha°}{360°} \cdot P_1$	für $\varphi = 360° - 18° - \alpha°$ als Ersatz für P_1 auf der linken Seite
$\frac{360° + 18° - \alpha°}{360°} \cdot P_1$	für $\varphi = 360° + 18° - \alpha°$, wenn $18° - \alpha° < 0$ als Ersatz für P_1 auf der rechten Seite bzw.
$\frac{18° - \alpha°}{360°} \cdot P_1$	für $\varphi = 360° + 18° - \alpha°$, wenn $18° - \alpha° > 0$

und dem Moment im Ringmittelpunkt

$$-M = -\frac{K \cdot r_m^2}{2\pi} \cdot \int_{\varphi = 90° - \alpha°}^{\varphi = 270° - \alpha°} \cos(\varphi + \alpha)\, d\varphi + \frac{r_m}{\pi} \cdot P_1 = \frac{r_m}{\pi} \cdot (P_1 + r_m \cdot K)$$

Hierbei ist $K = \frac{2 \cdot P_m}{\pi \cdot r_m}$ der Größtwert der sinusförmigen Radialkraftverteilung und $P_1 = \frac{P_m}{2 \cdot \cos 18°} = 0{,}526 \cdot P_m$ die Größe der beiden Radialkräfte am Schaftübergang.

Die gesuchten Normalkräfte, Querkräfte und Biegemomente ergeben sich nun aus den Gleichgewichtsbedingungen für die durch den Winkel α angegebenen Schnittstellen. Wegen der Symmetrie der äußeren Kräfte zur Pleuelachse braucht nur der halbe Ringumfang $0° \leqq \alpha \leqq 180°$ betrachtet zu werden. Man erhält als

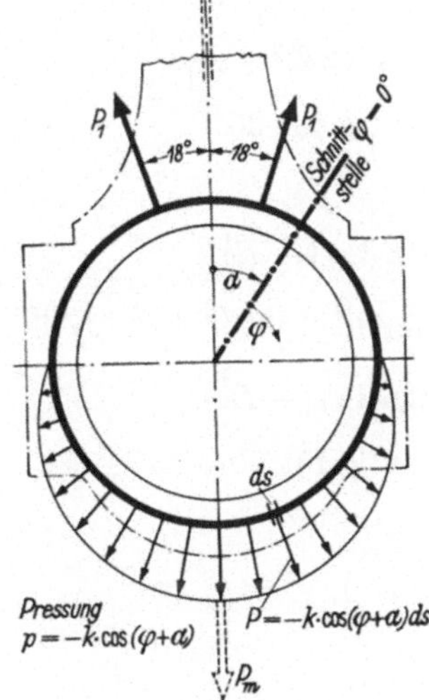

Abb. 12.17 Belastungssystem für den Pleuelkopf.

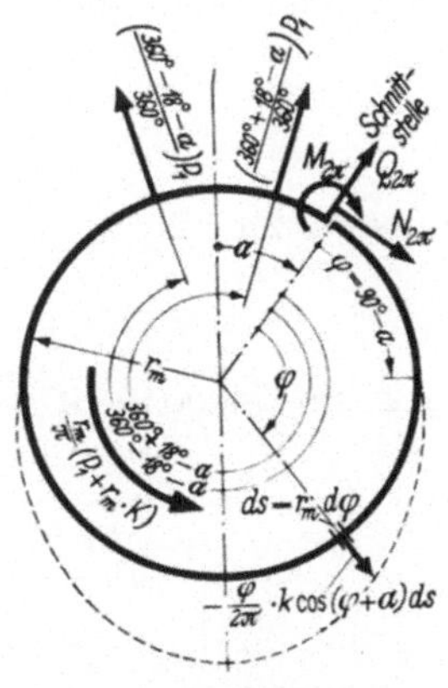

Abb. 12.18 Reduziertes Kräftesystem für den Pleuelkopf zur Berechnung der Kräfte und Momente an der Schnittstelle $\varphi = 0$.

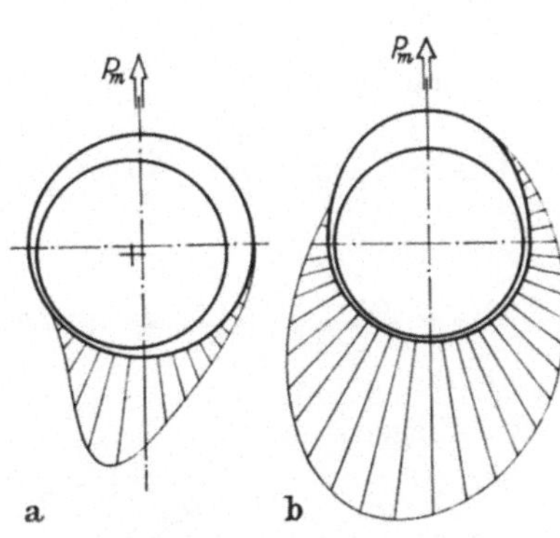

Abb. 12.19 Öldruckverlauf im Schmierspalt des instationär belasteten Pleuellagers (qualitativ), a) bei kleiner Massenkraft P_m, b) bei großer Massenkraft P_m.

[1] Winkelangaben: z. B. φ im Bogenmaß, $\varphi°$ im Gradmaß.

Gleichgewichtsbedingungen für das reduzierte Kräftesystem (Abb. 12.18) für $0° \leqq \alpha° \leqq 90°$

$$N_{2\pi} - \frac{K \cdot r_m}{2\pi} \cdot \int_{\varphi = 90° - \alpha}^{\varphi = 270° - \alpha°} \varphi \cdot \cos(\varphi + \alpha) \cdot \sin\varphi \cdot d\varphi + \frac{360° - 18° - \alpha°}{360°} \cdot P_1 \cdot \sin(342° - \alpha°)$$
$$+ \frac{360° + 18° - \alpha°}{360°} \cdot P_1 \cdot \sin(378° - \alpha°) = 0$$

$$Q_{2\pi} - \frac{K \cdot r_m}{2\pi} \int_{\varphi = 90° - \alpha}^{\varphi = 270° - \alpha°} \varphi \cdot \cos(\varphi + \alpha) \cdot \cos\varphi \cdot d\varphi + \frac{342° - \alpha°}{360°} \cdot P_1 \cdot \cos(342° - \alpha°)$$
$$+ \frac{378° - \alpha°}{360°} \cdot P_1 \cdot \cos(378° - \alpha°) = 0$$

$$M_{2\pi} + r_m \cdot N_{2\pi} - \frac{r_m}{\pi} \cdot (P_1 + r_m \cdot K) = 0$$

für $90° < \alpha° \leqq 180°$ sind die Integrale jeweils mit den Grenzen

$$\varphi = 0 \quad \text{bis} \quad \varphi = (270° - \alpha°)$$

und

$$\varphi = (450° - \alpha°) \quad \text{bis} \quad \varphi = 360°$$

zu bilden.

Aus diesen Gleichungen erhält man in Abhängigkeit vom Schnittwinkel α:
die Normalkraft

$$N_{2\pi} = P_m \cdot \left\{ \frac{1}{4\pi} \cdot [\cos\alpha \cdot \cos 2\alpha - \sin\alpha \cdot (2\pi - 2\alpha - \sin 2\alpha)] - A \right\}$$

gültig für $0° \leqq \alpha° \leqq 90°$

$$N_{2\pi} = P_m \cdot \left\{ -\frac{1}{4\pi} \cdot [\cos\alpha \cdot \cos 2\alpha + 2 \cdot \cos\alpha + \sin\alpha \cdot (2\alpha + \sin 2\alpha)] - A \right\}$$

gültig für $90° < \alpha° \leqq 180°$

die Querkraft

$$Q_{2\pi} = P_m \cdot \left\{ -\frac{1}{4\pi} \cdot [\sin\alpha \cdot \cos 2\alpha - \cos 2\alpha \cdot (2\pi - 2\alpha + \sin 2\alpha)] - B \right\}$$

gültig für $0° \leqq \alpha° \leqq 90°$

$$Q_{2\pi} = P_m \cdot \left\{ \frac{1}{4\pi} \cdot [\sin\alpha \cdot \cos 2\alpha + 2 \cdot \sin\alpha + \cos\alpha \cdot (2\alpha - \sin 2\alpha)] - B \right\}$$

gültig für $90° < \alpha° \leqq 180°$

das Biegemoment

$$M_{2\pi} = r_m \cdot \left[P_m \cdot \left(\frac{0{,}526}{\pi} + \frac{2}{\pi^2} \right) - N_{2\pi} \right] \qquad \text{gültig für } 0° \leqq \alpha° \leqq 180°$$

hierbei ist

$$A = 0{,}526 \cdot \left[\frac{342° - \alpha°}{360°} \cdot \sin(342° - \alpha°) + \frac{378° - \alpha°}{360°} \cdot \sin(378° - \alpha°) \right]$$

$$B = 0{,}526 \cdot \left[\frac{342° - \alpha°}{360°} \cdot \cos(342° - \alpha°) + \frac{378° - \alpha°}{360°} \cdot \cos(378° - \alpha°) \right]$$

für $0° \leqq \alpha° \leqq 18°$ ist der Faktor $\frac{378° - \alpha°}{360°}$ durch $\frac{18° - \alpha°}{360°}$ zu ersetzen.

In Abb. 12.20 ist der errechnete, auf die Massenkraft P_m bezogene Kräfte- und Momentenverlauf aufgezeichnet. Er kann für gerade und schräg geteilte Pleuelköpfe zugrundegelegt werden.

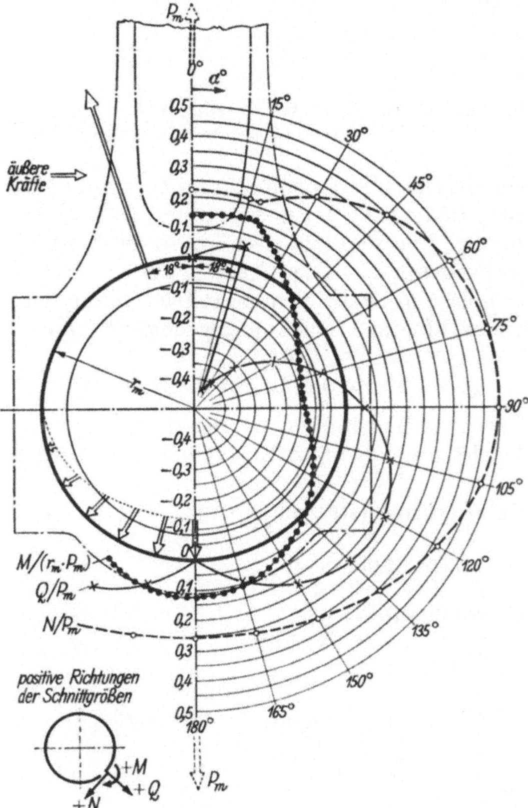

Abb. 12.20 Errechneter Kräfte- und Momentenverlauf im Pleuelkopf bezogen auf die Massenkraft P_m bei Belastungsverlauf nach Abb. 12.17.

I. Beanspruchungen im Pleuelkopf

Anhand der Abmessungen und der jetzt bekannten inneren Kräfte und Biegemomente können die Nennbeanspruchungen unter Massenkraftbelastung für die interessierenden Querschnitte errechnet werden. Hinzu kommt ein statischer Spannungsanteil infolge der Lagerschalenüberdeckung, deren Ermittlung wegen der geteilten Lagerschalen nicht ganz einfach ist, weshalb hier kurz darauf eingegangen wird. Eine ausführliche Darstellung ist in der Literatur [*F 8*] zu finden.

Der äußere Durchmesser der Lagerschalenhälften kann nicht unmittelbar gemessen werden, weil meist eine geringe Spreizung und Ovalität vorhanden ist. Allgemein üblich ist die Vermessung bzw. Kontrolle der Lagerschalendurchmesser mittels eines Prüfgesenkes nach Abb. 12.21. Dabei wird praktisch der Umfang einer Lagerschalenhälfte ermittelt, die zum guten Anliegen im Prüfgesenk unter einer Druckvorspannung von 7 bis 10 kp/mm² steht. Den äußeren Durchmesser D_{LS} der nicht vorgespannten Lagerschale erhält man unter Berücksichtigung des Reibungseinflusses aus der Beziehung

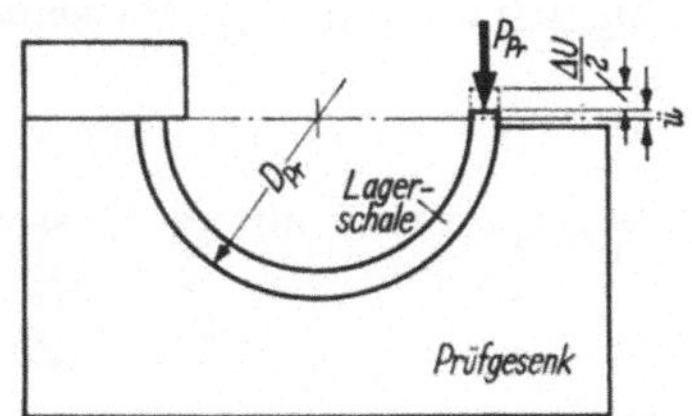

Abb. 12.21 Prinzip der Überdeckungsmessung von Lagerschalen im Prüfgesenk.

$$D_{LS} = D_{Pr} + \Delta D_{LS} + \frac{2\ddot{u}}{\pi} \quad [\text{mm}]$$

wobei

D_{Pr} Prüfgesenkdurchmesser [mm]

ΔD_{LS} Durchmesserverkleinerung infolge elastischer Verkürzung ΔU des Schalenumfanges unter der Prüflast [mm]

$$= \frac{\Delta U}{\pi} = \frac{D_{Pr} \cdot P_{Pr}}{\pi \cdot \mu \cdot E_{LS} \cdot F_{LS}} \cdot (1 - e^{-\mu \cdot \pi}) \quad [\text{mm}]$$

P_{Pr} Prüflast [kp]

F_{LS} Querschnittsfläche der Lagerschale [mm²]
E_{LS} Elastizitätsmodul der Lagerschale [kp·mm⁻²]
μ Reibwert zwischen Schale und Prüfgesenk

Mit $E_{LS} = 21000$ [kp·mm⁻²] (Stahlstützschale) und

$\mu = 0{,}15$ wird $D_{LS} = 3{,}82 \cdot 10^{-5} \cdot D_{Pr} \cdot \frac{P_{Pr}}{F_{LS}}$ [mm]

$\ddot{u}$ Überstand im Prüfgesenk unter der Prüflast [mm]; dieser Überstand wird üblicherweise toleriert, so daß durch ihn Größt- und Kleinstmaß des Schalendurchmessers gegeben ist.

Aus den Durchmessern von Lagerschale D_{LS} und Pleuelbohrung D_B ergibt sich nun die Überdeckung $\delta = D_{LS} - D_B$ unter Beachtung der notwendigen Toleranzen. Des weiteren läßt sich mit den bekannten Formeln für die Preßsitzverbindung zweier Hohlzylinder die mittlere Flächenpressung p_m in der Preßsitzfuge berechnen (Abschn. 9d). Aus der mittleren Flächenpressung resultiert eine mittlere Umfangskraft $P_{\ddot{u}}$, die in der Lagerschale als Druckkraft, im Pleuelkopf als Zugkraft wirkt. Es ist

$$P_{\ddot{u}} = 0{,}5 \cdot p_m \cdot D_{LS} \cdot b_{LS} \text{ [kp]}, \qquad b_{LS} = \text{Breite der Lagerschale [mm]}$$

Die Beanspruchung im Pleuelkopf setzt sich, sofern man von dem durch die Pleuelschrauben gedrückten Bereich absieht, aus folgenden Einzelbeanspruchungen zusammen:

Zugspannung infolge Lagerschalenüberdeckung (statisch):

$$\sigma_{Z\ddot{u}} = \frac{P_{\ddot{u}}}{F} \qquad [\text{kp} \cdot \text{mm}^{-2}]$$

Zugspannung infolge Massenkraft (schwellend):

$$\sigma_{Zm} = \frac{N_{2\pi}}{F} \qquad [\text{kp} \cdot \text{mm}^{-2}]$$

Biegespannung infolge Massenkraft (schwellend) im gekrümmten Stab

$$\sigma_b = \frac{M_{2\pi}}{J} \frac{\eta}{1 + \frac{\eta}{r_m}} \qquad [\text{kp} \cdot \text{mm}^{-2}]$$

wobei

F Fläche des betrachteten Pleuelkopfquerschnitts [mm²],
J äquatoriales Flächenträgheitsmoment des betrachteten Querschnitts [mm⁴]; dabei kann in den meisten Fällen Pleuelkopfkörper und Lagerschale als homogener Körper betrachtet werden, das heißt, die in der Preßsitzfläche auftretenden Schubspannungen werden durch die Reibung ganz übertragen,
η Abstand der betrachteten Faser vom Schwerpunkt der Querschnittsfläche, positiv gerechnet in Richtung Außenrand Pleuelkopf, negativ in Richtung Innenrand [mm]
r_m mittlerer Krümmungsradius des Pleuelkopfes [mm].

Als kritische Beanspruchung ist die Wechselspannung zu überprüfen

$$\sigma_w = \pm \frac{1}{2} \cdot (\sigma_{Zm} + \sigma_b) \qquad [\text{kp} \cdot \text{mm}^{-2}]$$

Sie ist dem statischen Anteil

$$\sigma = \sigma_{Z\ddot{u}} + \frac{1}{2} \cdot (\sigma_{Zm} + \sigma_b) \qquad [\text{kp} \cdot \text{mm}^{-2}]$$

überlagert. An gekerbten Stellen und Querschnittsübergängen sind die Formzahlen für die Spannungserhöhung zu berücksichtigen, wobei auf die diesbezügliche Literatur verwiesen wird ([*N 1*], [*N 2*], [*N 15*]).

In Abb. 12.22 sind gerechnete und mit Dehnungsmeßstreifen ermittelte Spannungen für 3 Stellen eines Pleuelkopfes aufgezeichnet. Es zeigte sich, daß bei relativ biegeweichen Pleuelaugen in der Rechnung die Begrenzung der Pleuelverformung durch den Hubzapfen berücksichtigt werden muß. Wenn sich die Krümmung des unteren Pleuelkopfbereiches etwa der Zapfenkrümmung angeglichen hat, findet mit weiter ansteigender Massenkraft keine weitere Biegeverformung der unteren Augenhälfte mehr statt. Die Biegespannung wächst dann nicht mehr im Gegensatz zu den Zugspannungen (Normalkräfte) und den Biegespannungen in der oberen Pleuelkopfhälfte. Der sich dabei ausbildende sehr schlanke Schmierspalt erzeugt einen sehr breiten Druckberg (Abb. 12.19b). Er kann bis zu einer bestimmten Kraft und Drehzahl, die stark von der Formsteifigkeit, Gestalt und Ölversorgung des Pleuelkopfes abhängt, das gefürchtete Klemmen des Lagers verhindern.

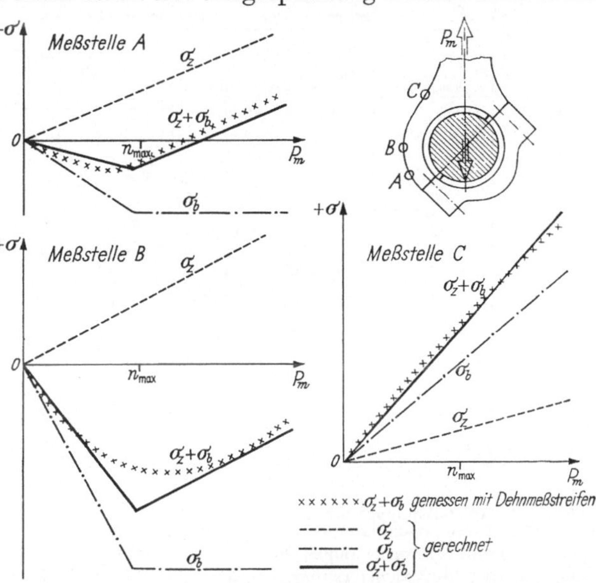

Abb. 12.22 Gerechneter und gemessener Spannungsverlauf an 3 Stellen eines Pleuelkopfes in Abhängigkeit von der Massenkraft P_m.

Eine überschlägige Berechnung des Grenz-Biegemoments, bei dem im unteren Augenabschnitt die Zapfenkrümmung erreicht wird, ist anhand nachstehender Beziehung möglich. Sie gibt den Zusammenhang zwischen Biegemoment und Krümmungsänderung beim gekrümmten Stab wieder.

$$M_b = E \cdot J \cdot \left(\frac{1}{\varrho_2} - \frac{1}{\varrho_1}\right) \qquad [\text{kp} \cdot \text{mm}]$$

ϱ_1 Krümmungsradius vor Aufbringen des Biegemomentes [mm]
ϱ_2 Krümmungsradius nach Aufbringen des Biegemomentes [mm]

Daraus erhält man angenähert das Grenz-Biegemoment

$$M_{b_{\text{grenz}}} = E \cdot J \cdot \frac{2 \cdot s_L}{r_m^2} \qquad [\text{kp} \cdot \text{mm}]$$

wobei

E Elastizitätsmodul des Pleuelkopfes [$\text{kp} \cdot \text{mm}^{-2}$],
J mittleres äquatoriales Flächenträgheitsmoment des unteren Pleuelkopfabschnittes mit Lagerschale [mm^4],
s_L Lagerspiel des Pleuellagers [mm].

II. Berechnung der Schraubenverbindung des Pleuelkopfes

Mit der Berechnung der Pleuelschraubenverbindung kann festgestellt werden, ob und bei welchen Drehzahlen ein Klaffen der Pleuelkopfteilfuge eintritt und welche Schraubenbeanspruchungen auftreten. Bei Neuauslegungen können die erforderlichen Schraubenvorspannkräfte und Schraubenabmessungen ermittelt werden.

Zur anschaulichen Darstellung eignet sich ein Schraubenverspannungsdiagramm nach Abb. 12.23. Darin ist die Kraft-Dehnungslinie einer Pleuelschraube und der zugehörigen Hülse eingezeichnet. Den flachen Anstieg der geknickten Hülsenkennlinie erhält man aus der Drucksteifigkeit der Lagerschale in Umfangsrichtung. Sie gilt, solange die Trennfuge nicht geschlossen ist. Anschließend setzt der steile Anstieg aus der Drucksteifigkeit der Schraubenpfeife und der Lagerschale ein. Der

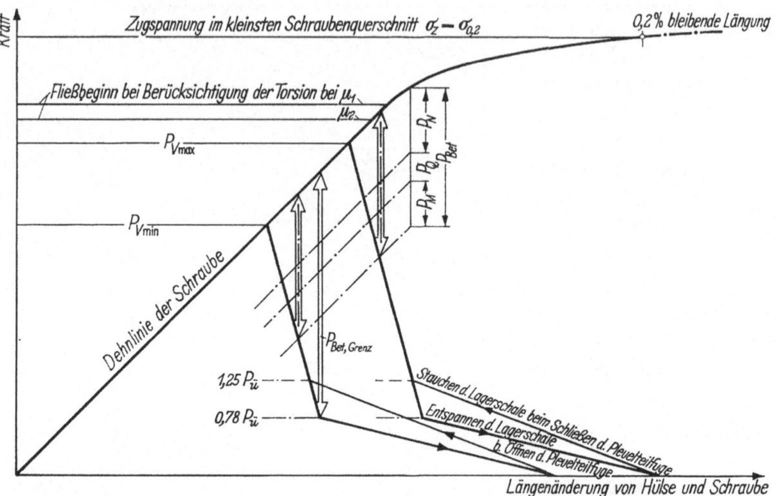

Abb. 12.23 Kraft-Dehnungs-Schaubild einer Pleuelschraubenverbindung (Schraubenverspannungsdiagramm). $P_{v\,\min}$ kleinste Vorspannkraft bei μ_1, $P_{v\,\max}$ größte Vorspannkraft bei μ_2, μ_1 = max. Reibwert der Schraube, μ_2 = min. Reibwert der Schraube, $P_ü$ mittlere Umfangskraft in der Lagerschale infolge Preßverbindung, P_{Bet} gesamte Betriebskraft an der Teilfuge, P_N Normalkraft in der Teilfuge, P_Q Zugkraftanteil infolge der Querkraft in der Teilfuge bei verzahnter Fuge, P_M Zugkraftanteil infolge des Biegemoments in der Teilfuge, $P_{Bet,Grenz}$ Betriebskraft bei Klaffbeginn der Teilfuge.

Knickpunkt ist gegeben durch die sogenannte Schließkraft, die zum Beseitigen des Schalenüberstandes notwendig ist. Wegen der Reibung zwischen Lagerschale und Pleuel ist diese Schließkraft um etwa 25% größer als die aus der mittleren Flächenpressung resultierende Umfangskraft $P_ü$, die bei der Beanspruchungsrechnung des Pleuelkopfes schon verwendet wurde. Diese Angabe gilt für einen Reibwert $\mu = 0{,}15$ in der Preßsitzfuge (und für die als zweite angezogene Schraube) bei dem in der Praxis üblichen abwechselnden Schraubenanzug. In Abb. 12.24 ist die Verteilung der Flächenpressung längs einer Lagerschalenhälfte bei Berücksichtigung der Reibung dargestellt.

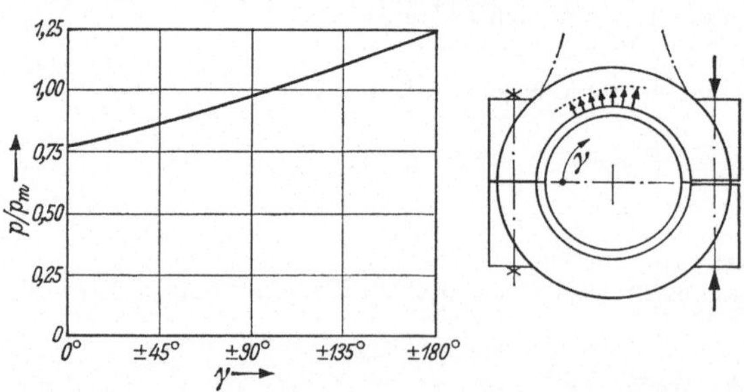

Abb. 12.24 Verteilung der Flächenpressung p längs einer mit Überdeckung eingebauten Lagerschale bei Berücksichtigung der Reibung in der Preßsitzfläche (Reibwert 0,15). Schraube bei $\gamma = 180°$ zuletzt angezogen. p_m = mittlere Flächenpressung.

Die über die Schließkraft hinausgehende Schraubenkraft ergibt im wesentlichen eine Stauchung der Schraubenpfeife und eine Pressung in der Pleuelkopfteilfuge. Die Schraubenkraft beim Öffnen der Pleuelkopfteilfuge ist wegen der Reibung, die dem Aufgehen der Fuge entgegenwirkt, um etwa 22% kleiner als $P_ü$. Das Schließen und Aufgehen der Teilfuge erfolgt also nicht auf derselben Kraft-Dehnungslinie.

Die Pleuelschrauben, die vorteilhaft als Dehnschrauben auszuführen sind (kleinere Wechselbeanspruchungen, geringere Biegeempfindlichkeit), werden entweder auf Längenänderung oder auf Drehmoment angezogen. Letzteres ist in der Serienfertigung einfacher. Vereinzelt wird auch der Drehwinkel der Mutter in der Anzugsvorschrift angegeben. Bei vorgeschriebener Längenänderung der Schraube streut die Schraubenvorspannkraft relativ wenig. Sie kann einfach über die Schraubensteifigkeit berechnet werden. Bei vorgegebenem Anzugsmoment streut die Schraubenvorspannkraft wegen des Reibungseinflusses stark. Man berechnet sie am besten für den oberen und unteren vorkommenden Reibwert, etwa $\mu = 0{,}14$ und 0,10 bei Ölschmierung. Die Vorspannkraft ist

$$P_v = \frac{M_A}{0{,}5 \cdot d_F \cdot \dfrac{\tan\alpha + \mu}{1 - \tan\alpha \cdot \mu} + r_M \cdot \mu} = \frac{M_A}{a + b}$$

wobei

M_A Schraubenanzugsmoment [mm kp]

d_F Flankendurchmesser des Gewindes [mm]

$\tan\alpha = \dfrac{h}{\pi \cdot d_F}$; α = Steigungswinkel des Gewindes [°]

h Gewindesteigung [mm]

r_M mittlerer Radius der Auflagefläche der Schraubenmutter bzw. des Schraubenkopfes [mm]

Mit den beiden Reibwerten des Streubereiches erhält man eine kleinste und eine größte Vorspannkraft ($P_{v_{\min}}$ und $P_{v_{\max}}$). Hierzu ermittelt man die Schraubenvergleichsbeanspruchung σ_v nach der GE-Hypothese unter Berücksichtigung der Torsionsspannung aus der Gewindereibung:

$$\sigma_v = \sqrt{\sigma^2 + 3\tau^2} \qquad [\text{kp} \cdot \text{mm}^{-2}]$$

wobei

$$\sigma = \frac{P_v}{F_s} \qquad \tau = \frac{P_v \cdot a}{W_p} \qquad [\text{kp} \cdot \text{mm}^{-2}]$$

F_s kleinster Schraubenquerschnitt [mm²]

W_p polares Widerstandsmoment des kleinsten Schraubenquerschnitts [mm³]

Die größte Vergleichsbeanspruchung sollte die 0,2%-Dehngrenze nicht überschreiten, da sonst die Wechselfestigkeit der Schraube zu gering wird und eine Überdehnung beim Anziehen mit dem Drehmomentschlüssel vorkommen kann.

Während die größte Vorspannkraft $P_{V\max}$ hinsichtlich der Schraubenbeanspruchung überprüft werden muß, ist bei der kleinsten Vorspannkraft $P_{V\min}$ die Sicherheit gegen Klaffen der Pleuelkopfteilfuge zu untersuchen. Hierzu wird in das Schraubenverspannungsdiagramm (Abb. 12.23) die Betriebskraft P_{Bet} in der üblichen Weise eingetragen. Ein Klaffen der Teilfuge setzt ein, wenn die Betriebskraft bis zum Knick an der Stelle $0{,}78 \cdot P_{ü}$ reicht ($P_{\text{Bet}} = P_{\text{Bet, Grenz}}$). Die Betriebskraft der Pleuelschraubenverbindung – hervorgerufen durch die Massenkraft P_m – setzt sich zusammen aus

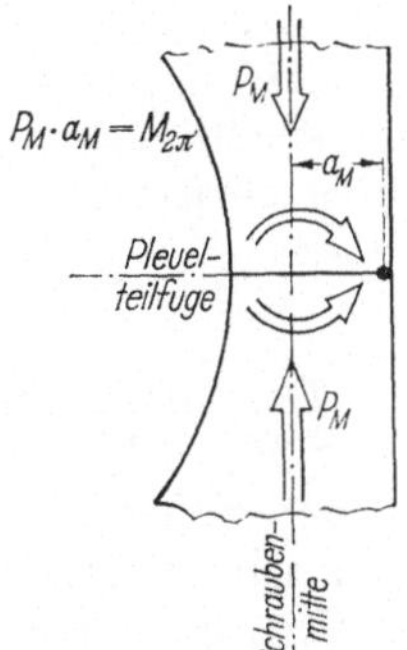

Abb. 12.25 Biegemomentengleichgewicht an der Pleuelteilfuge gibt Zugkraftanteil P_M in der Pleuelschraube.

der Normalkraft P_N in der Teilfuge,

einem Zugkraftanteil P_M, der das Klaffen der Teilfuge unter dem Biegemoment $M_{2\pi}$ verhindert (Abb. 12.25),

und, falls eine Verzahnung der Teilfuge vorhanden: einem Zugkraftanteil P_Q infolge der Querkraft $Q_{2\pi}$ in der Teilfuge.

Also

$$P_{Bet} = P_N + P_M + P_Q \qquad [\mathrm{kp}]$$

wobei

$$P_N = N_{2\pi} \qquad [\mathrm{kp}]$$

$$P_M = \frac{|M_{2\pi}|}{a_M} \qquad [\mathrm{kp}]$$

$$P_Q = Q_{2\pi} \cdot \tan\left(\frac{\alpha_Z}{2} - \varrho\right) \qquad [\mathrm{kp}]$$

a_M Abstand von Mitte Schraubenbohrung bis Außenrand Pleuel, wenn $M_{2\pi}$ negativ, bzw. bis Innenrand Pleuel, wenn $M_{2\pi}$ positiv (s. Abb. 12.25) [mm]
α_Z Spitzenwinkel der Teilfugenverzahnung [°]
ϱ Reibungswinkel der Teilfugenverzahnung (etwa 8,6° bei $\mu = 0{,}15$)

Der Zugkraftanteil P_M wird hier so bestimmt, als sei die Teilfugenfläche starr (Abb. 12.25). Würde man den Pleuelkopfabschnitt im Bereich der Teilfuge als gedrückten Biegestab betrachten, bei dem am Rand keine Zugspannungen auftreten dürfen, so wäre der notwendige Zugkraftanteil in der Schraube das 2- bis 3fache von P_M der obigen Rechnung. Nach praktischen Erfahrungen tritt ein merkliches, die Schraube gefährdendes Klaffen jedoch bei der Annahme nach Abb. 12.25 ein.

Aus dem Schraubenverspannungsdiagramm läßt sich die Betriebskraft $P_{\mathrm{Bet,Grenz}}$ entnehmen, bei welcher theoretisch das Klaffen der Teilfuge beginnt. Die dieser Grenzlast zugeordnete Drehzahl sollte oberhalb der im Betrieb auftretenden Überdrehzahl liegen. Des weiteren liefert das Schraubenverspannungsdiagramm die Wechselkraft in der Pleuelschraube, woraus sich die Wechselbeanspruchung im Gewinde ermitteln läßt. Diese sollte bei Schrauben der Güte 10 K nicht an die Wechselfestigkeit von etwa ± 5 kp/mm² herankommen.

Bei gerade geteilten Pleuelköpfen reicht normalerweise der Reibungsschluß aus, um die Querkraft in der Teilfuge zu übertragen. Bei schräg geteilten Pleueln erfordert die große Querkraft eine Verzahnung der Teilfuge (90° oder 60° Spitzenwinkel) oder so große Schraubenvorspannkräfte, daß der Reibungsschluß ausreicht. Paßstifte, Nasen oder ähnliche formschlüssige Verbindungen der Teilfugen sollten keine Wechselbeanspruchungen erfahren, da sonst Reibrostbildung möglich ist.

Günstige Verhältnisse an der Pleuelschraubenverbindung erhält man, wenn folgendes beachtet wird:

Die Auflagefläche der Teilfuge soll möglichst breit, der Schraubenabstand klein sein (großes a_M in Abb. 12.25). Die Schrauben sind als Dehnschrauben mit starkem Dehnschaft (90 bis 96% des Gewindekerndurchmessers) auszuführen, Schraubengüte 10 K. Die Vorspannkraft ist möglichst groß zu wählen; es sollte aber unter Berücksichtigung der möglichen Streuungen im Reibverhalten die Streckgrenze nicht überschritten werden. Dünnwandige Lagerschalen sind vorteilhaft.

e) Kleines Pleuelauge

Das kleine Auge wird ungeteilt mit eingepreßter Lagerbüchse (Passung H 7/s 6 oder H 7/t 6) ausgeführt. Neben der geringen statischen Zugspannung durch diese Preßverbindung — etwa 2 bis 9 kp mm⁻² — wird das Auge durch die sich aus dem Lagerdruck des Kolbenbolzens ergebenden Spannungen beansprucht. Die Druckkräfte infolge Gas- und Massenkraftwirkungen werden praktisch unmittelbar in den Schaft eingeleitet. Sie gefährden das Auge nicht, wenn der Schaftübergang mit großen Radien ausgeführt wird. Die Zugkräfte, deren Größtwert bei Viertaktmotoren im Überschneidungs-OT auftritt, ergeben die zu untersuchenden Beanspruchungen.

Für das kleine Auge kann mit guter Näherung eine Beanspruchungsrechnung angenommen werden, wie sie schon für den Pleuelkopf angegeben wurde, also mit sinusförmiger Krafteinleitung nach Abb. 12.17 und einem Kräfte- und Biegemomentenverlauf nach Abb. 12.20. Es ist dabei zu beachten, daß als Massenkraft P_m nur diejenige des Kolbens samt Bolzen anzusetzen ist. Die Annahme einer Einzelkraft am Auge nach Abb. 12.26 ergibt zu große Ovalverformungen und zu große Biegemomente.

In Abb. 12.27 ist die spannungsoptisch gemessene Spannungsverteilung am Innen- und Außenrand eines Pleuelauges aufgezeichnet.

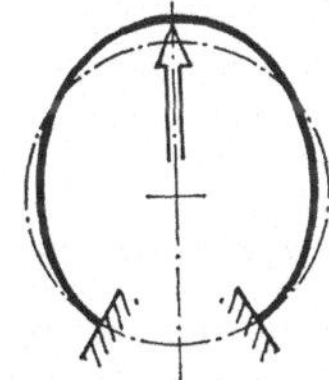

Abb. 12.26 Die Annahme einer Einzelkraft am Pleuelauge führt zu sehr großen Ovalverformungen, die nicht der Wirklichkeit entsprechen.

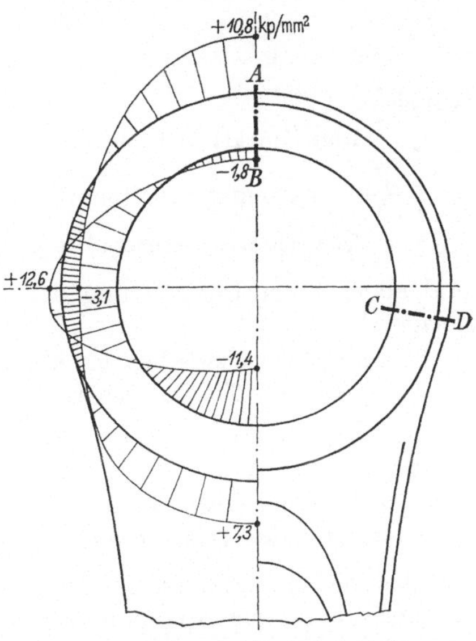

Abb. 12.27 Gemessene Spannungsverteilung an einem auf Zug belasteten Pleuelauge bei max. Massenkraft.

Die spannungserhöhenden Ölbohrungen für die Spritzschmierung des Auges sollten nicht im hochbeanspruchten Bereich von Querschnitt C–D (Abb. 12.27) angeordnet werden. Günstiger ist es, sie in den Scheitelbereich A–B oder seitlich an den Schaftübergang zu legen. Eine Verrundung der Bohrungen ist immer, ein Polieren in manchen Fällen erforderlich.

f) Pleuelschaft

Der Pleuelschaft von schnellaufenden Verbrennungsmotoren weist meist einen I-förmigen Querschnitt auf, dessen größtes Trägheitsmoment in Schwenkrichtung liegt (Abb. 12.1 und 12.2). Die Entwicklungstendenz geht hin zu schmalen Schaftquerschnitten (Abb. 12.28). Kleine und mittlere Pleuel haben einen unbearbeiteten Schaft, bei dem nur der Schmiedegrat entfernt wird. Pleuel von größeren Hochleistungsmotoren werden vorgeschmiedet und dann allseitig bearbeitet.

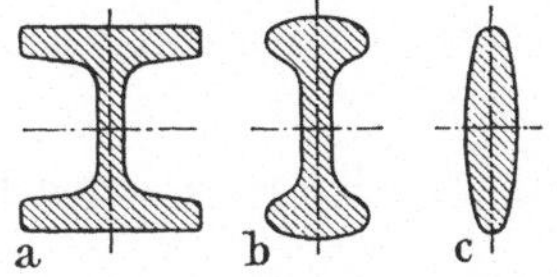

Abb. 12.28 Schaftquerschnitte von Pleuelstangen, a) breite I-Form, b) schmale I-Form, c) elliptische Form.

Der Schaft wird durch Gas- und Massenkräfte auf Druck, Zug, Knickung und Biegung beansprucht. Die größte Druckbeanspruchung ergibt sich aus der Zündkraft, die bei niedrigen Drehzahlen praktisch noch nicht durch die Massenkräfte abgebaut wird. Folgende rechnerische Druckspannungen kommen im Schaft von ausgeführten Pleueln vor:

PKW-Motoren: bis 25 [kp/mm²] bei einer Zugfestigkeit 55–75 [kp/mm²]
LKW-Motoren: bis 15 [kp/mm²] bei einer Zugfestigkeit 55–75 [kp/mm²]
schnellaufende Großmotoren: bis 35 [kp/mm²] bei einer Zugfestigkeit 100 bis 115 [kp/mm²]

Ob eine Nachrechnung der Knicksicherheit des Schaftes notwendig ist, hängt vom Schlankheitsgrad und dem verwendeten Pleuelwerkstoff ab. Der Schlankheitsgrad ist:

$$\lambda = \frac{l_0}{\sqrt{\frac{J}{F}}}$$

wobei

l_0 freie Knicklänge [mm]

$\sqrt{\frac{J}{F}}$ = Trägheitsradius [mm]

F Querschnitt in Schaftmitte [mm²]

und speziell bei Betrachtung des Ausknickens in Schwenkrichtung (Pleuel frei gelagert):

l_0 Stangenlänge zwischen den Augenmitten [mm]

J äquatoriales Trägheitsmoment in Schaftmitte, bezogen auf Schwenkebene [mm⁴]

bei Betrachtung des Ausknickens in Kurbelachsrichtung (Pleuel beidseitig eingespannt gedacht):

l_0 halbe Stangenlänge [mm]

J äquatoriales Trägheitsmoment in Schaftmitte, bezogen auf Kurbelachsebene [mm⁴]

Das in Abb. 12.29 dargestellte Schaubild zeigt über dem Schlankheitsgrad aufgetragen den unelastischen und den elastischen Bereich, wofür verschiedene Knickbedingungen gelten.

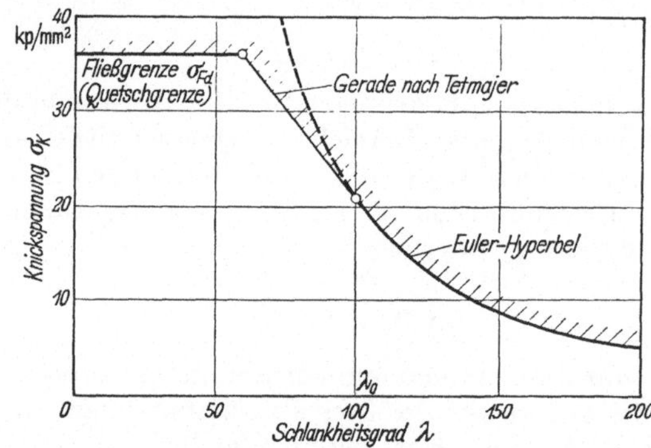

Abb. 12.29 Knickung von Druckstäben nach EULER und TETMAJER. Beispiel St 52.

Für den elastischen Bereich wird die EULERsche Knickformel angewandt:

$$\text{Knickspannung} \qquad \sigma_K = \frac{\pi^2 \cdot E}{\lambda^2} \qquad [\text{kp} \cdot \text{mm}^{-2}]$$

Sie gilt bis zum Wert λ_0, für den $\sigma_K = \sigma_{P_d}$ ist, also für

$$\lambda_0 = \pi \cdot \sqrt{\frac{E}{\sigma_{P_d}}}$$

wobei σ_{P_d} = Proportionalitätsgrenze für Druckbelastung des Pleuelwerkstoffes [kp·mm⁻²].

Für Kohlenstoffstähle ist $\lambda_0 \geqq 90$.

Für legierte Stähle $\lambda_0 \geqq 60$.

Die meisten Pleuelstangen schnellaufender Motoren haben Schlankheitsgrade $\lambda < 60$, häufig sogar $\lambda < 40$, d. h., für sie gilt der unelastische Bereich.

Im unelastischen Bereich wird die Knickspannung nach TETMAJER durch eine Gerade dargestellt, welche die EULER-Hyperbel mit der als Beanspruchungsgrenze bei kleinen λ-Werten geltenden Fließgrenze σ_{F_d} (= Quetschgrenze) verbindet. Im Abschnitt

$$\pi \cdot \sqrt{\frac{E}{\sigma_{P_d}}} > \lambda > \pi \cdot \sqrt{\frac{E}{\sigma_{F_d}}}$$

gilt nach TETMAJER für σ_K in [kp·cm^{-2}]:

für St 42	$\sigma_K = 4691 - 26{,}175 \cdot \lambda$	wo $60 < \lambda < 100$
St 52	$\sigma_K = 5891 - 38{,}175 \cdot \lambda$	wo $60 < \lambda < 100$
5% Ni-Stahl	$\sigma_K = 4700 - 23{,}05 \cdot \lambda$	wo $0 < \lambda < 86$

Das Sicherheitsverhältnis Knickspannung zu Druckspannung soll mindestens 1,5 betragen. Dies ist bei den schon genannten Druckspannungen von ausgeführten Pleueln gewährleistet. Wie unter Abschn. 12b erwähnt, wird ein Knicken unter normalen Betriebsbedingungen nicht beobachtet. Es treten aber Zugdruckdauerbrüche an Kerbstellen des Schaftes auf. Als Wechselnennspannung wirkt dabei die halbe Zündkraftbeanspruchung. Da die Entwicklung teilweise in Richtung auf schlankere Pleuelschäfte geht, wird die Knickbeanspruchung mehr als bisher zu beachten sein.

Die Biegespannungen des Schaftes durch die quer zur Stangenachse gerichteten Massenkräfte können meist vernachlässigt werden. Für eine überschlägige Nachprüfung der Biegespannungen kann das größte auftretende Biegemoment aus nachstehender Formel ermittelt werden. Sie gilt für einen gleichbleibenden Schaftquerschnitt.

$$M_{b_{\text{Schaft}}} = 0{,}046 \cdot l^2 \cdot F \cdot \frac{\gamma^*}{g} \cdot r \cdot \omega^2 \qquad [\text{kp} \cdot \text{mm}]$$

wobei

l Stangenlänge [cm]

F mittlerer Schaftquerschnitt [cm^2]

γ^* spezifisches Gewicht des Pleuelwerkstoffs [kp·cm^{-3}]

g Erdbeschleunigung [cm·s^{-2}]

r Kurbelradius [cm]

ω Winkelgeschwindigkeit der Kurbelwelle [s^{-1}].

Schrifttumsverzeichnis

(Geordnet nach Sachgebieten)

A. Triebwerk, Bewegungsverhältnisse und Massenwirkungen

[*A 1*] Biezeno, C. B., u. R. Grammel: Technische Dynamik, Berlin: Springer 1939 (2. Aufl. in 2 Bdn. 1953).

[*A 2*] Schrön, H.: Die Dynamik der Verbrennungskraftmaschine, Verbrennungskraftmaschine H. 8, Teil 2, Wien: Springer 1942 (2. Aufl. 1947).

[*A 3*] Kraemer, O.: Bau und Berechnung der Verbrennungsmotoren, 4. Aufl., Berlin/Göttingen/Heidelberg: Springer 1963.

[*A 4*] Kremser, A.: Das Triebwerk schnellaufender Verbrennungskraftmaschinen, Verbrennungskraftmaschine H. 10, Wien: Springer 1939 (2. Aufl. 1949).

[*A 5*] Kremser, A.: Der Aufbau schnellaufender Verbrennungskraftmaschinen für Kraftfahrzeuge und Triebwagen, Verbrennungskraftmaschine H. 11, Wien: Springer 1942.

[*A 6*] Bensinger, W.-D., u. A. Meier: Kolben, Pleuel und Kurbelwelle bei schnellaufenden Verbrennungsmotoren, 2. Aufl., Konstruktionsbücher Bd. 6, Berlin/Göttingen/Heidelberg: Springer 1961.

[*A 7*] Schlaefke, K.: Bewegungsverhältnisse von Kurbelgetrieben mit Nebenpleuel. Z. VDI 1934, S. 831.

[*A 8*] Lutzweiler, J.: Bewegungsverhältnisse und freie Massenkräfte von Kurbeltrieben mit Nebenpleuel. Jb. dtsch. Luftf.-Forschg. 1941, S. 83.

[*A 9*] Kraemer, O.: Getriebelehre, Karlsruhe: Braun 1958.

[*A 10*] Kimmel, A.: Untersuchung über die Erregung der Dreh- und Biegeschwingungen bei Flugmotoren. Luftf.-Forschg. 18 (1941) S. 229.

B. Freie Kräfte und Momente, Massenausgleich

[*A 1*] bis [*A 5*]

[*B 1*] Schrön, H.: Zur Analyse und Synthese der Kurbelwellen mit den kleinsten Massenmomenten. MTZ-Beiheft Nr. 2, 1950.

[*B 2*] Benz, W.: Innere Biegemomente und Gegengewichtsanordnungen bei mehrfach gekröpften Kurbelwellen. MTZ 1952, S. 10.

[*B 3*] Benz, W.: Sechsfach gekröpfte Kurbelwelle mit 4 Gegengewichten. MTZ 1941, S. 54.

[*B 4*] Hinkelday, K.: Einfluß der Anlenkung der Nebenstange an die Hauptstange auf den Massenausgleich und die Drehschwingungen bei V-, W-, X- und Sternmotoren. Dissertation T. H. München 1950.

[*B 5*] Wolf, Ph.: Kräfte und Momente niederer und höherer Ordnung bei V-, W- und X-Motoren und Anlenkung. Dissertation T. H. München 1950.

[*B 6*] Kimmel, A.: Massenausgleich des Sternmotores. MTZ 1942, S. 85.

[*B 7*] Hasselgruber, H.: Auswuchtgenauigkeit und Massenausgleich bei Verbrennungskraftmaschinen. Konstruktion 1959, H. 5, S. 172.

[*B 8*] Lemon, J. W., and Ch. W. Phelps: Balancing the Chevrolet V-8 Engine. General Motors Engineering Journal 62/3.

[*B 9*] Rötscher, F.: Einfaches Verfahren zur Ermittlung des Schwerpunktes, des Rauminhaltes und der Momente höherer Ordnung. Z. VDI 80 (1936) S. 1351.

[*B 10*] Schrön, H.: Unsymmetrische Kurbelwellen für Gabelmotoren mit verbessertem Massenausgleich. Motorwagen 1929, H. 15, S. 311.

[*B 11*] Meyer zur Capellen, W.: Instrumentelle Mathematik für den Ingenieur, Essen: Girardet 1952.

C. Kurbelwelle

[*A 5*] und [*A 6*], [*B 1*] bis [*B 3*]

[*C 1*] Stahl, G.: Spannungen an einteiligen und gebauten Kurbelelementen. Dissertation T. H. Braunschweig 1957.

[*C 2*] Stahl, G.: Dynamische Spannungsmessungen an Kurbelwellen. MTZ 1958, H. 8, S. 267.

[*C 3*] KRITZER, R.: Die dynamische Festigkeitsberechnung der Kurbelwelle. Konstruktion 1958, H. 8, S. 253.

[*C 4*] KRITZER, R., u. M. LÜTHIN: Dynamische und Gestaltfestigkeits-technische Gesichtspunkte beim Entwurf von Kurbelwellen. MWM-Nachr. 1960, H. 1, S. 41.

[*C 5*] KRITZER, R.: Mechanik, Beanspruchungen und Dauerbruchsicherheit der Kurbelwelle schnellaufender Dieselmotoren. Konstruktion 1961, H. 11, S. 432.

[*C 6*] GEIGER, J.: Zur Berechnung der Kurbelwellen. ATZ 1937, H. 4, S. 93.

[*C 7*] GEIGER, J.: Über Triebwerks- und Lagerbeanspruchungen. ATZ 1937, H. 24, S. 614.

[*C 8*] GEIGER, J.: Beanspruchung der Triebwerks- und Gehäuseteile durch rasche Drucksteigerungen und Klopfen. ATZ 1941, H. 13, S. 327.

[*C 9*] KLOTTER, K., u. K. E. MEIER-DÖRNBERG: Zur Beanspruchung des Kurbeltriebs durch die Zündkräfte. MTZ 1960, H. 12, S. 501.

[*C 10*] HASSELGRUBER, H., u. W. KNOCH: Zur Berechnung der Formzahlen von Kurbelwellen. MTZ 1960, H. 8, S. 335.

[*C 11*] KRITZER, R.: Zur Berechnung der Formzahlen von Kurbelwellen. MTZ 1962, H. 12, S. 444.

[*C 12*] LEJKIN, A. S.: Stress Concentration in Crankshaft Fillets. Russian Engineering Journal, June 1960, S. 14.

[*C 13*] FÄRBER, M.: Der Einfluß der Form auf die Spannungsverteilung in Kurbelelementen. Dissertation T. H. Darmstadt 1950.

[*C 14*] KIENLIN, M. v.: Scheibenkurbelwellen mit Tunnellagerung bei Maybach-Diesel-Motoren. MTZ 1957, S. 337.

[*C 15*] Vorschriften für die Klassifikation und den Bau von stählernen Seeschiffen. Leningrad: Verlag Morskoj Transport 1960.

[*C 16*] MAASS, H.: Die Gestaltsfestigkeit von Kurbelwellen, insbesondere nach den Forderungen der Klassifikationsgesellschaften. MTZ 1964, H. 10, S. 391.

[*C 17*] IKI, T., u. I. TAKAGAKI: Der Einfluß der Form auf die Biegespannungskonzentrationskoeffizienten bei aus einem Stück hergestellten Kurbelwellen. Nainen Kikan, Juli 1964, S. 9.

D. Pleuelstange

[*A 1*], [*A 6*] bis [*A 8*], [*B 4*] bis [*B 6*], [*F 8*], [*N 12*]

[*D 1*] FRESE: Zur Berechnung schräg-geteilter Pleuelstangen. MTZ 1943, Nr. 3, S. 90.

[*D 2*] MATHAR, J.: Über die Spannungsverteilung in Stangenkröpfen. Forsch. Ing.-Wes. 1928, H. 306, S. 5.

[*D 3*] BEKE, J.: Beitrag zur Berechnung der Spannungen in Augenstäben. Eisenbau 1921, S.233

[*D 4*] PARKUS, H.: Zur Berechnung von Pleuelstangen. Maschinenbau u. Wärmewirtschaft 5 (1950) H. 9, S. 152.

[*D 5*] WIEGARD, H., u. B. HASS: Beanspruchungsgerechte Gestaltung von Pleuelstangen des Flugmotoren-Sternmotors. Jb. dtsch. Luftf.-Forschg. 1940, S. 248.

[*D 6*] SCHWETER, E.: Berechnung und Gestaltung der Treibstangen schnellaufender Kolbenmaschinen. ATZ 1936, H. 15, S. 375.

[*D 7*] SALTYKOW, M. A.: Zur Berechnung von Kräften an Lagerteilfugen und Verspannung mehrteiliger Lager mit dünnwandigen Lagerschalen. Vestnik Masinostroenija 1963, H. 3, S. 9.

E. Kolben und Kolbenbolzen

[*A 5*] und [*A 6*]

[*E 1*] MEIER, A.: Zur Kinematik der Kolbengeräusche. ATZ 1952, S. 123.

[*E 2*] BUSKE, A.: Schmierung von Kolben für Brennkraftmaschinen. VDI-Ber. 20 (1957) S. 141.

[*E 3*] KUHM, H.: Das Problem des Kolbenbolzen im Kurbeltriebwerk. MTZ 1964, H. 2, S. 56 u. H. 6, S. 251.

[*E 4*] SCHLAEFKE, K.: Zur Berechnung von Kolbenbolzen. MTZ 1940, S. 117.

[*E 5*] MICHEL, E., u. P. SOMMER: Zur Festigkeit von Kolbenbolzen. MTZ 1941, H. 11, S. 352.

[*E 6*] WESTHÄUSER, R.: Die Beanspruchung von Kolbenbolzen. Ztschr. TÜV-München 1954, Nr. 9, S. 217.

[*E 7*] MYATT, D. J.: Oscillating-Load Bearings. Machine Design 1958, S. 133.

[*E 8*] GLASER, W.: Beanspruchungskriterien von Kolbenringen. MTZ 1957, H. 3, S. 69.

F. Grund- und Pleuellager

[*F 1*] HAHN, H. W.: Das zylindrische Gleitlager endlicher Breite unter zeitlich veränderlicher Belastung. Dissertation T. H. Karlsruhe 1957.

[*F 2*] RADERMACHER, K. H.: Das instationär belastete Gleitlager, experimentelle Untersuchung. Dissertation T. H. Karlsruhe 1962.

[F 3] HOLLAND, J.: Beitrag zur Erfassung der Schmierverhältnisse in Verbrennungsmotoren. VDI-Forsch.-Heft 475, 1959.
[F 4] HAHN, H. W.: Möglichkeiten zur Berechnung von Gleitlagern in Verbrennungsmotoren. Fachausgabe Automarkt, März 1962.
[F 5] HOLLAND, J.: Gleitlager in Kolbenmaschinen. MTZ 1962, H. 7, S. 243.
[F 6] EBERHARD, A., u. O. LANG: Zur Berechnung der Gleitlager im Verbrennungsmotor mittels elektronischer Digitalrechner. MTZ 1961, H. 7, S. 276.
[F 7] HASSELGRUBER, H.: Zur rechnerischen Erfassung der Schmierstoffversorgung von Verbrennungskraftmaschinen. MTZ 1957, H. 8, S. 235.
[F 8] ROEMER, E.: Die Berechnung des Preßsitzes von Gleitlagerschalen. MTZ 1961, H. 2, S. 51 u. H. 4, S. 119.
[F 9] MILOWIZ, K.: Lager und Schmierung, Verbrennungskraftmaschinen Bd. 8, Teil 1, Wien: Springer 1962.
[F 10] MYATT, D. J.: Oscillating Load Bearings. Machine Design 1958, S. 133.
[F 11] PERRET, H.: Lebensdauer von Wälzlagern insbes. bei Kurbelwellen. DVL-Jahrbuch 1939.
[F 12] NALLINGER, F.: Kurbelwellen-Rollenlager. Luftwissen 3 (1936) Nr. 10.
[F 13] ROTHWEILER, A.: Wälzlager für Kurbel- und Pleuellager. ATZ 1931, S. 731.
[F 14] HAMPP, W.: Wälzlager in Verbrennungskraftmaschinen. MTZ 1958, H. 10, S. 315.
[F 15] BUSKE, A.: Der Einfluß der Lagergestaltung auf die Belastbarkeit und Betriebssicherheit. Stahl u. Eisen 1951, H. 26, S. 1420.
[F 16] FISCHER, W.: Die Berechnung der dynamischen Tragfähigkeit von Wälzlagern. SKF Schweinfurt.
[F 17] ROEMER, E.: Öldurchsatz, Öltemperatur und Lagerspiele von Gleitlagern mit Druckschmierung. VDI-Z. 103 (1961) Nr. 17, S. 743 u. Nr. 18, S. 790.
[F 18] GROBUSCHEK, F.: Dauerfestigkeit von Gleitlagerwerkstoffen. MTZ 1964, H. 5, S. 211.

G. Drehschwingungen

[G 1] HAUG, K.: Die Drehschwingungen in Kolbenmaschinen, Konstruktionsbücher Bd. 8/9, Berlin/Göttingen/Heidelberg: Springer 1952.
[G 2] HOLZER, H.: Die Berechnung der Drehschwingungen, Berlin: Springer 1921.
[G 3] STRUNZ, L.: Die Drehschwingungen in Kolbenmaschinen, Berlin: R. C. Schmidt 1938.
[G 4] WILSON, K: Practical Solution of Torsional Problems, London: Chapman & Hall 1956.
[G 5] HARTOG, J. P. DEN, u. G. MESMER: Mechanische Schwingungen, 2. Aufl., Berlin/Göttingen/Heidelberg: Springer 1952.
[G 6] BICERA: Handbook of Torsional Vibrations, 1958.
[G 7] ZIPPERER, L.: Technische Schwingungslehre, Sammlg. Göschen Bd. 953, 1953.
[G 8] HUSSMANN, A.: Rechnerische Verfahren zur harmonischen Analyse und Synthese, Berlin: Springer 1938.
[G 9] WILLERS, F. A.: Mathematische Maschinen und Instrumente, Berlin: Akademie-Verlag 1951.
[G 10] EBERHARD, A.: Die Drehschwingungsverhältnisse von Doppelmotorenanlagen mit mechanischer Kupplung durch Sammelgetriebe. Schriftenreihe Antriebstechnik Bd. 18, 1957, VDMA.
[G 11] FILSINGER, E.: Systematische Drehschwingungsrechnung für elastisch gekoppelte Aggregate mit Verbrennungsmotoren. MTZ 1962, S. 435.
[G 12] KRITZER, R.: Berechnung der Wechseldrehmomente in Schiffsantrieben mit Dieselmotor. MTZ 1957, S. 121.
[G 13] BENZ, W.: Schwungradgröße und flimmerfreies Licht. MTZ 1939, S. 15.
[G 14] OKTAVEC: Berechnung der Ungleichförmigkeit des Ganges von Kolbenmaschinen mit Berücksichtigung der Elastizität der Welle. Maschinenbautechnik 1954, H. 1, S. 13.
[G 15] KRITZER, R.: Berechnung des Ungleichförmigkeitsgrades von Diesel-Generator-Aggregaten mit Berücksichtigung der Drehelastizität des Systems. MTZ 1956, H. 9, S. 301.
[G 16] FRANK, B.: Gabelwinkel von V- und W-Motoren. MTZ 1939, S. 194.
[G 17] KIMMEL, A.: Einfluß des Anlenkpleuels auf das Drehschwingungsverhalten. MTZ 1941, H. 1, S. 18.
[G 18] GEISLINGER, L.: Berechnung von Drehschwingungsdämpfern. MTZ 1941, S. 326.
[G 19] KRITZER, R.: Die Berechnung der Drehschwingungen von Kurbelwellen mit geschwindigkeitsproportionalem Schwingungsdämpfer. Konstruktion 1959, H. 11, S. 378.
[G 20] HAFNER, K. E., u. P. NIEPAGE: Zur Auslegung von dämpfungsgekoppelten Drehschwingungsdämpfern für Kolbenmotoren. MTZ 1962, H. 12, S. 441.
[G 21] GEISLINGER, L.: Eine neue schwingungsdämpfende und elastische Kupplung. Hansa 1961, H. 10.

[G 22] ISHIZUKA, M.: Ölgummidämpfer. MTZ 1963, H. 3, S. 79.
[G 23] KRAEMER, O.: Schwingungstilgung durch angekoppelte Pendel. MTZ 1939, S. 3 u. 54.
[G 24] STIEGLITZ, A.: Beeinflussung von Drehschwingungen durch pendelnde Massen. Jb. dtsch. Luftf.-Forschg. 1938, S. II 164.
[G 25] KAMMERER, H.: Eigenfrequenz bei Drehschwingungssystemen mit Fliehkraftpendel. Jb. dtsch. Luftf.-Forschg. 1940, S. 80.
[G 26] STUMPP, H., u. H. KAMMERER: Einfaches Rollenpendel als Drehschwingungstilger. Jb. dtsch. Luftf.-Forschg. 1940, S. 92.
[G 27] KAMMERER, H.: Untersuchungen, Messungen und Erprobung von Fliehkraftpendeln in umlaufenden Drehschwingungssystemen. Jb. dtsch. Luftf.-Forschg. 1942, S. II 44.
[G 28] DESOYER, K., u. A. SLIBAR: Zur Berechnung von Pendel-Schwingungstilgern. Ing.-Arch. 1953, S. 208.
[G 29] DESOYER, K., u. A. SLIBAR: Zur Erzielung optimaler Wirkung bei Pendel-Schwingungstilgern. Ing.-Arch. 1954, S. 36.

H. Biegeschwingungen, Axialschwingungen

[H 1] HOLBA, J. J.: Berechnungsverfahren zur Bestimmung der kritischen Drehzahlen von geraden Wellen, Wien: Springer 1936.
[H 2] ODQUIST, F.: Näherungsformel Dunkerley und ähnliche Formeln für die Eigenwerte von Schwingungsaufgaben. Ing.-Arch. 28 (1959) S. 242 (Grammel-Festschrift).
[H 3] BENZ, W.: Biegeschwingungen von Kurbelwellen, insbesondere bei schweren Schwungrädern. ATZ 1935, H. 16, S. 405.
[H 4] BENZ, W.: Biegeschwingungen von mit einer Masse besetzten Wellen. MTZ 1950, S. 68.
[H 5] NEUGEBAUER, G.: Biegeschwingungsuntersuchung an der Kurbelwelle eines Fahrzeugmotors. ATZ 1940, S. 339.
[H 6] KRITZER, R.: Die Biegeschwingungen der Kurbelwelle von Kolbenmaschinen bei Berücksichtigung der Kreiselwirkung des Schwungrades. MWM-Nachr. 1957, H. 1.
[H 7] DRAMINSKY, P., u. T. WARMING: Axialschwingungen von Kurbelwellen. MTZ 1942, S.49.
[H 8] KERN, G.: Längsschwingungen von Kurbelwellen großer Schiffsdiesel. MTZ 1960, S. 51.
[H 9] BENZ, W.: Die Erregung der Längsschwingung von Kurbelwellen. MTZ 1960, H. 8, S.333.

J. Elastische Lagerung, Körperschall, Auswuchten

[J 1] WAAS, H.: Federnde Lagerung von Kolbenmaschinen. VDI-Z. 1937, Nr. 26, S. 763.
[J 2] LANG, G.: Elastische Lagerung von Maschinen. Hansa-Zentralorgan für Schiffahrt v. 29. 3. 1952.
[J 3] GERKE, G.: Berechnung schwingungstechnisch günstiger Motoraufhängungen. ATZ 1958, H. 8, S. 212.
[J 4] GÖBEL, F.: Berechnung und Gestaltung von Gummifedern, 2. Aufl., Konstruktionsbücher Bd. 7, Berlin/Göttingen/Heidelberg: Springer 1955.
[J 5] LANG, G.: Zur elastischen Lagerung von Maschinen durch Gummifederelemente. MTZ 1963, H. 11, S. 416.
[J 6] GRUBEN, K. DE: Eigenfrequenz federnd gelagerter Maschinen. VDI-Z. 1942, S. 633.
[J 7] GRUBEN, K. DE: Erschütterungs- und Geräuschisolierung bei Schiffsmaschinen. Schiff u. Hafen 7 (1955) H. 1.
[J 8] JORDAN/GREINER: Mechanische Schwingungen, Essen: Girardet 1952.
[J 9] EXNER, M.-L.: Schalldämmung durch Gummi- und Stahlfedern. Akustika 1952, H. 2 (Hirzel-Verlag, Zürich).
[J 10] Werkstattblatt 145, 1. Ausgabe Dez. 1948; Auswuchttechnik I.
[J 11] Werkstattblatt 221/222, 1. Ausgabe April 1953; Auswuchttechnik II.
[J 12] VDI-Richtlinie 2060, 4. Entwurf Juni 1964.
[J 13] FEDERN, K.: Unwuchttoleranzen rotierender Körper. Werkstatt u. Betrieb 86 (1953) H. 5, S. 243.
[J 14] FEDERN, K.: Auswuchtmaschinen und Auswuchtprobleme. VDI-Ber. 4 (1955) S. 5.
[J 15] FEDERN, K.: Wege zum rationellen Auswuchten von Kurbelwellen. MTZ 1948, Nr. 4, S. 53 und Nr. 5, S. 74.
[J 16] HASSELGRUBER, H.: Auswuchtgenauigkeit und Massenausgleich bei Verbrennungskraftmaschinen. Konstruktion 11 (1959) H. 5, S. 172.
[J 17] REUTLINGER, W.-D.: Genauigkeitsgrenzen beim Auswuchten. Elektro-Technik 1964, Nr. 26, S. 486.

K. Kreiskolbenmotor

[*K 1*] WANKEL, F., u. W. FROEDE: Bauart und gegenwärtiger Entwicklungszustand einer Trochoiden-Rotations-Kolbenmaschine. MTZ 1960, H. 2, S. 33.
[*K 2*] SCHMIDT, E.: Die Dreh- und Kreiskolbenmaschine, Entstehung einer neuen Bauart mit überraschenden Eigenschaften. VDI-Z. 1960, Nr. 8, S. 293.
[*K 3*] HUBER, E. W.: Thermodynamische Untersuchungen an der Kreiskolbenmaschine. VDI-Z. 1960, Nr. 8, S. 298.
[*K 4*] FROEDE, W.: Entwicklungsarbeiten an Dreh- und Kreiskolbenmotoren. VDI-Z. 1960, Nr. 8, S. 314.
[*K 5*] BENTELE, M.: Curtiss-Wright's Entwicklungen an Rotationsverbrennungsmotoren. MTZ 1961, H. 6, S. 187.
[*K 6*] KÜHNER, H.: Das Arbeitsvolumen innenachsiger Trochoidenmaschinen. MTZ 1964, H. 3, S. 95.

L. Taumelscheibenmotor

[*L 1*] ALTMANN, F. G.: Kolbenmaschinen mit achsparallelen Zylindern. Reuleaux-Mitt. 1938, H. 9, S. 477.

M. Messungen am Triebwerk

[*C 2*], [*F 2*]

[*M 1*] SCHUH, W.: Oszillographische Spannungsanalyse an Kurbelwellen. MTZ 1963, H. 8, S. 259.
[*M 2*] FINNERN, B.: Spannungsmessung und Dauerfestigkeitserhöhung an Kurbelwellen. MTZ 1963, H. 8, S. 266.
[*M 3*] HÄRTING, W.: Spannungsoptik im Motorenbau. Automobil-Industrie, Mai 1959, S. 41.
[*M 4*] HÄRTING, W.: Die Gestaltfestigkeit von Kurbelwellen bei schnellaufenden Hochleistungs-Dieselmotoren. MTZ 1961, H. 7, S. 266.
[*M 5*] FÖPPL, L., u. E. MÖNCH: Praktische Spannungsoptik, 2. Aufl. Berlin/Göttingen/Heidelberg: Springer 1959.
[*M 6*] GASSNER, E., u. W. SCHÜTZ: Zur Dauerfestigkeit von Fahrzeugkurbelwellen. MTZ 1961, H. 8, S. 321.
[*M 7*] MOTZFELD, H., u. S. BRACH: Reißlacke, Hilfsmittel bei der Spannungs- und Dehnungsanalyse. Technik 1960, H. 2, S. 72.

N. Werkstoffe, Festigkeit

[*C 3*] bis [*C 5*], [*M 6*]

[*N 1*] NEUBER, H.: Kerbspannungslehre, 2. Aufl., Berlin/Göttingen/Heidelberg: Springer 1958.
[*N 2*] PETERSEN, C.: Gestaltfestigkeit von Bauteilen. VDI-Z. 94 (1952) S. 973.
[*N 3*] GEZECI, R.: Über zweckmäßiges induktives Oberflächenhärten von gegossenen Kurbelwellen. MTZ 1963, H. 3, S. 100.
[*N 4*] HOUBEN, K.: Gußeisen mit Kugelgraphit im Motorenbau. MTZ 1960, H. 10, S. 409.
[*N 5*] MÜHLBERGER, H.: Kurbelwellen aus Gußeisen mit Kugelgraphit. VDI-Z. 1959, Nr. 17.
[*N 6*] REIFFERSCHEIDT, K. J.: Besondere Eigenschaften des Gußeisens mit Kugelgraphit. und seine Verwendung im Motorenbau. MTZ 1962, H. 4.
[*N 7*] BUSKE, A.: Gestaltung und Fertigung von Sphäroguß-Kurbelwellen. MTZ 1961, H. 4, S. 124.
[*N 8*] BAUER, A. F.: Zylinderblöcke aus Alu-Druckguß. MTZ 1960, H. 10, S. 392.
[*N 9*] BAUER, A. F.: Vorteile und Möglichkeiten des Aluminium-Druckguß-Motors. MTZ 1962, H. 4, S. 104.
[*N 10*] ROEMER, E.: Dreistofflager mit galvanischer Laufschicht. MTZ 1960, H. 10, S. 420.
[*N 11*] GOSSMANN, B., D. KELLER u. C. M. VON MEYSENBERG: Trockenlauf von Gleitlagern aus Metallen, Kunstkohle und Kunststoffen. VDI-Z. 1963, Nr. 29, S. 1342.
[*N 12*] BENZ, W.: Hochwertige Schrauben und Schraubenverbindungen im Motorenbau. Konstruktion 1955, H. 5, S. 175.
[*N 13*] KLEIN, H. CH.: Hochwertige Schraubenverbindungen. Einige Gestaltungsprinzipien und Neuentwicklungen. Konstruktion 1959, H. 6, S. 201 u. H. 7, S. 259.
[*N 14*] WIEGAND, H., u. K.-H. ILLGNER: Berechnung und Gestaltung von Schraubenverbindungen, 3. Aufl., Konstruktionsbücher Bd. 5, Berlin/Göttingen/Heidelberg: Springer 1951.
[*N 15*] PETERSEN, R. E.: Stress, Concentration Design Factors, London: Chapman & Hall 1953.

Sachverzeichnis

Berichtigungen

S. 8, 4. Zeile v. u.: statt $s = \cdots$ **lies** $s_0 = \cdots$

S. 8, 3. Zeile v. u.: statt $v = \cdots - 2D_2 \cdots$ **lies** $v = \cdots + 2D_2 \cdots$

S. 19, Abb. 3.1: statt $\varphi = \omega \cdot dt$ **lies** $d\varphi = \omega \cdot dt$

S. 22, letzte Zeile: statt $\Theta = \cdots \frac{\gamma}{g}$ **lies** $\Theta = \cdots \frac{\gamma^*}{g}$

S. 41, 6. Zeile v. u.: statt $P_{st} = \frac{P_{Ko}}{\sin\psi} =$

lies $P_{st} = \frac{P_{Ko}}{\cos\psi} =$

S. 42, 18. Zeile v. o.: statt P_{Ko} **lies** P'_{Ko}

S. 44, 6. Zeile v. u.: statt $E_1 = -\frac{1}{2} \cdots$ **lies** $E_1 = -\frac{1}{4} \cdots$

S. 44, 5. Zeile v. u.: statt $E_2 = +\frac{1}{2} \cdots$ **lies** $E_2 = -\frac{1}{2} \cdots$

S. 47, 7. Zeile v. u.: statt x, y **lies** r, t

S. 53, 8. Zeile v. o.: statt a_i **lies** d_i

S. 60, Tab. 6.4, 1. Zeile, 2. Spalte: ergänze ≙ bei $\sqrt{3} \cdot P_{01} \cdot L$

S. 89, Abb. 8.19: Ordinate **lies** zul. $\cdots$ *e in* μm

S. 106 21. Zeile v. o.: statt $\Delta\delta = \cdots$ **lies**

$$\Delta\delta = \frac{\Delta\varphi}{\omega} \cdot \frac{\omega_Z + \omega_S}{2} \cdot \left[1 - \frac{P \cdot \psi^2}{B \cdot D \cdot \eta \cdot So_D} \cdot \frac{1}{\omega_Z + \omega_S} \cdot \frac{\sin(\delta - \gamma)}{\sin\beta}\right]$$

S. 115, 11. Zeile v. u.: statt $\sigma_{v_m} \sqrt{\cdots}$ $\sigma_{v_w} \sqrt{\cdots}$ **lies** $\sigma_{v_m} = \sqrt{\cdots}$ $\sigma_{v_w} = \sqrt{\cdots}$

S. 127, Abb. 10.14: statt $G_4 \cdots G_6$ **lies** $G_4 \cdots G_7$

S. 130, 24. Zeile v. o. u. ff.: statt $P_{Ko} = \cdots$ $P_{Pl} = \cdots$ **lies** $p_{Ko} = \cdots$ $p_{Pl} = \cdots$

Lang, Verbrennungsmotoren